ベイシス数学IA

基本例題からきちんと学べる数学

改訂版

河合塾講師
笠岡崇史=著

河合出版

はじめに

　数学Ⅰ・Aを強化したい皆さんへ，高校の数学は大変ですか？　難しいですか？　嫌になりますよね．難しいと思われる数学をやる意味はあるのでしょうか？　その答えは，私にもわかりません．しかし，1つ思う事は，数学をやる意味は存在するのではなく，自分で創るものなのかなと思います．数学は，大学受験に使うだけでなく，社会に出てからも使います．数字から多くを想像し，理解し，現象をひも解くことにも使います．その「問」は与えられるものではなく，自分で見つけ，考えることになります．そのために必要な技術の1つが数学なのだと思います．数学の1問が将来を劇的に変えることはありません．しかし，その1問は皆さんの将来を形作るチリのように小さなものなのだと思います．

　「チリも積もれば山となる」．この問題集の「1問，1問も皆さんの将来の夢を形成するチリのようなもの」になってくれたらと思っています．皆さんの「夢のチリ積も」を1つ1つ多くしてみてください．

〈謝辞〉

　問題集を作成するのに多くの方の助けを受けて，発行までたどり着きました．河合出版の皆さんには，原稿の〆切の相談など，スケジュール的な調整などで大変お世話になりました．特に松嶺さん，ありがとうございます．また特に，河合塾数学科の鳥山昌純先生には，校正やアドバイスなどを頂き，大変お世話になりました．この場を借りて，お礼申し上げます．

河合塾　数学科

笠岡　崇史

ベイシスⅠＡのつかいかた

　まずは，各テーマの内容を理解するために，基本となる例題を読み解いていきましょう．テーマごとに目安となる学習時間を設けましたので，計画的に学習が進められます． 基本事項 では，理解するにあたってのポイントや留意点を確認することができます．ていねいでわかりやすい 解答 で，無理のない学習を手助けします．

　基本となる例題の内容が理解できたと思ったら，次に**解いてみよう**に進み，さらに理解を深めましょう．はじめは自力で解いてみて下さい．もしわからないと感じたら，別冊の解説編で解答を確認することができますので，安心して学習に取り組んで下さい．

3つの学習プランを章ごとに用意．自分に合った計画で学習効果をアップ．

※**はじめるプラン**：標準的なペースで進めたい．予習・復習にぴったり．

※**じっくりプラン**：苦手意識をなくし，自分の弱点を克服したい．

※**おさらいプラン**：ある程度自信ができたので，短い時間で確認したい．

この問題集をひととおりこなすのに目安となる期間

**はじめる
プラン** … 1.5ヶ月程度　　**じっくり
プラン** … 2ヶ月程度　　**おさらい
プラン** … 1ヶ月程度

　最後に，まとめとなる**テスト対策問題**を章末ごとに載せました．ここでは各テーマをどのくらい理解することができたのか，学力をテストすることができます．どの問題も実戦的な内容となっておりますので，力試しにチャレンジしてみましょう．

4

も く じ

6

第1章

数と式 数学 I

学習テーマ	学習時間	はじめる プラン	じっくり プラン	おさらい プラン
❶ 整式の乗法（展開の公式①）	7分	1日目	1日目	1日目
❷ 整式の乗法（展開の公式②）	8分	1日目	1日目	1日目
❸ 因数分解①	10分		2日目	
❹ 因数分解②	10分	2日目	2日目	2日目
❺ 因数分解③	10分		3日目	2日目
❻ 平方根	10分	3日目	3日目	
❼ 対称式	10分	3日目	4日目	
❽ 式の値（次数下げ，整数部分と小数部分）	10分	4日目	4日目	3日目
❾ 二重根号	15分	4日目	5日目	3日目

8

 整式の乗法（展開の公式①）

次の整式を展開せよ.

(1) $(x+6)(x+3)$.

(2) $(x-7y)^2$.

(3) $(7\alpha+3\beta)(7\alpha-3\beta)$.

(4) $(2x+5c)(3x-4c)$.

基本事項

展開の公式

① $(x+a)(x+b)=x^2+(a+b)x+ab$.

② $(a+b)^2=a^2+2ab+b^2$.

②′ $(a-b)^2=a^2-2ab+b^2$.

③ $(a+b)(a-b)=a^2-b^2$.

④ $(ax+b)(cx+d)=acx^2+(ad+bc)x+bd$.

⑤ $(a+b+c)^2=a^2+b^2+c^2+2ab+2bc+2ca$.

 解答

展開の公式を用いて与式を展開すると,

(1) $(x+6)(x+3)=x^2+(6+3)x+6\cdot3=\boldsymbol{x^2+9x+18}$.

(2) $(x-7y)^2=x^2-2x(7y)+(7y)^2=\boldsymbol{x^2-14xy+49y^2}$.

(3) $(7\alpha+3\beta)(7\alpha-3\beta)=(7\alpha)^2-(3\beta)^2=\boldsymbol{49\alpha^2-9\beta^2}$.

(4) $(2x+5c)(3x-4c)=2\cdot3x^2+(-2\cdot4c+5\cdot3c)x-5c\cdot4c$
$$=\boldsymbol{6x^2+7cx-20c^2}.$$

(1) ① を用いた.
(2) ②′ を用いた.
(3) ③ を用いた.
(4) ④ を用いた.

別解

展開の公式を用いなくても，次のようにも計算できる.

(1) $(x+6)x+(x+6)\cdot3=x^2+6x+3x+18$
$$=\boldsymbol{x^2+9x+18}.$$

(2), (3), (4) も同様.

解説

④ については,

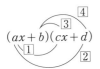

$①～④$ の順番で計算してもよい.

また, ④ による展開は, 次のような図表を用いて行うこと
もできる.

─ たすきがけ ─

a	b	$\longrightarrow$	bc	(斜めの積)
c	d	$\longrightarrow$	ad	(斜めの積)
ac	bd		$ad+bc$	(縦の和)
‖	‖		‖	
x^2 の係数	定数項		x の係数	

例えば, (4) では,

$$
\begin{array}{ccc}
2 & 5c & = & 15c \\
3 & -4c & = & -8c \\
\hline
6 & -20c^2 & & 7c
\end{array}
$$

となるから, $(2x+5c)(3x-4c)=6x^2+7cx-20c^2.$

また, ⑤ の公式も ② から導ける.
$(a+b+c)^2$ について, $A=a+b$ とすると,
$$
\begin{aligned}
(a+b+c)^2 &= (A+c)^2 = A^2+2A\cdot c+c^2 \\
&= (a+b)^2+2(a+b)\cdot c+c^2 \\
&= a^2+2ab+b^2+2ac+2bc+c^2 \\
&= a^2+b^2+c^2+2ab+2bc+2ca.
\end{aligned}
$$

解いてみよう①　答えは別冊2ページへ

次の式を展開せよ.

(1) $\left(x+\dfrac{4}{y}\right)\left(\dfrac{3}{x}+y\right).$

(2) $(\sqrt{3}+\sqrt{2})^2+(\sqrt{3}-\sqrt{2})^2.$

(3) $(t^3+2)(t^3-2).$

(4) $(3a-b+2c)^2.$

整式の乗法（展開の公式②）

次の式を展開せよ.

(1) $(x+1)(x+2)(x+3)(x+4)$.

(2) $(a-b+c)(a+b+c)$.

(3) $(x^2+9)(x-3)(x+3)$.

(4) $(x^2-4xy+y^2)(x^2+4xy+y^2)$.

(5) $(3x+y)^3$.

(6) $(a-2b)(a^2+2ab+4b^2)$.

基本事項

文字の多い式などを展開するときは,
① 共通項が出るように展開する.
② 共通項があるときは別の文字に置き換えるとよい.
③ 公式を利用する.

展開の公式

④ $(a+b)^3=a^3+3a^2b+3ab^2+b^3$.

④′ $(a-b)^3=a^3-3a^2b+3ab^2-b^3$.

⑤ $(a+b)(a^2-ab+b^2)=a^3+b^3$.

⑤′ $(a-b)(a^2+ab+b^2)=a^3-b^3$.

解答

(1)では, $(x+1)$, $(x+2)$, $(x+3)$, $(x+4)$ の4つの整式をうまく組み合わせることで共通項 x^2+5x を作ることがポイントとなる.

(1) $\underline{(x+1)}\,\underline{(x+2)}\,\underline{(x+3)}\,\underline{(x+4)}$

$=(x+1)(x+4)(x+2)(x+3)$

$=(x^2+5x+4)(x^2+5x+6)$.

ここで, $X=x^2+5x$ とおくと,

(与式)$=(X+4)(X+6)=X^2+10X+24$

$=(x^2+5x)^2+10(x^2+5x)+24$

$$= x^4 + 10x^3 + 25x^2 + 10x^2 + 50x + 24$$
$$= \boldsymbol{x^4 + 10x^3 + 35x^2 + 50x + 24}.$$

(2) $A = a + c$ とおくと，

$(a - b + c)(a + b + c)$
$= (A - b)(A + b) = A^2 - b^2$
$= (a + c)^2 - b^2 = \boldsymbol{a^2 + 2ca + c^2 - b^2}.$

> ⑵では，2つの整式に $a + c$ という共通部分があるのを見つけることがポイントとなる。

(3) $(x^2 + 9)(x - 3)(x + 3)$
$= (x^2 + 9)(x^2 - 9)$
$= \boldsymbol{x^4 - 81}.$

> $(a + b)(a - b)$
> $= a^2 - b^2$ を用いる。

(4) $(x^2 - 4xy + y^2)(x^2 + 4xy + y^2)$
$= (x^2 + y^2 - 4xy)(x^2 + y^2 + 4xy)$
$= (x^2 + y^2)^2 - 16x^2 y^2$
$= \boldsymbol{x^4 + y^4 - 14x^2 y^2}.$

> $(a + b)(a - b)$
> $= a^2 - b^2$ を用いる。

(5) $(3x + y)^3$
$= (3x)^3 + 3(3x)^2 y + 3(3x) y^2 + y^3$
$= \boldsymbol{27x^3 + 27x^2 y + 9xy^2 + y^3}.$

> $(a + b)^3$
> $= a^3 + 3a^2 b + 3ab^2 + b^3$
> を用いる。

(6) $(a - 2b)\{a^2 + a(2b) + (2b)^2\}$
$= a^3 - (2b)^3$
$= \boldsymbol{a^3 - 8b^3}.$

> $(a - b)(a^2 + ab + b^2)$
> $= a^3 - b^3$ を用いる。

解いてみよう②   答えは別冊2ページへ

次の式を展開せよ.

(1) $(x - 1)(x + 1)(x + 3)(x + 5).$

(2) $(a^2 + ab + b^2)(a^2 - ab + b^2)(a^4 - a^2 b^2 + b^4).$

(3) $(a - 1)(a + 1)(a^2 + a + 1)(a^2 - a + 1).$

因数分解①

次の式を因数分解せよ.

(1) $x^2+2x-24$.

(2) $2x^2-5x-12$.

(3) $6x^2+7Ax-24A^2$.

(4) $x^2+(5y-1)x+(2y+1)(3y-2)$.

(5) $2x^2+(3y+4)x-2y^2-7y-6$.

基本事項

因数分解の公式

$$acx^2+(ad+bc)x+bd=(ax+b)(cx+d).$$

この公式を用いるときは,「① **整式の乗法(展開の公式①)**」で用いたたすきがけの逆の操作を用いるとよい.

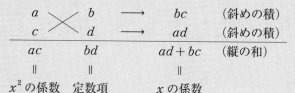

また,2種類以上の文字が含まれる場合は,1つの文字について整理してみる.

(1) $x^2+2x-24=(\boldsymbol{x+6})(\boldsymbol{x-4})$.

$$
\begin{array}{ccc}
1 & \diagdown & 6 & \to & 6 & \text{(斜めの積)} \\
1 & \diagdown & -4 & \to & -4 & \text{(斜めの積)} \\
\hline
1 & & -24 & & 2 & \text{(縦の和)}
\end{array}
$$

(2)　$2x^2 - 5x - 12 = (2x+3)(x-4).$

$$
\begin{array}{rrr}
2 & 3 \to & 3 \\
1 & -4 \to & -8 \\
\hline
2 & -12 & -5
\end{array}
$$

> x^2 の係数から a, c の組, 定数項から b, d の組を決めるときは, x の係数がうまく出てくるように組み合わせる.

(3)　$6x^2 + 7Ax - 24A^2 = (3x+8A)(2x-3A).$

$$
\begin{array}{rrr}
3 & 8A \to & 16A \\
2 & -3A \to & -9A \\
\hline
6 & -24A^2 & 7A
\end{array}
$$

(4)　$x^2 + (5y-1)x + (2y+1)(3y-2)$
　$= \{x + (2y+1)\}\{x + (3y-2)\}$
　$= (x+2y+1)(x+3y-2).$

$$
\begin{array}{rrr}
1 & 2y+1 \to & 2y+1 \\
1 & 3y-2 \to & 3y-2 \\
\hline
1 & (2y+1)(3y-2) & 5y-1
\end{array}
$$

(5)　$2x^2 + (3y+4)x - 2y^2 - 7y - 6$
　$= 2x^2 + (3y+4)x - (2y^2 + 7y + 6)$
　$= 2x^2 + (3y+4)x - (2y+3)(y+2)$
　$= \{2x - (y+2)\}\{x + (2y+3)\}$
　$= (2x-y-2)(x+2y+3).$

$$
\begin{array}{rrr}
2 & -(y+2) \to & -y-2 \\
1 & 2y+3 \to & 4y+6 \\
\hline
 & & 3y+4
\end{array}
$$

> ⑸　x と y の2種類の文字があるので, ここでは x について整理してみると, 定数項が y の2次式なので, 因数分解できるか試みる.
> 定数項
> 　$= -2y^2 - 7y - 6$
> 　$= -(2y^2 + 7y + 6)$
> 　$= -(2y+3)(y+2)$
> $$\begin{array}{rrr} 2 & 3 \to & 3 \\ 1 & 2 \to & 4 \\ \hline & & 7 \end{array}$$

解いてみよう③　答えは別冊2ページへ

次の式を因数分解せよ.

(1)　$(x+3)^2 + 6(x+3) + 9.$

(2)　$3x^2 + 11xy + 6y^2 + 7x + 7y + 2.$

(3)　$6x^2 + 3a^2 - 9xa - 31x + 29a + 18.$

④ 因数分解②

次の式を因数分解せよ.

(1) $4a^2b - 4a^2c + b^2c - b^3$.

(2) $a^2(b-c) + b^2(c-a) + c^2(a-b)$.

(3) $(x^2+x)^2 - 8(x^2+x) + 12$.

(4) $(x+1)(x+2)(x+3)(x+4) - 24$.

(5) $x^4 + x^2 + 1$.

基本事項

① 文字が2種類以上あり，次数が異なるときは，最も次数の低い文字で整理する.

② 文字が2種類以上あり，次数が同じときは，どれか1つの文字で整理する.

③ 適当な組合せや置き換えをしてみる.

④ $A^2 - B^2$ のかたちを（無理矢理）作る.

解答

(1) 最も次数の低い c でまずくくると，

$$4a^2b - 4a^2c + b^2c - b^3 = c(b^2 - 4a^2) + 4a^2b - b^3$$
$$= c(b^2 - 4a^2) - b(b^2 - 4a^2)$$
$$= (c-b)(b^2 - 4a^2) = (c-b)\{b^2 - (2a)^2\}$$
$$= \boldsymbol{(c-b)(b+2a)(b-2a)}.$$

> (1) それぞれの次数を調べる.
> $a:2$次，$b:3$次，$c:1$次.

(2) a について整理して，

$$a^2(b-c) + b^2(c-a) + c^2(a-b)$$
$$= (b-c)a^2 - b^2a + c^2a + b^2c - bc^2$$
$$= (b-c)a^2 - (b^2 - c^2)a + bc(b-c)$$
$$= (b-c)a^2 - (b+c)(b-c)a + bc(b-c)$$
$$= (b-c)\{a^2 - (b+c)a + bc\}$$
$$= \boldsymbol{(b-c)(a-b)(a-c)}.$$

> (2) それぞれ次数を調べる.
> $a:2$次，$b:2$次，$c:2$次
> 次数がすべて同じ.

(3)　$X = x^2 + x$ とおくと，与式は，

$\quad X^2 - 8X + 12$

$= (X - 2)(X - 6)$

$= (x^2 + x - 2)(x^2 + x - 6)$

$= \boldsymbol{(x+2)(x-1)(x+3)(x-2)}.$

(4)　$(x+1)(x+4)(x+2)(x+3) - 24$

$= (x^2 + 5x + 4)(x^2 + 5x + 6) - 24.$

ここで，$X = x^2 + 5x$ とおくと，

（与式）$= (X+4)(X+6) - 24$

$\qquad = X^2 + 10X$

$\qquad = X(X + 10)$

$\qquad = (x^2 + 5x)(x^2 + 5x + 10)$

$\qquad = \boldsymbol{x(x+5)(x^2 + 5x + 10)}.$

> (4) ここでは，$x^2 + 5x$ の部分をつくる工夫が計算をしやすくする。

(5)　$x^4 + x^2 + 1$

$= x^4 + 2x^2 + 1 - x^2$

$= (x^2 + 1)^2 - x^2.$

ここで，$X = x^2 + 1$ とおくと，

（与式）$= X^2 - x^2$

$\qquad = (X + x)(X - x)$

$\qquad = \boldsymbol{(x^2 + x + 1)(x^2 - x + 1)}.$

> (5) ここでは，因数分解の公式やたすきがけなどがうまく使えないので，無理矢理に $A^2 - B^2$ をつくることを考えて。

解いてみよう④　答えは別冊3ページへ

次の式を因数分解せよ．

(1)　$xy - yz - x^2 z + 2xz^2 - z^3.$

(2)　$a^2(b+c) - b^2(c-a) - c^2(a+b).$

(3)　$5(x+y)^2 - 8(x+y) - 4.$

(4)　$(x-1)(x+1)(x+3)(x+5) - 9.$

(5)　$X^4 + 5X^2 + 9.$

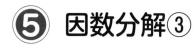 因数分解③

次の式を因数分解せよ.

(1) x^3y-4xy^3.

(2) $4x^2+12xy+9y^2$.

(3) $54a^3-2b^3$.

(4) $\alpha^6-\beta^6$.

基本事項

因数分解をするときには,

・共通な因数があればくくり出す.

・公式が適用できるかどうかをみる.

・適当な組み合せや,置き換えをしてみる.

最後に,これ以上因数分解できないことを確かめる.

因数分解の公式

① $a^2+2ab+b^2 \qquad =(a+b)^2$.

①′ $a^2-2ab+b^2 \qquad =(a-b)^2$.

② $a^2-b^2 \qquad =(a+b)(a-b)$.

③ $x^2+(a+b)x+ab=(x+a)(x+b)$.

④ $a^3+b^3 \qquad =(a+b)(a^2-ab+b^2)$.

④′ $a^3-b^3 \qquad =(a-b)(a^2+ab+b^2)$.

解答

(1) $x^3y-4xy^3=xy(x^2-4y^2)$ ← 共通な因数 xy でくくる.

$\quad=xy\{x^2-(2y)^2\}$

$\quad=\boldsymbol{xy(x+2y)(x-2y)}$.

(2) $4x^2+12xy+9y^2$

$\quad=(2x)^2+2(2x)(3y)+(3y)^2$ ← $a^2+2ab+b^2=(a+b)^2$ を用いる.

$\quad=\boldsymbol{(2x+3y)^2}$

(3)　$54a^3 - 2b^3$

　　$= 2(27a^3 - b^3)$

　　$= 2\{(3a)^3 - b^3\}$

　　$= 2(3a - b)\{(3a)^2 + (3a)\cdot b + b^2\}$ ←

　　$= 2(3a - b)(9a^2 + 3ab + b^2)$.

> $a^3 - b^3$
> $= (a - b)(a^2 + ab + b^2)$
> を用いる.

(4)　$\alpha^6 - \beta^6$

　　$= (\alpha^3)^2 - (\beta^3)^2 = (\alpha^3 + \beta^3)(\alpha^3 - \beta^3)$ ←

　　$= (\alpha + \beta)(\alpha^2 - \alpha\beta + \beta^2)(\alpha - \beta)(\alpha^2 + \alpha\beta + \beta^2)$

　　$= (\alpha + \beta)(\alpha - \beta)(\alpha^2 - \alpha\beta + \beta^2)(\alpha^2 + \alpha\beta + \beta^2)$.

> ② と ④, ④′ をうまく用いる. まず ② を用いて. 次に ④, ④′ を用いて.

別解

　　$(\alpha^2)^3 - (\beta^2)^3$

　　$= (\alpha^2 - \beta^2)(\alpha^4 + \alpha^2\beta^2 + \beta^4)$ ←

　　$= (\alpha^2 - \beta^2)(\alpha^4 + 2\alpha^2\beta^2 + \beta^4 - \alpha^2\beta^2)$

　　$= (\alpha^2 - \beta^2)\{(\alpha^2 + \beta^2)^2 - (\alpha\beta)^2\}$

　　$= (\alpha^2 - \beta^2)\{(\alpha^2 + \beta^2) + \alpha\beta\}\{(\alpha^2 + \beta^2) - \alpha\beta\}$

　　$= (\alpha + \beta)(\alpha - \beta)(\alpha^2 + \alpha\beta + \beta^2)(\alpha^2 - \alpha\beta + \beta^2)$.

> $a^3 - b^3$
> $= (a - b)(a^2 + ab + b^2)$
> を用いる.

解いてみよう⑤　答えは別冊3ページへ

　次の式を因数分解せよ.

(1)　$\dfrac{1}{2}n(n+1) + \dfrac{1}{6}n(n+1)(2n+1)$.

(2)　$(2x + 3y)^3 - (2x - 3y)^3$.

⑥ 平方根

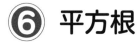

次の数の分母を有理化せよ.

(1) $\dfrac{2}{\sqrt{5}}$.

(2) $\dfrac{\sqrt{3}+1}{\sqrt{3}-1}$.

(3) $\dfrac{\sqrt{3}}{\sqrt{5}+\sqrt{3}}-\dfrac{\sqrt{3}}{\sqrt{5}-\sqrt{3}}$.

(4) $\dfrac{1}{\sqrt{5}+\sqrt{3}+\sqrt{2}}$.

基本事項

分母の有理化 分母を根号のない形にすること

· $\dfrac{1}{\sqrt{a}}=\dfrac{\sqrt{a}}{\sqrt{a}\cdot\sqrt{a}}=\dfrac{\sqrt{a}}{a}$.

· $\dfrac{1}{\sqrt{a}+\sqrt{b}}=\dfrac{\sqrt{a}-\sqrt{b}}{(\sqrt{a}+\sqrt{b})(\sqrt{a}-\sqrt{b})}=\dfrac{\sqrt{a}-\sqrt{b}}{a-b}$.

· $\dfrac{1}{\sqrt{a}-\sqrt{b}}=\dfrac{\sqrt{a}+\sqrt{b}}{(\sqrt{a}-\sqrt{b})(\sqrt{a}+\sqrt{b})}=\dfrac{\sqrt{a}+\sqrt{b}}{a-b}$.

(1) 分母, 分子に $\sqrt{5}$ を掛けて,

$$\dfrac{2}{\sqrt{5}}=\dfrac{2\sqrt{5}}{\sqrt{5}\cdot\sqrt{5}}=\dfrac{2}{5}\sqrt{5}.$$

(2) 分母, 分子に $\sqrt{3}+1$ を掛けて,

$$\dfrac{\sqrt{3}+1}{\sqrt{3}-1}=\dfrac{(\sqrt{3}+1)^2}{(\sqrt{3}-1)(\sqrt{3}+1)}$$

$$=\dfrac{3+2\sqrt{3}+1}{(\sqrt{3})^2-1^2}$$

$$=\dfrac{4+2\sqrt{3}}{3-1}$$

$$=2+\sqrt{3}.$$

分母は
$(a+b)(a-b)=a^2-b^2$
を用いて根号をなくした.

(3) $\dfrac{\sqrt{3}}{\sqrt{5}+\sqrt{3}}$ の分母，分子に $\sqrt{5}-\sqrt{3}$ を掛けて，

$\dfrac{\sqrt{3}}{\sqrt{5}-\sqrt{3}}$ の分母，分子に $\sqrt{5}+\sqrt{3}$ を掛けて，

$$（与式）=\dfrac{\sqrt{3}(\sqrt{5}-\sqrt{3})}{(\sqrt{5}+\sqrt{3})(\sqrt{5}-\sqrt{3})}-\dfrac{\sqrt{3}(\sqrt{5}+\sqrt{3})}{(\sqrt{5}-\sqrt{3})(\sqrt{5}+\sqrt{3})}$$

$$=\dfrac{\sqrt{15}-3}{5-3}-\dfrac{\sqrt{15}+3}{5-3}=-3.$$

> 分母は
> $(a+b)(a-b)=a^2-b^2$
> を用いて根号をなくした.

(4) $\sqrt{5}+\sqrt{3}+\sqrt{2}=\sqrt{5}+(\sqrt{3}+\sqrt{2})$ とみて分母，分子に $\sqrt{5}-(\sqrt{3}+\sqrt{2})$ を掛けて，

$$\dfrac{1}{\sqrt{5}+(\sqrt{3}+\sqrt{2})}$$

$$=\dfrac{\sqrt{5}-(\sqrt{3}+\sqrt{2})}{\{\sqrt{5}+(\sqrt{3}+\sqrt{2})\}\{\sqrt{5}-(\sqrt{3}+\sqrt{2})\}}$$

$$=\dfrac{\sqrt{5}-\sqrt{3}-\sqrt{2}}{(\sqrt{5})^2-(\sqrt{3}+\sqrt{2})^2}$$

$$=\dfrac{\sqrt{5}-\sqrt{3}-\sqrt{2}}{5-(3+2\sqrt{6}+2)}①$$

$$=\dfrac{\sqrt{5}-\sqrt{3}-\sqrt{2}}{-2\sqrt{6}}.$$

> 分母は
> $(a+b)(a-b)=a^2-b^2$
> を用いて，根号を減らした.

分母，分子に $-\sqrt{6}$ を掛けて，

$$（与式）=\dfrac{-\sqrt{30}+3\sqrt{2}+2\sqrt{3}}{12}.$$

> ① のように，$(\sqrt{5})^2-(\sqrt{3}+\sqrt{2})^2$ を展開すると分母に $-2\sqrt{6}$ のように1つの項しか残らないような工夫が計算量を少なくさせる.

解いてみよう⑥　答えは別冊4ページへ

次の式の分母を有理化せよ.

(1) $\dfrac{2}{\sqrt{3}-1}$.

(2) $\dfrac{2+\sqrt{3}}{2-\sqrt{3}}$.

(3) $\dfrac{1}{\sqrt{2}+\sqrt{3}+\sqrt{5}}$.

⑦ 対称式

---

(1) $x=\dfrac{\sqrt{2}}{\sqrt{3}-\sqrt{2}}$, $y=\dfrac{\sqrt{2}}{\sqrt{3}+\sqrt{2}}$ のとき，次の値を求めよ．

(i) $x+y$, xy.　　　　　　　　(ii) x^2+y^2.

(iii) x^3+y^3.　　　　　　　(iv) $\dfrac{y^2}{x}+\dfrac{x^2}{y}$.

(2) $x+\dfrac{1}{x}=\sqrt{7}$ のとき，次の値を求めよ．

(i) $x^2+\dfrac{1}{x^2}$.　　　　　　　(ii) $x^3+\dfrac{1}{x^3}$.

基本事項

　x^3+y^3 や xy^2+x^2y のように式の中の文字を入れ替えても，元の式と変わらない式を対称式という．

　また 2 文字の対称式は，$x+y$ と xy（基本対称式）を用いて表すことができる．

---

(1) $x=\dfrac{\sqrt{2}(\sqrt{3}+\sqrt{2})}{(\sqrt{3}-\sqrt{2})(\sqrt{3}+\sqrt{2})}=\sqrt{6}+2$,

　　$y=\dfrac{\sqrt{2}(\sqrt{3}-\sqrt{2})}{(\sqrt{3}+\sqrt{2})(\sqrt{3}-\sqrt{2})}=\sqrt{6}-2$

より，

(i) 　　　　　$x+y=(\sqrt{6}+2)+(\sqrt{6}-2)$

　　　　　　　　$=2\sqrt{6}$,

　　　　　$xy=(\sqrt{6}+2)(\sqrt{6}-2)$

　　　　　　　　$=6-4=2$.

$x+y$, xy は基本対称式！

(ii)

$$\begin{aligned}
x^2+y^2&=(x+y)^2-2xy\\
&=(2\sqrt{6})^2-2\cdot2\\
&=24-4=\mathbf{20}.
\end{aligned}$$

> 対称式は $x+y$, xy で表す！

(iii)

$$\begin{aligned}
x^3+y^3&=(x+y)^3-3xy(x+y)\\
&=(2\sqrt{6})^3-3\cdot2\cdot2\sqrt{6}\\
&=\mathbf{36\sqrt{6}}.
\end{aligned}$$

(iv)

$$\begin{aligned}
\frac{y^2}{x}+\frac{x^2}{y}&=\frac{x^3+y^3}{xy}\\
&=\frac{36\sqrt{6}}{2}\\
&=\mathbf{18\sqrt{6}}.
\end{aligned}$$

> (iii) より！

(2)(i)　$x+\dfrac{1}{x}=\sqrt{7}$ の両辺を 2 乗して，

$$\left(x+\frac{1}{x}\right)^2=7.$$

$$x^2+2x\cdot\frac{1}{x}+\frac{1}{x^2}=7.$$

$$x^2+\frac{1}{x^2}=7-2$$

$$=\mathbf{5}.$$

(ii)

$$\begin{aligned}
x^3+\frac{1}{x^3}&=\left(x+\frac{1}{x}\right)\left(x^2-x\cdot\frac{1}{x}+\frac{1}{x^2}\right)\\
&=\sqrt{7}\,(5-1)\\
&=\mathbf{4\sqrt{7}}.
\end{aligned}$$

> a^3+b^3
> $=(a+b)(a^2-ab+b^2)$
> を用いた。

解いてみよう⑦　答えは別冊 4 ページへ

$a=\dfrac{2}{3-\sqrt{5}}$ のとき，次の値を求めよ。

(1)　$a+\dfrac{1}{a}$.

(2)　$a^2+\dfrac{1}{a^2}$.

(3)　$a^3+\dfrac{1}{a^3}$.

(4)　$a^5+\dfrac{1}{a^5}$.

式の値（次数下げ，整数部分と小数部分）

---

(1) $x=\dfrac{1-\sqrt{5}}{2}$ のとき，次の値を求めよ．

  (i) x^2-x.

  (ii) x^3.

(2) $\dfrac{1}{2-\sqrt{3}}$ の整数部分を a，小数部分を b とするとき，次の値を求めよ．

  (i) b.

  (ii) $a^2+2ab-2b^2$.

基本事項

式の値の計算

・次数が高い式に値を代入するとき，代入する値を解にもつ方程式を利用して，次数を下げて計算する．

・直接，値を式に代入し複雑な計算になりそうなときは，できるだけ簡単になるように式変形をするなど工夫してから代入する．

・ある実数 x について，x を超えない最大の整数を x の整数部分といい，実数 x の小数部分は $x-(x\,の整数部分)$ で表される．

 解答

(1) $x=\dfrac{1-\sqrt{5}}{2}$ より

  (i)
$$2x=1-\sqrt{5}.$$
$$2x-1=-\sqrt{5}.$$
$$(2x-1)^2=(-\sqrt{5})^2.$$
$$4x^2-4x+1=5.$$
$$x^2-x-1=0. \leftarrow$$
$$x^2-x=\mathbf{1}.$$

$x=\dfrac{1-\sqrt{5}}{2}$ は $x^2-x-1=0$ の解の１つである．

(ii)　(i)から，$x^2 = x + 1$　なので，

$$\begin{aligned}
x^3 &= x \cdot x^2 \\
&= x(x+1) \\
&= x^2 + x \\
&= x + 1 + x \\
&= 2x + 1 \\
&= 1 - \sqrt{5} + 1 \\
&= 2 - \sqrt{5}.
\end{aligned}$$

次数を下げてから値を代入する.

(2)　$\dfrac{2+\sqrt{3}}{(2-\sqrt{3})(2+\sqrt{3})} = 2 + \sqrt{3}.$

$1 < \sqrt{3} < 2$　より，$3 < 2 + \sqrt{3} < 4$　なので，

$2 + \sqrt{3} = 3.73\cdots$
ということだネ!!

(i)　$(2 + \sqrt{3}$ の整数部分$) = a = 3,$

$(2 + \sqrt{3}$ の小数部分$) = b$
$$\begin{aligned}
&= (2 + \sqrt{3}) - 3 \\
&= \sqrt{3} - 1.
\end{aligned}$$

(ii)　(i)の a, b の値を代入して，

$$\begin{aligned}
&a^2 + 2ab - 2b^2 \\
&= 3^2 + 2 \cdot 3(\sqrt{3} - 1) - 2(\sqrt{3} - 1)^2 \\
&= 9 + 6\sqrt{3} - 6 - 2(3 - 2\sqrt{3} + 1) \\
&= 10\sqrt{3} - 5.
\end{aligned}$$

解いてみよう⑧　　答えは別冊4ページへ

(1)　$x = \dfrac{1 + \sqrt{3}}{2}$ のとき，次の値を求めよ.

　(i)　$x^2 - x - 1.$　　　　　　　(ii)　$2x^2 + 2x.$

(2)　$\dfrac{\sqrt{5}}{\sqrt{5} - 2}$ の整数部分を a, 小数部分を b とするとき，次の値を求めよ.

　(i)　a, $b.$　　　　　　　　　(ii)　$a^2 + b^2.$

　(iii)　$\dfrac{a - 3}{b}.$

⑨ 二重根号

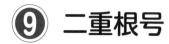

(1) 次の値の二重根号をはずし，簡単にせよ．

(i) $\sqrt{17-2\sqrt{72}}$, (ii) $\sqrt{7+\sqrt{40}}$, (iii) $\sqrt{19+8\sqrt{3}}$,

(iv) $\sqrt{5-\sqrt{21}}$, (v) $\sqrt{3+\sqrt{5}}$.

(2) $k=\sqrt{2-\sqrt{3}}$ のとき，二重根号をはずして簡単にすると，

$k=\boxed{ア}$ となり，また，$\sqrt{\dfrac{7}{2}+\left(k+\dfrac{1}{k}\right)}$ の値を求めると $\boxed{イ}$ となる．

基本事項

二重根号のはずし方

① $a>0$，$b>0$ のとき，$\sqrt{(a+b)+2\sqrt{ab}}=\sqrt{a}+\sqrt{b}$.

② $a>b>0$ のとき，$\sqrt{(a+b)-2\sqrt{ab}}=\sqrt{a}-\sqrt{b}$.

解答

(1)(i) $\sqrt{17-2\sqrt{9\cdot8}}=\sqrt{(9+8)-2\sqrt{9\cdot8}}$
$=\sqrt{9}-\sqrt{8}$
$=3-2\sqrt{2}$.

(ii) $\sqrt{7+\sqrt{40}}=\sqrt{7+2\sqrt{10}}=\sqrt{7+2\sqrt{5\cdot2}}$
$=\sqrt{(5+2)+2\sqrt{5\cdot2}}=\sqrt{5}+\sqrt{2}$.

(iii) $\sqrt{19+8\sqrt{3}}=\sqrt{19+2\sqrt{16\cdot3}}=\sqrt{(16+3)+2\sqrt{16\cdot3}}$
$=\sqrt{16}+\sqrt{3}=4+\sqrt{3}$.

> 二重根号をはずすときは，根号の中の $2\sqrt{ab}$ の形をいかに作るかがポイントとなる．

(iv) $\sqrt{5-\sqrt{21}}=\sqrt{\dfrac{10-2\sqrt{21}}{2}}=\dfrac{\sqrt{(7+3)-2\sqrt{7\cdot3}}}{\sqrt{2}}$

$=\dfrac{\sqrt{7}-\sqrt{3}}{\sqrt{2}}=\dfrac{(\sqrt{7}-\sqrt{3})\sqrt{2}}{\sqrt{2}\cdot\sqrt{2}}$

$=\dfrac{\sqrt{14}-\sqrt{6}}{2}$.

(v) $\sqrt{3+\sqrt{5}}=\sqrt{\dfrac{6+2\sqrt{5}}{2}}=\dfrac{\sqrt{(5+1)+2\sqrt{5\cdot1}}}{\sqrt{2}}$

第
1
章

$$=\frac{\sqrt{5}+\sqrt{1}}{\sqrt{2}}=\frac{(\sqrt{5}+1)\sqrt{2}}{\sqrt{2}\cdot\sqrt{2}}$$

$$=\frac{\sqrt{10}+\sqrt{2}}{2}.$$

(2)　$k=\sqrt{2-\sqrt{3}}=\sqrt{\dfrac{4-2\sqrt{3}}{2}}=\dfrac{\sqrt{3+1-2\sqrt{3\cdot1}}}{\sqrt{2}}$

$$=\frac{\sqrt{3}-\sqrt{1}}{\sqrt{2}}$$ ⟵ 分子に $\sqrt{(a+b)-2\sqrt{ab}}=\sqrt{a}-\sqrt{b}$ を用いた.

$$=\frac{\sqrt{6}-\sqrt{2}}{2}.$$

また,

$$\frac{1}{k}=\frac{2}{\sqrt{6}-\sqrt{2}}=\frac{2(\sqrt{6}+\sqrt{2})}{(\sqrt{6}-\sqrt{2})(\sqrt{6}+\sqrt{2})}=\frac{\sqrt{6}+\sqrt{2}}{2}$$

なので,

$$k+\frac{1}{k}=\frac{\sqrt{6}-\sqrt{2}}{2}+\frac{\sqrt{6}+\sqrt{2}}{2}=\sqrt{6}.$$

$$\sqrt{\frac{7}{2}+\left(k+\frac{1}{k}\right)}=\sqrt{\frac{7}{2}+\sqrt{6}}$$

$$=\sqrt{\frac{7+2\sqrt{6}}{2}}=\frac{\sqrt{(6+1)+2\sqrt{6\cdot1}}}{\sqrt{2}}$$

$$=\frac{\sqrt{6}+1}{\sqrt{2}}$$ ⟵ 分子に $\sqrt{(a+b)+2\sqrt{ab}}=\sqrt{a}+\sqrt{b}$ を用いた.

$$=\frac{(\sqrt{6}+1)\sqrt{2}}{\sqrt{2}\cdot\sqrt{2}}$$

$$=\frac{2\sqrt{3}+\sqrt{2}}{2}.$$

解いてみよう⑨　答えは別冊 5 ページへ

次の式を簡単にせよ.

(1)　$\sqrt{11-2\sqrt{30}}$.

(2)　$\sqrt{4-\sqrt{15}}$.

(3)　$\dfrac{\sqrt{2}}{\sqrt{5+\sqrt{21}}}$.

第 1 章 テスト対策問題

1 次の式を展開せよ.

(1) $(3x+7y)(2x-3y)$.

(2) $(2x+7)(-2x+7)$.

(3) $(2a-b+3c)^2$.

(4) $(2x+3)(4x^2-6x+9)$.

2 次の式を因数分解せよ.

(1) $5x^2+26x+5$.

(2) $(x^2-5x+1)(x^2-5x-3)-21$.

(3) $x^2+(5y-1)x+6y^2-y-2$.

(4) $6x^2+5xy+y^2+2x-y-20$.

3 $a=\dfrac{1+\sqrt{13}}{2}$, $b=\dfrac{1-\sqrt{13}}{2}$ のとき，次の式の値を求めよ. （名城大 改）

(1) ab^2+a^2b.

(2) a^2+b^2.

(3) a^3+b^3.

(4) a^4-b^4.

4 $\alpha=\dfrac{3-\sqrt{5}}{2}$ のとき，次の式の値を求めよ.

(1) $\alpha^2+\dfrac{1}{\alpha^2}$.

(2) $\alpha^3+\dfrac{1}{\alpha^3}$. （京都産業大 改）

(3) $2\alpha^2+3$.

(4) $\alpha^3+2\alpha^2+4\alpha+4$.

5 (1) 次の式を分母を有理化して簡単にせよ.

(i) $\dfrac{5}{\sqrt{3}}+\dfrac{3}{\sqrt{6}}-\dfrac{7}{\sqrt{12}}$.

(ii) $\dfrac{\sqrt{7}+\sqrt{5}}{\sqrt{7}-\sqrt{5}}+\dfrac{\sqrt{7}-\sqrt{5}}{\sqrt{7}+\sqrt{5}}$. （名城大 改）

(iii) $\dfrac{\sqrt{2}}{1+\sqrt{2}+\sqrt{3}}+\dfrac{\sqrt{2}}{1-\sqrt{2}+\sqrt{3}}$. （法政大 改）

(2) $x=\sqrt{2}+1$, $y=\sqrt{2}-1$ のとき， （中央大 改）

(i) $x+y$, xy の値を求めよ.

(ii) $\sqrt{\dfrac{5}{2}-\sqrt{\dfrac{x}{y}+\dfrac{y}{x}}}$ の値を求めよ.

答えは別冊 5 〜 8 ページ

第 2 章

方程式と不等式　数学 I

学習テーマ		学習時間	はじめる プラン	じっくり プラン	おさらい プラン
⑩	1 次関数とそのグラフ	10分	1 日目	1 日目	1 日目
⑪	1 次方程式／連立 1 次方程式	10分			
⑫	不等号と 1 次不等式	10分	2 日目	2 日目	
⑬	連立 1 次不等式	10分			
⑭	絶対値付方程式	10分	3 日目	3 日目	2 日目
⑮	絶対値付不等式	15分			

⑩ 1次関数とそのグラフ

(1) 次の関数のグラフを書け.

　(i) $y=-3x+5$.　　　(ii) $y=|2x-1|$.　　　(iii) $y=|x-1|+|x+5|$.

(2) $y=|2x-1|$ …① とする.

　(i) ① で $y=3$ となる x の値をグラフを用いて求めよ.

　(ii) ① で y の値を 3 より小さくする x の範囲をグラフを用いて求めよ.

　(iii) ① と $y=x+1$ との交点をグラフを用いて求めよ.

 基本事項

　定義域 …… 関数 $y=f(x)$ における,変数 x(横軸)の値のとり得る範囲.

　値 域 …… 定義域内のすべての x の値に対し,$f(x)$ の値のとり得る範囲.

　直 線 …… $y=ax+b$ は傾きが a,切片が b の直線を表す.

　最大値 …… 関数の値域の中で最も大きい値.

　最小値 …… 関数の値域の中で最も小さい値.

解答

(1)(i) $y=-3x+5$ のグラフは,

　傾きが -3,y 切片が 5 の直線より,右図.

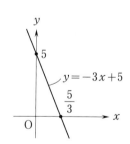

(ii) ㋐ $2x-1\geqq0$,すなわち,$x\geqq\dfrac{1}{2}$

のとき,

　$y=|2x-1| \Longleftrightarrow y=2x-1$.

㋑ $2x-1<0$ すなわち $x<\dfrac{1}{2}$ のとき,

　$y=|2x-1| \Longleftrightarrow y=-2x+1$.

㋐,㋑ より $y=|2x-1|$ は,

$$\begin{cases} x\geqq\dfrac{1}{2} \text{ のとき,} y=2x-1, \\ x<\dfrac{1}{2} \text{ のとき,} y=-2x+1. \end{cases}$$

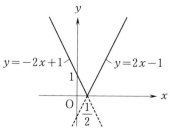

〈図 1〉

(iii) ㋐　$x<-5$ のとき，

$y=|x-1|+|x+5|=-(x-1)-(x+5)$
$=-x+1-x-5=-2x-4.$

㋑　$-5\leqq x<1$ のとき，

$y=|x-1|+|x+5|=-(x-1)+(x+5)$
$=-x+1+x+5=6.$

㋒　$x\geqq1$ のとき，

$y=|x-1|+|x+5|=(x-1)+(x+5)$
$=x-1+x+5=2x+4.$

㋐，㋑，㋒ より，$y=|x-1|+|x+5|$ は，

$$\begin{cases} x<-5 \text{ のとき，} & y=-2x-4, \\ -5\leqq x<1 \text{ のとき，} & y=6, \\ x\geqq1 \text{ のとき，} & y=2x+4. \end{cases}$$

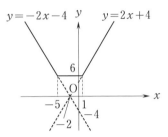

(2)　(1)(ii)の $y=|2x-1|$ のグラフ〈図1〉を用いて，

(i)　① の $y=3$ となる x は，右図より

$x=-1,\ 2.$

(ii)　① の y の値を 3 より小さくする x の値の範囲は，右図より

$-1<x<2.$

(iii)　① と $y=x+1$ の交点は，図より

$(0,\ 1),\ (2,\ 3).$

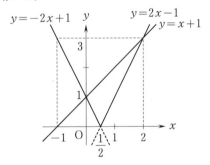

解いてみよう⑩　答えは別冊8ページへ

(1)　$y=2|x+1|-3$　…① とするとき，
　(i)　① のグラフを書け．
　(ii)　① と $y=x$ の交点を求めよ．

(2)　$y=|x+1|-2|x-3|$ のグラフを書き，$0\leqq x\leqq4$ の範囲での最大値と最小値を求めよ．また，そのときの x の値を求めよ．

１次方程式／連立１次方程式

次の方程式，連立方程式を解け．

(1) $\dfrac{2}{3}x-3=\dfrac{1}{2}x-2.$

(2) $\begin{cases} 3x-2y=1, \\ 4x+y=7. \end{cases}$

(3) $3x+y+1=4x+3y=-2x+2y+1.$

(4) $\begin{cases} a+b+c=1, \\ 4a-2b+c=19, \\ 9a+3b+c=9. \end{cases}$

基本事項

文字を２つ以上含む連立１次方程式は文字を消去していき解を求める．

解答

(1) $\dfrac{2}{3}x-3=\dfrac{1}{2}x-2.$ ← 両辺に６をかけて分数をなくす！

$4x-18=3x-12. \qquad \therefore \quad \boldsymbol{x=6}.$

(2) $\begin{cases} 3x-2y=1, & \cdots ① \\ 4x+y=7. & \cdots ② \end{cases}$

$①+②\times 2$ を計算して，$11x=15.$ ← まず y を消去したよ!!

$$\therefore \quad x=\dfrac{15}{11}.$$

② に $x=\dfrac{15}{11}$ を代入して，

$$y=7-4\cdot\dfrac{15}{11}=\dfrac{77-60}{11}=\dfrac{17}{11}.$$

$$\therefore \quad (\boldsymbol{x},\ \boldsymbol{y})=\left(\dfrac{15}{11},\ \dfrac{17}{11}\right).$$

(3)　$3x+y+1=4x+3y=-2x+2y+1$

$\iff \begin{cases} 3x+y+1=4x+3y, \\ 4x+3y=-2x+2y+1 \end{cases} \iff \begin{cases} x+2y-1=0, & \cdots ① \\ 6x+y-1=0. & \cdots ② \end{cases}$

①$-$②$\times 2$ を計算して，$-11x+1=0.$

$$\therefore \quad x=\frac{1}{11}.$$

② より，$y=1-6x=1-\dfrac{6}{11}=\dfrac{5}{11}.$

$$\therefore \quad (\boldsymbol{x},\ \boldsymbol{y})=\left(\frac{1}{11},\ \frac{5}{11}\right).$$

$A=B=C \iff \begin{cases} A=B \\ B=C \end{cases}$
を用いた。

①，② から c を消去する。

(4)　$\begin{cases} a+b+c=1, & \cdots ① \\ 4a-2b+c=19, & \cdots ② \\ 9a+3b+c=9. & \cdots ③ \end{cases}$

②$-$① より，$3a-3b=18.$　　$\therefore \quad a-b=6.$　　$\cdots ④$

③$-$① より，$8a+2b=8.$　　$\therefore \quad 4a+b=4.$　　$\cdots ⑤$

④$+$⑤ より，$5a=10.$

$$\therefore \quad a=2.$$

⑤ より，$4\cdot 2+b=4.$

$\therefore \quad b=4-8=-4.$

① より，$2+(-4)+c=1.$

$\therefore \quad c=1-2+4=3.$

$$\therefore \quad (\boldsymbol{a},\ \boldsymbol{b},\ \boldsymbol{c})=(2,\ -4,\ 3).$$

①，③ から c を消去する。

解いてみよう⑪　答えは別冊 8 ページへ

次の方程式，連立方程式を解け．

(1)　$0.7x-1=0.5x+2.$

(2)　$-2x+y=3x-2y+3=7x+5y+1.$

(3)　$\begin{cases} a+b+c=-1, \\ \dfrac{9}{4}a+\dfrac{3}{2}b+c=-1, \\ \dfrac{121}{16}a+\dfrac{33}{8}b+\dfrac{9}{4}c=-1. \end{cases}$

不等号と１次不等式

---

(1) $a < b$ のとき，次の式の大小関係を不等号を用いて表せ.

   (i) $a+2,\ b+2.$ (ii) $-\dfrac{a}{3},\ -\dfrac{b}{3}.$

   (iii) $-\dfrac{6a-2}{3},\ -\dfrac{6b-2}{3}.$

(2) $0 > \alpha > \beta$ のとき，$-\dfrac{2}{\alpha}+3,\ -\dfrac{2}{\beta}+3$ の大小関係を不等号を用いて表せ.

(3) 次の不等式を解け.

   (i) $-2x+4 \leqq x-3.$ (ii) $\dfrac{\sqrt{3}\,x-1}{2} > x+2.$

   (iii) $\dfrac{x-2}{3}+\dfrac{1}{4} < \dfrac{3x-1}{2}.$

基本事項

不等式の性質

① $a < b$ ならば $a+c < b+c,\ a-c < b-c.$

  不等式の両辺に同じ数を足しても，引いても不等号の向きは変わらない.

② $a < b,\ c > 0$ ならば $ac < bc,\ \dfrac{a}{c} < \dfrac{b}{c}.$

  不等式の両辺に正の数を掛けても，正の数で割っても不等号の向きは変わらない.

③ $a < b,\ c < 0$ ならば $ac > bc,\ \dfrac{a}{c} > \dfrac{b}{c}.$

  不等式の両辺に負の数を掛けたり，負の数で割ったりすると不等号の向きは逆になる.

④ 同符号の $a,\ b$ に対して $a < b$ のとき，$\dfrac{1}{a} > \dfrac{1}{b}.$

第2章

(1)(i)　$a < b$ の両辺に 2 を加えて,
$$a+2 < b+2.$$

(ii)　$a < b$ の両辺に $-\dfrac{1}{3}$ を掛けて,
$$-\dfrac{a}{3} > -\dfrac{b}{3}.$$

(iii)　$a < b.$ $6a < 6b.$ $6a-2 < 6b-2.$
$$-\dfrac{6a-2}{3} > -\dfrac{6b-2}{3}.$$

> $-\dfrac{1}{3}$ を両辺に掛けるので,
> 不等号の向きが変化する.

(2)　$0 > \alpha > \beta.$ 逆数をとると, $\dfrac{1}{\alpha} < \dfrac{1}{\beta}.$ 両辺に -2 を掛けて,

$$-\dfrac{2}{\alpha} > -\dfrac{2}{\beta}.$$ 両辺に 3 を加えて,

$$-\dfrac{2}{\alpha}+3 > -\dfrac{2}{\beta}+3.$$

> (i) 左辺に x の項, 右辺に定数を移項して, 両辺 -3 で割り, 不等号の向きを逆にする.

(3)(i)　$-2x+4 \leqq x-3.$ $-2x-x \leqq -4-3.$ $-3x \leqq -7.$
$$\therefore \quad x \geqq \dfrac{7}{3}.$$

(ii)　$\dfrac{\sqrt{3}\,x-1}{2} > x+2.$ $\sqrt{3}\,x-1 > 2x+4.$ $(\sqrt{3}-2)x > 5.$
$$\therefore \quad x < -5(\sqrt{3}+2).$$

> (ii) 両辺に 2 を掛けて, 両辺を $\sqrt{3}-2(<0)$ で割り, 不等号を逆にする.

(iii)　$\dfrac{x-2}{3}+\dfrac{1}{4} < \dfrac{3x-1}{2}.$ $4(x-2)+3 < 6(3x-1).$
$-14x < -1.$
$$\therefore \quad x > \dfrac{1}{14}.$$

> (iii) 両辺に 12 を掛けて, 両辺を $-14(<0)$ で割り, 不等号を逆にして.

解いてみよう⑫　答えは別冊9ページへ

(1)　$a < x < b,$ $c < y < d$ のとき, 次を示せ. ただし, 各文字は正の数とする.

　(i)　$a-d < x-y < b-c.$

　(ii)　$\dfrac{a}{d} < \dfrac{x}{y} < \dfrac{b}{c}.$

(2)　$7 \leqq \dfrac{2x-7}{3} \leqq 8$ をみたす整数 x をすべて答えよ.

連立 1 次不等式

(1) 次の連立不等式を解け.

(i) $\begin{cases} x-9 \geqq -2x, \\ 4x-3 < 3x+2. \end{cases}$

(ii) $\begin{cases} \dfrac{3}{2}x+\dfrac{4}{3} > \dfrac{5}{6}x-1, \\ -\dfrac{3x-4}{2}+\dfrac{1}{3} \leqq \dfrac{x-1}{3}. \end{cases}$

(2) $2x+\dfrac{1}{2} < 3x-1 \leqq -\dfrac{1}{2}x+14$ をみたす整数 x はいくつあるか.

基本事項

[Ⅰ] 連立不等式の解き方
① それぞれの不等式を解く.
② ① で出た共通部分を解とする.

[Ⅱ] $A \leqq B \leqq C \Longleftrightarrow \begin{cases} A \leqq B, \\ B \leqq C. \end{cases}$

(1)(i) $\begin{cases} x-9 \geqq -2x, & \cdots ① \\ 4x-3 < 3x+2. & \cdots ② \end{cases}$

① より, $3x \geqq 9.$ ∴ $x \geqq 3.$ $\cdots ①'$

② より, $x < 5.$ $\cdots ②'$

①′, ②′ の共通部分を考えて,

∴ $\boldsymbol{3 \leqq x < 5.}$

(ii) $\begin{cases} \dfrac{3}{2}x+\dfrac{4}{3} > \dfrac{5}{6}x-1, & \cdots ① \\ -\dfrac{3x-4}{2}+\dfrac{1}{3} \leqq \dfrac{x-1}{3}. & \cdots ② \end{cases}$

①×6 より, $9x+8 > 5x-6.$

∴ $x > -\dfrac{7}{2}.$ $\cdots ①'$

②×6 より,

$-3(3x-4)+2 \leqq 2(x-1).$

$$-11x \leqq -16. \qquad \therefore \quad x \geqq \frac{16}{11}. \qquad \cdots ②'$$

①，② の解は ①'，②' の共通部分を考えて，

$$x \geqq \frac{16}{11}. \quad \longleftarrow$$

第2章

(2)　$2x + \dfrac{1}{2} < 3x - 1 \leqq -\dfrac{1}{2}x + 14$

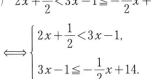

$$\iff \begin{cases} 2x + \dfrac{1}{2} < 3x - 1, & \cdots ① \\[2mm] 3x - 1 \leqq -\dfrac{1}{2}x + 14. & \cdots ② \end{cases}$$

① より，$-x < -\dfrac{3}{2}$.

> 両辺に -1 を掛けて，不等号の向きが逆になる.

$$\therefore \quad x > \frac{3}{2}. \qquad \cdots ①' \quad \longleftarrow$$

② より，$3x + \dfrac{1}{2}x \leqq 1 + 14$.

$$\frac{7}{2}x \leqq 15. \qquad \therefore \quad x \leqq \frac{30}{7}. \quad \cdots ②'$$

①，② の解は ①'，②' の共通部分を考えて，$\left(\dfrac{3}{2} = 1.5, \quad \dfrac{30}{7} = 4 + \dfrac{2}{7} \right)$

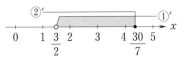

$2x + \dfrac{1}{2} < 3x - 1 \leqq -\dfrac{1}{2}x + 14$ をみたす整数 x は，

$$x = 2, \ 3, \ 4 \ \textbf{の 3 個}.$$

解いてみよう⑬ 　答えは別冊 10 ページへ

(1)　次の連立不等式を解け.

(i)　$\begin{cases} \dfrac{2x+3}{7} \leqq \dfrac{x+5}{5}, \\[2mm] 4(x-3) - 5 < 3x + 7. \end{cases}$

(ii)　$-x + 5 < 3x + 1 \leqq x + 4$.

(2)　$\begin{cases} 2x - a < 3x, \\[2mm] \dfrac{1}{3} - 4x > \dfrac{1}{2}x + 2 \end{cases}$

をみたす整数 x がただ 1 つ存在するような a の範囲を求めよ.

絶対値付方程式

x は実数とする．次の方程式を解け．

(1) $|3x-2|=3$.

(2) $|2x-1|=3x+1$.

(3) $|x^2-3x+2|=1$.

(4) $|2x-1|+|x-2|=2$.

基本事項

① 数直線上で座標が a である点 P について，原点 O と点 P との距離 OP を実数 a の絶対値といい $|a|$ で表す．

② $\begin{cases} a \geqq 0 \text{ のとき，} |a|=a, \\ a < 0 \text{ のとき，} |a|=-a. \end{cases}$

③ $a > 0$ のとき，$|x|=a \Leftrightarrow x=\pm a$.

(1) $|3x-2|=3 \iff 3x-2=\pm 3 \iff 3x=-1,\ 5$.

$$\therefore\ \ x=-\frac{1}{3},\ \frac{5}{3}.$$

(2) $|2x-1|=\begin{cases} 2x-1 & \left(x \geqq \dfrac{1}{2} \text{ のとき}\right), \\ -(2x-1) & \left(x < \dfrac{1}{2} \text{ のとき}\right). \end{cases}$

> $|2x-1|$ では絶対値の中の $2x-1$ が負の値，または 0 以上の値をとるときで場合分けを考える．

$|2x-1|=3x+1$ …Ⓐ とすると，

(i) $2x-1 \geqq 0$ のとき，すなわち，$x \geqq \dfrac{1}{2}$ のとき，

Ⓐ から，$2x-1=3x+1$. $\quad \therefore\quad x=-2$.

いま，$x \geqq \dfrac{1}{2}$ で考えているので不適．

(ii) $2x-1 < 0$ のとき，すなわち，$x < \dfrac{1}{2}$ のとき，

Ⓐ から，$-(2x-1)=3x+1$ $\quad \therefore\quad x=0$.

いま，$x < \dfrac{1}{2}$ で考えているので適する．

(i), (ii) より Ⓐ の解は，$\qquad\qquad x=0$.

(3) $|x^2-3x+2|=1$ から $x^2-3x+2=\pm1$.

(ⅰ) $x^2-3x+2=1$ のとき,
$$x^2-3x+1=0. \qquad x=\frac{3\pm\sqrt{5}}{2}.$$

(ⅱ) $x^2-3x+2=-1$ のとき,
$$x^2-3x+3=0.$$
(判別式)$=9-4\cdot3=-3<0$ より,実数解なし.

(ⅰ),(ⅱ) より,
$$x=\frac{3\pm\sqrt{5}}{2}.$$

(4) $|2x-1|=\begin{cases} 2x-1 & \left(x\geqq\dfrac{1}{2}\ のとき\right), \\ -2x+1 & \left(x<\dfrac{1}{2}\ のとき\right), \end{cases}$

ここでは2つの絶対値があるので注意しよう.まず,$|2x-1|$ は $2x-1$ が0以上か負かの場合分けがあり,$|x-2|$ も $x-2$ が0以上か負かの場合分けがある.

$|x-2|=\begin{cases} x-2 & (x\geqq2\ のとき), \\ -x+2 & (x<2\ のとき). \end{cases}$

$|2x-1|+|x-2|=2$ …Ⓑ とすると

(ⅰ) $x<\dfrac{1}{2}$ のとき,

Ⓑ から,$-2x+1-x+2=2.$ ∴ $x=\dfrac{1}{3}.$

いま $x<\dfrac{1}{2}$ で考えているので適するので,$x=\dfrac{1}{3}.$

(ⅱ) $\dfrac{1}{2}\leqq x<2$ のとき,

Ⓑ から,$2x-1-x+2=2.$ ∴ $x=1.$

いま $\dfrac{1}{2}\leqq x\leqq2$ で考えているので適するので,$x=1.$

(ⅲ) $x\geqq2$ のとき,

Ⓑ から,$2x-1+x-2=2$ ∴ $x=\dfrac{5}{3}.$

いま $x\geqq2$ で考えているので不適.

よって,(ⅰ)～(ⅲ) より,∴ $x=\dfrac{1}{3},\ 1.$

解いてみよう⑭　答えは別冊10ページへ

次の方程式を解け.

(1) $|x-2|=3.$

(2) $|x-2|+|x+3|=9.$

絶対値付不等式

---

x は実数とする．次の不等式を解け．

(1) $|3x-2|<3$.

(2) $x+1\geqq|7x+5|$.

(3) $|2x-1|+|x-2|\leqq2$.

基本事項

① $\begin{cases} a\geqq0 \text{ のとき，} |a|=a, \\ a<0 \text{ のとき，} |a|=-a. \end{cases}$

② $a>0$ のとき，$|x|<a \iff -a<x<a$.

③ $a>0$ のとき，$|x|>a \iff x<-a,\ a<x$.

解答

(1) $|3x-2|<3$ から，$-3<3x-2<3$. ← 3は正の数なので，②を用いる．

$\therefore\quad -\dfrac{1}{3}<x<\dfrac{5}{3}$.

(2) $x+1\geqq|7x+5|$ …Ⓐ とする．

(i) $7x+5\geqq0$，すなわち，$x\geqq-\dfrac{5}{7}$ のとき，

Ⓐ から，$x+1\geqq7x+5$. $x\leqq-\dfrac{2}{3}$.

いま $x\geqq-\dfrac{5}{7}$ より，

$$-\dfrac{5}{7}\leqq x\leqq-\dfrac{2}{3}.$$

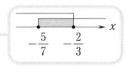

(ii) $7x+5<0$，すなわち，$x<-\dfrac{5}{7}$ のとき，

Ⓐ から，$x+1\geqq-7x-5$. $x\geqq-\dfrac{3}{4}$.

いま $x<-\dfrac{5}{7}$ より，

$$-\dfrac{3}{4}\leqq x<-\dfrac{5}{7}.$$

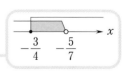

よって，(i)，(ii) より

$$-\frac{3}{4} \leqq x \leqq -\frac{2}{3}.$$

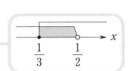

(3) $|2x-1|+|x-2| \leqq 2 \quad \cdots \text{ⓑ}$ とする．

(i) $x < \dfrac{1}{2}$ のとき，ⓑ から，

$$-(2x-1)-(x-2) \leqq 2. \quad x \geqq \frac{1}{3}.$$

いま $x < \dfrac{1}{2}$ より，

$$\frac{1}{3} \leqq x < \frac{1}{2}.$$

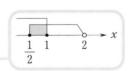

(ii) $\dfrac{1}{2} \leqq x < 2$ のとき，ⓑ から，

$$(2x-1)-(x-2) \leqq 2. \quad x \leqq 1.$$

いま $\dfrac{1}{2} \leqq x < 2$ より，

$$\frac{1}{2} \leqq x \leqq 1.$$

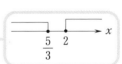

(iii) $x \geqq 2$ のとき，ⓑ から，

$$2x-1+x-2 \leqq 2. \quad x \leqq \frac{5}{3}.$$

いま $x \geqq 2$ より解なし．

よって，(i)，(ii)，(iii) より，

$$\therefore \quad \frac{1}{3} \leqq x \leqq 1.$$

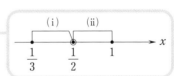

解いてみよう⑮　答えは別冊 10 ページへ

次の方程式を解け．

(1) $|2x+1| \leqq 3.$

(2) $|x-3| > 7.$

(3) $|x-2|+|x+3| \leqq 9.$

(4) $|x+2|-2|x-4| > -16.$

第 2 章 テスト対策問題

1 x は実数とする．次の方程式を解け．

(1) $x^2 - x = |x - 2| + 1$.

(2) $x^2 + 2|x - 1| = 5$. （摂南大）

2 次の不等式を解け．

(1) $-2|4x + 3| > x + \dfrac{2}{3}$.

(2) $|x - 2| + |x - 5| \leq 5$. （東京理科大）

3 a は 3 未満の実数とする．連立不等式

$$\frac{-x + 2}{2} < 2 - x \leq -a + 3 \quad \cdots ①$$

について，

(1) ① をみたす x を求めよ．

(2) ① をみたす整数 x が存在しないような a の値の範囲を求めよ．

答えは別冊 11〜13 ページ

命　題　数学 I

第 3 章

学習テーマ	学習時間	はじめる プラン	じっくり プラン	おさらい プラン
⑯ 命題とその真偽	10分	1日目	1日目	1日目
⑰ 命題と集合	10分		2日目	
⑱ 命題：逆，裏，対偶	10分	2日目		
⑲ 必要条件，十分条件	10分		3日目	

⑯ 命題とその真偽

次の命題について，正しいものには真と記せ．また，正しくないものには偽と記し反例を与えよ．ただし，x, y は実数とする．

(1) $0 < x < y$ ならば，$\dfrac{1}{y} < \dfrac{1}{x}$ である．

(2) $x < \sqrt{2}$ ならば，$x^2 \leqq 2$ である．

(3) $x + y$ と xy が有理数ならば，x と y は有理数である．

(4) x と y が有理数ならば，$x + y$ と xy は有理数である．

基本事項

命題…正しいか正しくないかが，はっきり決まるような事柄を述べた文章や式．
　ある命題が正しいとき，その命題を**真**といい，正しくないときは，**偽**という．
　2つの条件 p, q について「p ならば q」とあるとき，p を命題の**仮定**，q を命題の**結論**といい，「$p \to q$」と表す．
　ある命題が偽であるとき，それを示すにはその命題が正しくないときの例を1つあげればよい．その例を**反例**という．

解答

(1) **真**．

　$0 < x < y$ の両辺に $\dfrac{1}{xy}$ (>0) を掛けても大小関係に変化はないので，

$$\frac{x}{xy} < \frac{y}{xy}.$$
$$\frac{1}{y} < \frac{1}{x}.$$

具体例として $0 < 3 < 7$ ならば $\dfrac{1}{7} < \dfrac{1}{3}$ を表している！

(2) **偽**．

　反例：$x = -3$．

　$x < \sqrt{2}$ をみたす $x = -3$ の両辺を2乗すると，$x^2 = 9 > 2$ となり $x^2 \leqq 2$ をみたさない．

(3) **偽**.

反例：$x = 2 + \sqrt{3}$, $y = 2 - \sqrt{3}$.

$x + y = 4$, $xy = 1$ はいずれも有理数であるが, x, y は無理数である.

> 反例を思いつくのは難しいね！反例を覚えておこう!!

(4) **真**.

x, y が有理数のとき,

$$\begin{cases} x = \dfrac{n}{m} & (m,\ n\ は整数), \\[2mm] y = \dfrac{n'}{m'} & (m',\ n'\ は整数) \end{cases}$$

とおける.

このとき,

$$x + y = \frac{n}{m} + \frac{n'}{m'} = \frac{m'n + mn'}{mm'}, \quad xy = \frac{n \cdot n'}{mm'}$$

は共に有理数となる.

補足

> $m = 1$ のとき整数となる.

有理数 ：整数 $m\,(\neq 0)$, n によって $\dfrac{n}{m}$ の形で表される数.

無理数 ：有理数でない実数. 例えば, $\sqrt{3}$, $2 + \sqrt{5}$, π など.

互いに素：2つの整数の最大公約数が1のとき, これらは互いに素であるという.

解いてみよう⑯　答えは別冊13ページへ

(1) 次の命題について, 正しいものには真と記せ. また, 正しくないものには偽と記し反例を与えよ. ただし, a, b は整数とする.

 (i) a が奇数かつ b が奇数ならば, $a^2 + b^2$ は偶数である.

 (ii) $a^2 + b^2$ が偶数ならば, a が奇数かつ b が奇数である.

(2) 次の命題について, 正しいものには真と記せ. また, 正しくないものには偽と記し反例を与えよ. ただし, a, b は実数とする.

 (i) $a > b$ かつ $c > d$ ならば, $a - d > b - c$ である.

 (ii) $b \neq 0$, $d \neq 0$ かつ $\dfrac{a}{b} > \dfrac{c}{d}$ ならば, $ad > cb$ である.

命題と集合

次の命題の真偽を調べよ.

(1) x を実数とする. $|x-1|<3$ ならば, $x^2<2$ である.

(2) x を実数とする. $x^2 \leqq 4$ ならば, $-\dfrac{1}{2} < \dfrac{1}{2}x+1 < \dfrac{5}{2}$ である.

基本事項

条件 p, q をみたすもの全体の集合をそれぞれ P, Q とする.

命題「p ならば q」が真であることと「$P \subset Q$」であることは同じである.

「p ならば q」が真ならば, $P \subset Q$.

逆に $P \subset Q$ ならば,「p ならば q」は真.

例えば, 条件 p を「名古屋市民である」とし, 条件 q を「愛知県民である」とする.（※名古屋市は愛知県の県庁所在地）

愛知県の中に名古屋市があるので, P, Q の集合の関係は

Q(愛知県民)

P(名古屋市民)

ということになる. このとき, 名古屋市民ならば愛知県民であるので,「q ならば p」は真であるとなるが, 愛知県民ならば名古屋市民とはならないので,「p ならば q」は偽であるということになる.

解答

(1) $|x-1|<3$ をみたす実数 x の集合を P, $x^2<2$ をみたす実数 x の集合を Q とすると,

P について,
$$|x-1|<3$$
$$-3<x-1<3$$
$$-2<x<4.$$

Q について,
$$x^2<2$$
$$(x-\sqrt{2})(x+\sqrt{2})<0$$
$$-\sqrt{2}<x<\sqrt{2}.$$

$x^2<2$ の解の求め方は,㉜2次不等式で詳しく説明するよ！

条件 p, q で決まる集合 P, Q をそれぞれ考える.

P と Q の集合の関係をみると，Q が P を含んではいないので，「P ならば Q」は，**偽**.（反例：$x=3$.）

(2) $x^2 \leqq 4$ をみたす集合を P, $-\dfrac{1}{2}<\dfrac{1}{2}x+1<\dfrac{5}{2}$ をみたす集合を Q とすると，

P について,
$$x^2 \leqq 4.$$
$$(x-2)(x+2) \leqq 0.$$
$$-2 \leqq x \leqq 2.$$

Q について,
$$-\frac{1}{2}<\frac{1}{2}x+1<\frac{5}{2}.$$
$$-\frac{3}{2}<\frac{x}{2}<\frac{3}{2}.$$
$$-3<x<3.$$

P と Q の集合の関係をみると，P が Q に含まれているので，「P ならば Q」は，**真**.

解いてみよう⑰ 答えは別冊13ページへ

次の命題の真偽を調べよ.

(1) 実数 c について，$|c| \leqq 2$ ならば，$c \leqq 2$ である.

(2) 実数 c について，$|c| \leqq 2$ ならば，$c^2-2 \leqq 0$ である.

(3) 実数 c について，$|c| \leqq 2$ ならば，2次方程式 $cx^2+4x+c=0$ は実数解を持たない.

⑱ 命題：逆，裏，対偶

次の命題の逆・裏・対偶を述べよ．また，対偶の真偽を調べよ．

(1) n は自然数とする．n が8の倍数であれば，n は4の倍数である．

(2) t は実数とする．$t^2-t=12$ ならば，$t=-3$ である．

(3) a，b は実数とする．$a+b\leqq5$ ならば，$a\leqq3$ または $b\leqq2$ である．

基本事項

条件 p に対して，p でないという条件を p の**否定**といい，$\overline{p}$ で表す．

命題「$p \to q$」に対して，

逆　：「$q \to p$」

裏　：「$\overline{p} \to \overline{q}$」

対偶：「$\overline{q} \to \overline{p}$」

・ある命題の真偽とその対偶の真偽は一致する．

```
        逆
「p→q」 ←→ 「q→p」
裏 ↕   ✕対偶   ↕裏
「p̄→q̄」 ←→ 「q̄→p̄」
        逆
```

解答

(1) 命題「n が8の倍数であれば，n は4の倍数である」の逆，裏，対偶は，

逆　：「n が4の倍数であれば，n は8の倍数である」，

裏　：「n が8の倍数でなければ，n は4の倍数でない」，

対偶：「n が4の倍数でなければ，n は8の倍数でない」，

対偶の真偽：真．

(2) 命題「$t^2-t=12$ ならば，$t=-3$ である」の逆，裏，対偶は，

逆　：「$t=-3$ ならば，$t^2-t=12$ である」，

裏　：「$t^2-t\neq12$ ならば，$t\neq-3$ である」，

対偶：「$t\neq-3$ ならば，$t^2-t\neq12$ である」，

対偶の真偽：偽．（反例 ：$t=4$.）

$t=4(\neq-3)$ のとき，$t^2-t=16-4=12$ となり $t^2-t\neq12$ をみたさない．

$t^2-t=12$.
$t^2-t-12=0$.
$(t+3)(t-4)=0$.
$t=-3,\ 4$.

(3) 命題「$a+b \leqq 5$ ならば，$a \leqq 3$ または $b \leqq 2$ である」の逆，
裏，対偶は，

　逆 ：「$a \leqq 3$ または $b \leqq 2$ ならば，$a+b \leqq 5$ である」，

　裏 ：「$a+b > 5$ ならば，$a > 3$ かつ $b > 2$ である」，◄── p または q を否定すると $\overline{p}$ かつ $\overline{q}$ になる.

　対偶：「$a > 3$ かつ $b > 2$ ならば，$a+b > 5$ である」，

　対偶の真偽：真.

　　$a > 3$，$b > 2$ の 2 式より，

$$a+b > 3+2 = 5. \qquad \therefore \quad a+b > 5.$$

$\left(\begin{array}{l}\text{これから元の命題「}a+b \leqq 5 \text{ ならば，}a \leqq 3 \text{ または } b \leqq 2 \\ \text{である」も真であることがわかる.}\end{array}\right)$ ◄──

（命題とその対偶は真偽が一致するので）.

　参考 全体集合を U，条件 p をみたすものの全体の集合を P，条件 q をみたすものの全体の集合を Q とする.

　このとき，条件「p または q」の否定について，次のことが成り立つことを確認しよう！

$$\overline{p \text{ または } q} \Leftrightarrow \overline{p} \text{ かつ } \overline{q}$$

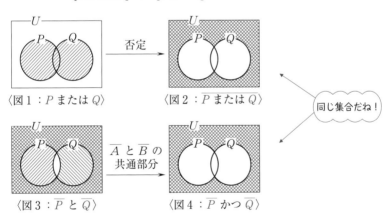

〈図1：P または Q〉　否定　〈図2：$\overline{P \text{ または } Q}$〉

同じ集合だね！

〈図3：$\overline{P}$ と $\overline{Q}$〉　$\overline{A}$ と $\overline{B}$ の共通部分　〈図4：$\overline{P}$ かつ $\overline{Q}$〉

解いてみよう⑱　答えは別冊14ページへ

　$x,\ y$ は実数，$m,\ n$ は整数とする. 次の命題の逆，裏，対偶を述べよ. また，対偶の真偽を調べよ.

(1) m が 4 の倍数ならば，m は 2 の倍数である.

(2) $x > y$ ならば，$x^2 > y^2$ である.

(3) mn が 6 の倍数ならば，m または n は 6 の倍数である.

⑲ 必要条件，十分条件

次の ☐ の中に，必要，十分，必要十分のうち適するものをいれよ．いずれでもない場合には×印を入れよ．

2以上の自然数 n に関する条件 p，q，r を次のように定める．

$$p：n は 6 で割ると 1 余る数である$$

$$q：n は 4 で割ると 1 余る数である$$

$$r：n は 2 で割ると 1 余る数である$$

(1) q は r であるための ☐ 条件である．

(2) r は p であるための ☐ 条件である．

基本事項

命題 $p \rightarrow q$ が真のとき，

$$q は p であるための必要条件，$$
$$p は q であるための十分条件$$

であるという．

命題 $p \rightarrow q$ と命題 $q \rightarrow p$ がともに真であるとき，

$$p は q であるための必要十分条件$$

であるという．

解説 「⑱ 命題と集合」の説明のように，

「p ならば q」が真であることと「$P \subset Q$」は同じ．

このとき，P と Q の集合の関係から，必要条件，十分条件を考えることもできる．

q：必要条件

p：十分条件

集合の関係で広い方が必要条件!!

k, l, m を自然数とし，条件 p, q, r により定まる集合を
P, Q, R とすると，

$P = \{7,\ 13,\ 19,\ \cdots\}$

$Q = \{5,\ 9,\ 13,\ 17,\ \cdots\}$

$R = \{3,\ 5,\ 7,\ 9,\ 11,\ 13,\ 15,\ 17,\ 19,\ \cdots\}$

(1) Q と R の集合の関係は，以下のようになる．

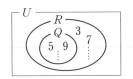

集合の関係で「広い」が「必要」，
「狭い」が「十分」．

よって，q は r であるための　**十分**　条件である．

(2) R と P の集合の関係は，以下のようになる．

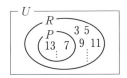

集合の関係で「広い」が「必要」!!

よって，r は p であるための　**必要**　条件である．

解いてみよう⑲　答えは別冊 14 ページへ

　次の ☐ の中に，必要，十分，必要十分のうち適するものをいれよ．いずれでもない場合には × 印をいれよ．

　自然数 n に関する条件 p, q, r, s を次のように定める．

　　　　　p : n は 5 で割ると 1 余る数である

　　　　　q : n は 10 で割ると 1 余る数である

　　　　　r : n は奇数である

　　　　　s : n は 2 より大きい素数である

(1)　「p かつ r」は q であるための ☐ 条件である．

(2)　s は r であるための ☐ 条件である．

(3)　「p かつ s」は「q かつ s」であるための ☐ 条件である．

第3章 テスト対策問題

1 a を整数とする．命題「a^3 が 3 の倍数ならば，a は 3 の倍数」に関して，

(1) 逆，裏，対偶を述べよ． (2) 命題の真偽を調べよ．

2 p, q, r, s を実数とする．次の ☐ の中に，必要，十分，必要十分のうち最も適するものを入れよ．いずれでもない場合には×印を入れよ．

(1) $p+q=0$ であることは，$p=0$ または $q=0$ であるための ☐ 条件である．

(2) p と q が $(p+q+1)^2+(q-1)^2=0$ をみたすことは，$p=-2$ かつ $q=1$ であるための ☐ 条件である．

(3) r または s が無理数であることは，r^2-2s が無理数であるための ☐ 条件である． (センター本試 改)

3 a, n を 2 以上の整数とし，n に関する条件 p, q, r を次のように定める．

p：n は 16 で割ると 1 余る数である．

q：n は 12 で割ると 1 余る数である．

r：n は a で割ると 1 余る数である．

また，条件 p の否定を $\overline{p}$，条件 r の否定を $\overline{r}$ で表す．次の ☐ の中に，必要，十分，必要十分のうち最も適するものをいれよ．いずれでもない場合は×印を入れよ．

(1) p は q であるための ☐ 条件である．

(2) $a=2$ とする．このとき，

 (i) q は r であるための ☐ 条件である．

 (ii) $\overline{p}$ は $\overline{r}$ であるための ☐ 条件である．

(3) r が「p かつ q」の必要条件となる a の個数を求めよ．

答えは別冊 14〜16 ページ

2次関数　数学 I

学習テーマ	学習時間	はじめる プラン	じっくり プラン	おさらい プラン
⑳ 平方完成	10分	1日目	1日目	1日目
㉑ 2次関数のグラフ	10分	1日目	1日目	1日目
㉒ 放物線の平行移動	12分	2日目	2日目	2日目
㉓ 放物線の線対称移動	12分	2日目	2日目	2日目
㉔ 放物線の点対称移動	12分	2日目	3日目	2日目
㉕ 2次関数の決定	12分	2日目	3日目	2日目
㉖ 2次関数の最大値，最小値①	15分	3日目	4日目	3日目
㉗ 2次関数の最大値，最小値②	20分	3日目	4日目	3日目
㉘ 2次関数の最大値，最小値③	20分	3日目	5日目	3日目
㉙ 2次関数のグラフと x 軸との位置関係	10分	4日目	5日目	3日目
㉚ 2次方程式の解	10分	4日目	6日目	3日目
㉛ 解の個数	10分	4日目	6日目	3日目
㉜ 2次不等式	15分	4日目	6日目	3日目

⑳ 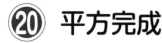 平方完成

次の式を平方完成せよ.

(1) x^2+8x.

(2) x^2+4x+1.

(3) $2x^2+4ax-3$.

(4) ax^2+bx+c （ただし, $a \neq 0$).

(5) $5s^2+15\sqrt{3}\,s+8$.

(6) $-\sqrt{2}\,x^2+4x-7\sqrt{2}$.

(7) $-\dfrac{1}{2}x^2+5x+\dfrac{1}{4}$.

(8) $-\dfrac{1}{3}t^2+\dfrac{3}{2}t-\dfrac{9}{16}$.

基本事項

① $x^2-2px=(x-p)^2-p^2$.

② $x^2+2px=(x+p)^2-p^2$.

③ $ax^2+bx+c=a\left(x+\dfrac{b}{2a}\right)^2-\dfrac{b^2-4ac}{4a}$ （ただし, $a \neq 0$).

解答

(1) $\begin{aligned} x^2+8x &= x^2+2\cdot 4x \quad\longleftarrow \boxed{\text{②を用いる.}}\\ &= (x+4)^2-4^2\\ &= \boldsymbol{(x+4)^2-16}. \end{aligned}$

(2) $\begin{aligned} x^2+4x+1 &= x^2+2\cdot 2x+1\\ &= (x+2)^2-2^2+1\\ &= \boldsymbol{(x+2)^2-3}. \end{aligned}$

(3) $\begin{aligned} 2x^2+4ax-3 &= 2(x^2+2ax)-3 \quad\longleftarrow \boxed{\begin{array}{l}x^2\text{の係数2で, }x^2,\ x\text{の}\\ \text{項をまとめて平方完成.}\end{array}}\\ &= 2\{(x+a)^2-a^2\}-3\\ &= \boldsymbol{2(x+a)^2-2a^2-3}. \end{aligned}$

(4) $\begin{aligned} ax^2+bx+c &= a\left(x^2+\dfrac{b}{a}x\right)+c \quad\longleftarrow \boxed{\begin{array}{l}x^2\text{の係数}a\text{で, }x^2,\ x\text{の}\\ \text{項をまとめて平方完成.}\end{array}}\\ &= a\left\{\left(x+\dfrac{b}{2a}\right)^2-\dfrac{b^2}{4a^2}\right\}+c\\ &= \boldsymbol{a\left(x+\dfrac{b}{2a}\right)^2-\dfrac{b^2}{4a}+c}. \quad\longleftarrow \boxed{\text{③と同じ式になる.}} \end{aligned}$

(5) $5s^2+15\sqrt{3}\,s+8=5(s^2+3\sqrt{3}\,s)+8=5\left\{\left(s+\dfrac{3\sqrt{3}}{2}\right)^2-\dfrac{27}{4}\right\}+8$

$\qquad\qquad =5\left(s+\dfrac{3\sqrt{3}}{2}\right)^2-\dfrac{135}{4}+8$

$\qquad\qquad =5\left(\boldsymbol{s}+\dfrac{3\sqrt{3}}{2}\right)^2-\dfrac{103}{4}.$

> s^2 の係数 5 で, s^2, s の項をまとめて平方完成.

(6) $-\sqrt{2}\,x^2+4x-7\sqrt{2}=-\sqrt{2}\,(x^2-2\sqrt{2}\,x)-7\sqrt{2}$

$\qquad\qquad\qquad =-\sqrt{2}\,\{(x-\sqrt{2})^2-2\}-7\sqrt{2}$

$\qquad\qquad\qquad =-\sqrt{2}\,(\boldsymbol{x}-\sqrt{2})^2-5\sqrt{2}.$

> x^2 の係数 $-\sqrt{2}$ で, x^2, x の項をまとめて平方完成.

(7) $-\dfrac{1}{2}x^2+5x+\dfrac{1}{4}=-\dfrac{1}{2}(x^2-10x)+\dfrac{1}{4}$

$\qquad\qquad\quad =-\dfrac{1}{2}\{(x-5)^2-25\}+\dfrac{1}{4}$

$\qquad\qquad\quad =-\dfrac{1}{2}(\boldsymbol{x}-\boldsymbol{5})^2+\dfrac{51}{4}.$

> x^2 の係数 $-\dfrac{1}{2}$ で x^2, x の項をまとめて平方完成.

(8) $-\dfrac{1}{3}t^2+\dfrac{3}{2}t-\dfrac{9}{16}=-\dfrac{1}{3}\left(t^2-\dfrac{9}{2}t\right)-\dfrac{9}{16}$

$\qquad\qquad\qquad =-\dfrac{1}{3}\left\{\left(t-\dfrac{9}{4}\right)^2-\dfrac{81}{16}\right\}-\dfrac{9}{16}$

$\qquad\qquad\qquad =-\dfrac{1}{3}\left(t-\dfrac{9}{4}\right)^2+\dfrac{27}{16}-\dfrac{9}{16}$

$\qquad\qquad\qquad =-\dfrac{1}{3}\left(\boldsymbol{t}-\dfrac{9}{4}\right)^2+\dfrac{9}{8}.$

> t^2 の係数 $-\dfrac{1}{3}$ で t^2, t の項をまとめて, 平方完成.

> 平方完成はいろいろな単元で出てきます. たくさん練習しておこう!!

解いてみよう⑳　答えは別冊 16 ページへ

次の 2 次式を平方完成せよ. ((4)は x について平方完成せよ)

(1) $-2x^2+2\sqrt{2}\,x+2.$　　(2) $\dfrac{2}{5}x^2-4\sqrt{3}\,x-3.$

(3) $-3x^2+5kx+2k.$　　(4) $x^2-2(2a-1)x+4a^2-a+3.$

(5) $ax^2-2a^2x+3a^3-5$　(ただし, $a\neq0$).

2次関数のグラフ

次の放物線の頂点の座標を求め，そのグラフを書け.

(1) $y=-2x^2+4x-2$.

(2) $y=2x^2-4x+5$.

(3) $y=-\dfrac{1}{2}x^2+2x+3$.

(4) $y=2x^2-5x+2$.

基本事項

$y=ax^2+bx+c$ のグラフを書くときは次のことに気をつける.

(i) $a>0$ のとき，下に凸の放物線　　　$a<0$ のとき，上に凸の放物線

(ii) 平方完成して，

　　$y=a(x-p)^2+q$ となるとき，頂点 (p, q)，軸：$x=p$.

(iii) 必要に応じて，x 軸，y 軸との交点を調べる.

解答

(1) 　$y=-2(x^2-2x)-2$
　　　　$=-2\{(x-1)^2-1\}-2$
　　　　$=-2(x-1)^2$ より，

頂点 **(1, 0)**.

　頂点が x 軸上にあるので放物線は x 軸と接し，y 軸との交点は $x=0$ とすると $y=-2$. グラフは〈図1〉のようになる.

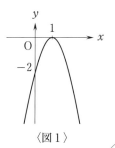

〈図1〉

x^2 の係数が負より上に凸の放物線.

(2) $y=2(x^2-2x)+5$
$\quad =2\{(x-1)^2-1\}+5$
$\quad =2(x-1)^2+3$ より,

頂点 $(1, 3)$.

y 軸との交点は $x=0$ として $y=5$.

グラフは〈図2〉のようになる.

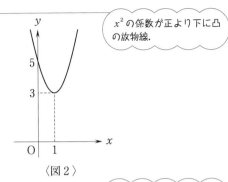

x^2 の係数が正より下に凸の放物線.

〈図2〉

(3) $y=-\dfrac{1}{2}(x^2-4x)+3$
$\quad =-\dfrac{1}{2}\{(x-2)^2-4\}+3$
$\quad =-\dfrac{1}{2}(x-2)^2+5$ より,

頂点 $(2, 5)$.

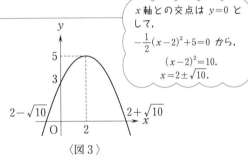

x 軸との交点は $y=0$ として,
$-\dfrac{1}{2}(x-2)^2+5=0$ から,
$(x-2)^2=10$.
$x=2\pm\sqrt{10}$.

〈図3〉

(4) $y=2\left(x^2-\dfrac{5}{2}x\right)+2$
$\quad =2\left\{\left(x-\dfrac{5}{4}\right)^2-\dfrac{25}{16}\right\}+2$
$\quad =2\left(x-\dfrac{5}{4}\right)^2-\dfrac{9}{8}$ より,

頂点 $\left(\dfrac{5}{4}, -\dfrac{9}{8}\right)$.

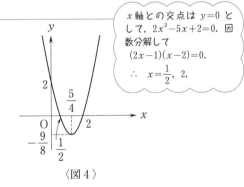

x 軸との交点は $y=0$ として, $2x^2-5x+2=0$. 因数分解して
$(2x-1)(x-2)=0$.
$\therefore\ x=\dfrac{1}{2}, 2$.

〈図4〉

解いてみよう㉑　答えは別冊16ページへ

(1) 放物線 $y=-\dfrac{3}{5}x^2+6x-9$ の頂点の座標を求め, そのグラフを書け.

(2) 放物線 $y=-x^2+(2a-5)x-2a^2+5a-\dfrac{1}{4}$ の頂点の座標を求め, a が次の値

のときのグラフを書け.

(i) $a=3$ のとき.　　(ii) $a=0$ のとき.

㉒ 放物線の平行移動

(1) 放物線 $y=-2x^2$ を x 軸方向に -1, y 軸方向に 2 だけ平行移動してできる放物線の方程式を求めよ.

(2) 放物線 $y=x^2-4x+2$ を平行移動すると,放物線 $y=x^2+2x+1$ になった.このとき,x 軸方向,y 軸方向にどれだけ平行移動したか.

(3) 放物線 $y=x^2+ax+b$ を x 軸方向に 2, y 軸方向に -3 だけ平行移動すると放物線 $y=x^2+2x+3$ となるとき,a, b を求めよ.

基本事項

放物線の平行移動では放物線の頂点の動きに注目する.
頂点 (p_1, q_1), x^2 の係数 $a(\neq 0)$ である放物線 $y=a(x-p_1)^2+q_1$ を,x 軸方向に α, y 軸方向に β 平行移動すると,頂点 $(p_2, q_2)=(p_1+\alpha, q_1+\beta)$ である放物線 $y=a(x-p_2)^2+q_2$ となる.

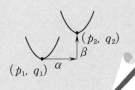

解答

(1) もとの放物線を C_1,移動後の放物線を C_2 とする.$C_1: y=-2x^2$ の頂点は $(0, 0)$.

　C_1 を x 軸方向に -1, y 軸方向に 2 平行移動すると頂点は,点 $(-1, 2)$ に移り,これが C_2 の頂点となる.

　C_1, C_2 の方程式の x^2 の係数は等しいので,C_2 の方程式は,
$$C_2: \boldsymbol{y=-2(x+1)^2+2}.$$

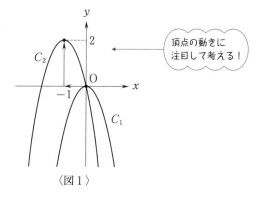

〈図 1 〉

頂点の動きに注目して考える!

(2) 放物線 $y=x^2-4x+2$ の頂点の座標は,
$y=(x-2)^2-2$ より,$(2, -2)$.

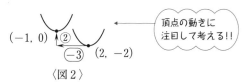

〈図 2 〉

頂点の動きに注目して考える!!

放物線 $y=x^2+2x+1$ の頂点の座標は,
$y=(x+1)^2$ より,B$(-1,\ 0)$.

また2つの2次関数の x^2 の係数は等しいので,放物線
$y=x^2-4x+2$ を x 軸方向に α,y 軸方向に β 平行移動し
て放物線 $y=x^2+2x+1$ になるとき,

$$\begin{cases} -1=2+\alpha, \\ 0=-2+\beta. \end{cases} \qquad \therefore \quad \alpha=-3,\ \beta=2.$$

よって,**x 軸方向に -3,y 軸方向に 2 だけ平行移動.**

(3)　放物線 $y=x^2+2x+3$ は,
$y=(x+1)^2+2$ より頂点 $(-1,\ 2)$.

　　よって,$y=x^2+ax+b$ の頂点を
x 軸方向に 2,y 軸方向に -3 平行移
動すると,$y=x^2+2x+3$ の頂点
$(-1,\ 2)$ となるので,逆にこの頂点
から x 軸方向に -2,y 軸方向に $+3$
だけ移動すると $y=x^2+ax+b$ の頂
点になる.

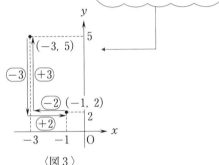

$y=x^2+2x+3$ の頂点から
$y=x^2+ax+b$ の頂点を求
める.

〈図3〉

　　$y=x^2+ax+b$ の頂点は $(-3,\ 5)$.
　　$y=x^2+ax+b$ は,$y=(x+3)^2+5=x^2+6x+14$ に一致
するので,

$$a=6,\quad b=14.$$

解いてみよう㉒　　答えは別冊 17 ページへ

(1)　ある放物線を,x 軸方向に 1,y 軸方向に -3 だけ平行移動した放物線の方程
　　式が $y=2x^2$ となった.もとの放物線の方程式を求めよ.

(2)　a,b は実数の定数で,$a \neq b$ とする.

$$y=x^2-2ax+b, \quad \cdots ①$$
$$y=x^2-2bx+a \quad \cdots ②$$

について,①のグラフを x 軸方向に p,y 軸方向に q 平行移動したら②のグラ
フになった.このとき,

　(i)　p,q をそれぞれ a,b を用いて表せ.

　(ii)　$p=1$,$q=1$ のとき,a,b の値を求めよ.

㉓ 放物線の線対称移動

$C_1 : y = -2x^2 - 4x$ とするとき,

(1) C_1 を y 軸, x 軸に関して対称移動してできる放物線をそれぞれ C_2, C_3 とする. C_2, C_3 の方程式を求めよ.

(2) C_2 を直線 $y = 3$ に関して対称移動してできる放物線の方程式を求めよ.

(3) C_3 を直線 $x = -2$ に関して対称移動してできる放物線の方程式を求めよ.

基本事項

放物線の線対称移動でも, 平行移動と同様に頂点の動きに注目する. また x 軸, または x 軸に平行な直線に対する対称移動のときには, グラフの凹凸が逆になる.

⑦ y 軸に平行な直線に関して対称移動したとき

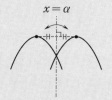

① 頂点の y 座標は変わらない.

④ x 軸に平行な直線に関して対称移動したとき

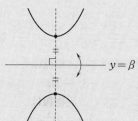

① 頂点の x 座標は変わらない.

② 凹凸が逆になるので, x^2 の係数の符号を逆にする.

解答

(1) C_1 は, $y = -2(x+1)^2 + 2$ より,
頂点 $(-1, 2)$ で上に凸の放物線.

⑦ y 軸に関して対称移動

C_2 の頂点は $(1, 2)$ なので C_2 の方程式は, $y = -2(x-1)^2 + 2$.

⑦ y 軸対称

頂点の x 座標の符号が変わる!!

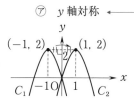

$$\therefore \quad C_2 : y = -2x^2 + 4x.$$

④　x 軸に関して対称移動

　C_3 の頂点は $(-1, -2)$ である. また凹凸が逆になるので x^2 の係数の符号を逆にして

　C_3 は $y = 2(x+1)^2 - 2.$

$$\therefore \quad C_3 : y = 2x^2 + 4x.$$

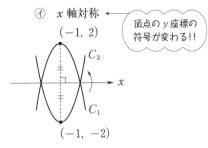

④　x 軸対称

頂点の y 座標の符号が変わる!!

(2)　$C_2 : y = -2x^2 + 4x$ の頂点は $(1, 2).$ これを直線 $y = 3$ に関して対称移動すると頂点は $(1, 4)$ となる.

　　また, グラフの凹凸は逆になるので x^2 の係数の符号も逆になる.

　　よって, 求める放物線は,

$$y = 2(x-1)^2 + 4.$$
$$\therefore \quad y = 2x^2 - 4x + 6.$$

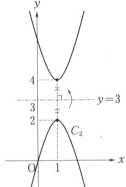

(3)　$C_3 : y = 2x^2 + 4x$ の頂点は $(-1, -2).$ これを直線 $x = -2$ に関して対称移動すると頂点は
$$(-3, -2).$$

　　よって, 求める放物線は,

$$y = 2(x+3)^2 - 2.$$
$$\therefore \quad y = 2x^2 + 12x + 16.$$

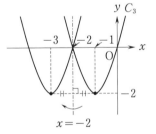

解いてみよう㉓　　答えは別冊18ページへ

(1)　放物線 $y = -2x^2 + 4ax + a^2 - 4 \ (a > 0)$ を x 軸に関して対称に折り返して得られる放物線を $y = g(x)$ とする. 2曲線の頂点間の距離が16のとき, a の値を求めよ.

(2)　$C_1 : y = \dfrac{1}{2}x^2 + 4x + 7$ とする.

(i)　C_1 を x 軸方向に -1, y 軸方向に 2 だけ平行移動し, y 軸に関して対称移動してできる放物線 C_2 の方程式を求めよ.

(ii)　放物線 C_2 を直線 $y = 3$ に関して対称移動してできる放物線 C_3 の方程式を求めよ.

⑳ 放物線の点対称移動

$C_1 : y = -2x^2 - 4x$ とするとき,

(1) C_1 を原点に関して対称移動してできる放物線 C_2 の方程式を求めよ.

(2) C_2 を点 $(-2, 5)$ に関して対称移動してできる放物線 C_3 の方程式を求めよ.

(3) C_3 をある点 A に関して対称移動したら, $y = 2x^2 - 2x$ になった. 点 A の座標を求めよ.

基本事項

放物線の点対称移動も平行移動, 線対称移動と同様に頂点の動きに注目する.
また, グラフの凹凸は点対称移動を行うと逆になる.

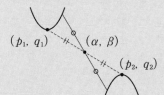

$$\begin{cases} \alpha = \dfrac{p_1 + p_2}{2}, \\ \beta = \dfrac{q_1 + q_2}{2}. \end{cases}$$

解答

$C_1 : y = -2(x+1)^2 + 2$ は, 頂点 $(-1, 2)$, 上に凸の放物線である.

(1) C_1 を原点に関して対称移動した放物線の頂点は右図より

$$(1, -2).$$

よって, 求める放物線 C_2 の方程式は,

$$y = 2(x-1)^2 - 2.$$

$$\therefore \quad \boldsymbol{y = 2x^2 - 4x}.$$

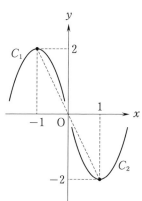

(2)　$C_2 : y = 2(x-1)^2 - 2$ の頂点は $(1, -2)$ であり，C_2 を点

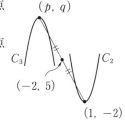

$(-2, 5)$ に関して点対称移動してできる放物線の頂点を

(p, q) とすると，2点 (p, q)，$(1, -2)$ を結ぶ線分の中点

が $(-2, 5)$ となるので

$$\begin{cases} -2 = \dfrac{p+1}{2}, \\ 5 = \dfrac{q-2}{2}. \end{cases} \qquad \therefore \quad \begin{cases} p = -5, \\ q = 12. \end{cases}$$

また，グラフの凹凸は逆になるので，求める放物線の方程

式の x^2 の係数は -2 になる.

　よって，求める放物線 C_3 の方程式は，$y = -2(x+5)^2 + 12$.

$$\therefore \quad \boldsymbol{y = -2x^2 - 20x - 38}.$$

(3)　$A(\alpha, \beta)$ とおく.

　C_3 の頂点 $(-5, 12)$ と $y = 2x^2 - 2x = 2\left(x - \dfrac{1}{2}\right)^2 - \dfrac{1}{2}$ の

頂点 $\left(\dfrac{1}{2}, -\dfrac{1}{2}\right)$ を結ぶ線分の中点が点 $A(\alpha, \beta)$ より，

$$\begin{cases} \alpha = \dfrac{-5 + \dfrac{1}{2}}{2} = \dfrac{-9}{4}, \\ \beta = \dfrac{12 - \dfrac{1}{2}}{2} = \dfrac{23}{4}. \end{cases}$$

$$\therefore \quad A\left(-\dfrac{9}{4}, \ \dfrac{23}{4}\right).$$

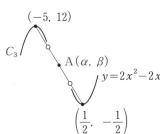

解いてみよう㉔　答えは別冊 18 ページへ

(1)　ある放物線を x 軸方向に 1，y 軸方向に -3 だけ平行移動して，さらに，原点

　　に関して対称移動してできる放物線の方程式が $y = 3x^2 + 3x - \dfrac{1}{4}$ となった. も

　　との放物線の方程式を求めよ.

(2)　$C_1 : y = x^2 + 4x - 5$ とする.

　(i)　C_1 を x 軸に関して対称移動し，x 軸方向に -2，y 軸方向に -7 だけ平行移

　　　動してできる放物線 C_2 の方程式を求めよ.

　(ii)　C_2 を点 $(-1, 3)$ に関して対称移動してできる放物線 C_3 の方程式を求めよ.

2次関数の決定

y 軸に平行な軸を持つ放物線で,次の条件をみたす放物線の方程式を求めよ.

(1) 頂点が $(-2, -3)$ で点 $(0, 1)$ を通る.

(2) 軸が $x=1$ で 2 点 $(0, -9)$, $(3, 0)$ を通る.

(3) 3 点 $(-2, -5)$, $(-1, 0)$, $(2, 3)$ を通る.

(4) 2 次関数 $y=x^2$ のグラフを平行移動してできるグラフの頂点が,直線 $y=-x+3$ 上にあり,点 $(-2, 11)$ を通る.

 基本事項

放物線を表す方程式を決定するとき,条件により,未知数を次のように決める ことがある.

① 頂点が (p, q) のとき, $\qquad\qquad$ $y=a(x-p)^2+q$.

② 軸:$x=p_1$ のとき, $\qquad\qquad$ $y=a(x-p_1)^2+q$.

③ 3 点を通るとき, $\qquad\qquad$ $y=ax^2+bx+c$.

④ x 軸との交点の座標が $x=\alpha, \beta$ のとき, $y=a(x-\alpha)(x-\beta)$.

解答

(1) 頂点が $(-2, -3)$ より,求める放物線 C_1 の方程式は,
$y=a(x+2)^2-3$ とおける.これが点 $(0, 1)$ を通るので,
$1=4a-3.$ $\qquad\qquad \therefore\quad a=1.$
よって,$C_1 : y=(x+2)^2-3$,すなわち,$\boldsymbol{y=x^2+4x+1}$.

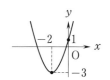

(2) 軸が $x=1$ より,求める放物線 C_2 の方程式は,
$$y=a(x-1)^2+q \text{ とおける.}$$
これが 2 点 $(0, -9)$, $(3, 0)$ を通るので,
$$-9=a+q, \qquad\qquad \cdots ①$$
$$0=4a+q. \qquad\qquad \cdots ②$$
①,②を解いて,$a=3$,$q=-12$.
よって,$C_2 : y=3(x-1)^2-12$,すなわち,
$$\boldsymbol{y=3x^2-6x-9}.$$

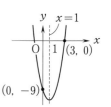

(3)　求める放物線 C_3 の方程式を $y = ax^2 + bx + c$ とおくと，
これが3点 $(-2, -5)$, $(-1, 0)$, $(2, 3)$ を通るから，

$$\begin{cases} -5 = 4a - 2b + c, \\ 0 = a - b + c, \\ 3 = 4a + 2b + c. \end{cases} \quad \therefore \quad \begin{cases} a = -1, \\ b = 2, \\ c = 3. \end{cases}$$

よって，　　　　　　　　$\boldsymbol{C_3 : y = -x^2 + 2x + 3.}$

(4)　$y = x^2$ を平行移動してできるグラフ C_4 の頂点が，直線
$y = -x + 3$ 上にあるので，頂点を $(t, -t+3)$ とおけて，
放物線 C_4 の方程式は，$y = (x-t)^2 - t + 3$ と書ける．

これが点 $(-2, 11)$ を通るので，
$$11 = (-2-t)^2 - t + 3.$$
$$t^2 + 3t - 4 = 0.$$
$$(t+4)(t-1) = 0.$$
$$\therefore \quad t = -4, \ 1.$$

よって，
$C_4 : y = (x+4)^2 + 7$，または，$y = (x-1)^2 + 2$．
すなわち，
$$\boldsymbol{y = x^2 + 8x + 23, \ \ y = x^2 - 2x + 3.}$$

解いてみよう㉕　　答えは別冊 19 ページへ

次の条件をみたす放物線の方程式を求めよ．

(1)　放物線 $y = x^2 + px + q$ は原点を通り，頂点が直線 $y = -\dfrac{1}{2}x - 3$ 上にある．

(2)　3点 $(-3, 0)$, $(1, 0)$, $(2, -20)$ を通り，y 軸に平行な軸を持つ．

(3)　点 $(1, -2)$ を通る放物線 $y = ax^2 + bx + c$ を x 軸方向に 2，y 軸方向に -1 だけ平行移動してできる放物線の頂点が $(5, -19)$ になる．

2次関数の最大値，最小値①

次の2次関数の最大値と最小値を求め，そのときの x の値も求めよ.

(1) $y = 2x^2 - 4x - 2 \quad (-1 \leqq x \leqq 2)$.

(2) $y = -2x^2 + 3x - 1 \quad (0 \leqq x < 3)$.

(3) $y = -\dfrac{1}{3}x^2 + 2x + 1 \quad (-1 \leqq x \leqq 1)$.

(4) $y = x^2 - \dfrac{10}{3}x - 2 \quad (2 \leqq x < 4)$.

基本事項

2次関数の最大値・最小値を求めるとき，

① グラフを考えるとよい.

　　㋐ 平方完成をして，頂点，軸を求める.

　　㋑ x^2 の係数よりグラフの凹凸を考える.

② 定義域（横軸）の範囲を考える.

(1) $y = 2x^2 - 4x - 2 = 2(x-1)^2 - 4$ のグラフは，頂点 $(1, -4)$，下に凸の放物線で定義域 $-1 \leqq x \leqq 2$ を考えて，〈図1〉より，

$$\begin{cases} \boldsymbol{x = -1} \text{ のとき, 最大値 } \boldsymbol{4}, \\ \boldsymbol{x = 1} \text{ のとき, 最小値 } \boldsymbol{-4}. \end{cases}$$

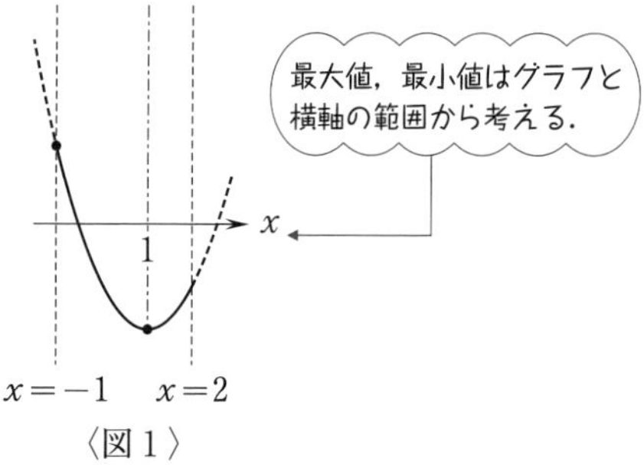

> 最大値，最小値はグラフと横軸の範囲から考える.

$x = -1 \quad x = 2$
〈図1〉

(2) $y = -2x^2 + 3x - 1 = -2\left(x - \dfrac{3}{4}\right)^2 + \dfrac{1}{8}$ のグラフは，頂点 $\left(\dfrac{3}{4}, \dfrac{1}{8}\right)$，上に凸の放物線で，定義域 $0 \leqq x < 3$ を考えて，〈図2〉より，

$$\boldsymbol{x = \dfrac{3}{4}} \text{ のとき, 最大値 } \boldsymbol{\dfrac{1}{8}}.$$

定義域に $x = 3$ が含まれないから，最

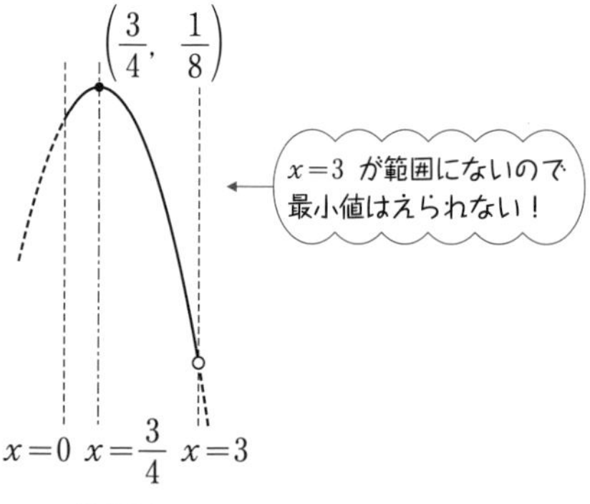

> $x = 3$ が範囲にないので最小値はえられない！

$\left(\dfrac{3}{4}, \dfrac{1}{8}\right)$

$x = 0 \quad x = \dfrac{3}{4} \quad x = 3$
〈図2〉

小値は定まらないので, **最小値なし**.

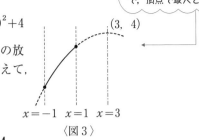

範囲の中に軸が含まれないので, 頂点で最大とならない！

(3) $y=-\dfrac{1}{3}x^2+2x+1=-\dfrac{1}{3}(x-3)^2+4$

のグラフは, 頂点 $(3,\ 4)$, 上に凸の放
物線で, 定義域 $-1\leqq x\leqq 1$ を考えて,
〈図3〉より,

$$\begin{cases} x=1\ \text{のとき, 最大値}\ \dfrac{8}{3}, \\[2mm] x=-1\ \text{のとき, 最小値}\ -\dfrac{4}{3}. \end{cases}$$

〈図3〉

範囲の中に軸が含まれないので, 頂点で最小とならない！

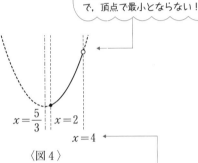

(4) $y=x^2-\dfrac{10}{3}x-2=\left(x-\dfrac{5}{3}\right)^2-\dfrac{43}{9}$ のグ

ラフは, 頂点 $\left(\dfrac{5}{3},\ -\dfrac{43}{9}\right)$, 下に凸の放

物線で, 定義域 $2\leqq x<4$ を考えて,
〈図4〉より $x=4$ は定義域に含まれな
いから最大値が定まらないので,

最大値なし.

$x=2$ のとき, **最小値** $-\dfrac{14}{3}$.

〈図4〉

$x=4$ が範囲にないので最大値はえられない！

解いてみよう㉖　　答えは別冊20ページへ

(1) $y=-x^2-4x-2$ $(-3\leqq x\leqq 0)$ の最大値と最小値を求め, そのときの x の値
を求めよ.

(2) 放物線 $y=-x^2+4$ と x 軸で囲まれた部分に,
図のように長方形 ABCD を内接させる. このとき,

(i) 点 $A(t,\ 0)$ とするとき, 点 B, C, D の座標
を求めよ.

ただし, $-2<t<0$ とする.

(ii) 長方形 ABCD の4辺の長さの和の最大値を
求めよ.

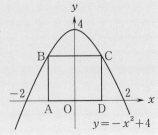

2次関数の最大値，最小値②

(1) 2次関数 $f(x)=2x^2-4ax+3$ $(0 \leqq x \leqq 2)$ について，

  (i) 最小値 $m(a)$ を求めよ．   (ii) 最大値 $M(a)$ を求めよ．

(2) $g(x)=-2x^2+4ax+2a-1$ $(-1 \leqq x \leqq 1)$ について，

  (i) 最小値 $m(a)$ を求めよ．   (ii) 最大値 $M(a)$ を求めよ．

解答

> 軸が範囲に含まれるか含まれ
> ないかで場合分けを考える！

(1) $f(x)=2x^2-4ax+3=2(x-a)^2-2a^2+3$ だから $y=f(x)$
のグラフは，頂点 $(a, -2a^2+3)$，下に凸の放物線になる．

  (i) ⑦ $a<0$ のとき， ⑦ $0 \leqq a \leqq 2$ のとき， ⑦ $a>2$ のとき，

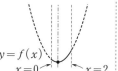

よって，$m(a)=\begin{cases} a<0 \text{ のとき} & 3 & (x=0\text{ のとき}), \\ 0 \leqq a \leqq 2 \text{ のとき} & -2a^2+3 & (x=a\text{ のとき}), \\ a>2 \text{ のとき} & -8a+11 & (x=2\text{ のとき}). \end{cases}$

  (ii) ⑦ $a<1$ のとき，   ⑦ $a \geqq 1$ のとき，

> 範囲の真ん中である $x=1$
> より軸が右側になるか左側
> にあるかで最大値の位置が
> 変わる！

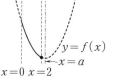

よって，$M(a)=\begin{cases} a<1 \text{ のとき，} & -8a+11 & (x=2\text{ のとき}), \\ a \geqq 1 \text{ のとき，} & 3 & (x=0\text{ のとき}). \end{cases}$

(2) $g(x)=-2x^2+4ax+2a-1=-2(x-a)^2+2a^2+2a-1$
だから，$y=g(x)$ のグラフは，頂点 $(a,\ 2a^2+2a-1)$，上
に凸の放物線になる．

(i) ㋐　$a<0$ のとき，　　　　㋑　$a\geqq0$ のとき，

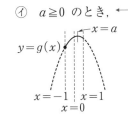

範囲の真ん中である $x=0$
より軸が右側にあるか左側
にあるかで最小値の位置が
変わる！

よって，$m(a)=\begin{cases}a<0 \text{のとき}\ \ 6a-3\ (x=1 \text{のとき}),\\a\geqq0 \text{のとき} -2a-3\ (x=-1 \text{のとき}).\end{cases}$

(ii) ㋐　$a<-1$ のとき，　㋑　$-1\leqq a\leqq1$ のとき，　㋒　$a>1$ のとき，

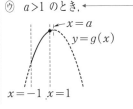

よって，$M(a)=\begin{cases}a<-1 \text{のとき，}\qquad -2a-3\quad (x=-1 \text{のとき}),\\-1\leqq a\leqq1 \text{のとき，}\ 2a^2+2a-1\ (x=a \text{のとき}),\\a>1 \text{のとき，}\qquad\ \ 6a-3\qquad (x=1 \text{のとき}).\end{cases}$

軸が範囲に含まれるか含まれ
ないかで場合分けを考える．

解いてみよう㉗　　答えは別冊21ページへ

(1) a は定数とする．2次関数 $f(x)=2x^2-4ax+a+1$ について，
$0\leqq x\leqq4$ における $f(x)$ の最小値 m を a を用いて表せ．

(2) 2次関数 $y=2ax-x^2$ の $0\leqq x\leqq2$ における最大値を M とする．

（ i ）放物線 $y=2ax-x^2$ の頂点の座標を求めよ．

（ii）$a<0$ のとき，M の値を求めよ．

（iii）$M=3$ のとき，a の値を求めよ．

㉘ 2次関数の最大値，最小値③

---

(1) 2次関数 $f(x)=3x^2-6x+7$ $(0 \leqq x \leqq t)$ について，

 (i) 最大値を求めよ．   (ii) 最小値を求めよ．

(2) 2次関数 $g(x)=-2x^2+6x+4$ $(t \leqq x \leqq t+2)$ について，

 (i) 最大値を求めよ．   (ii) 最小値を求めよ．

解答

t の値が2より大きいか小さいかで，定義域内の最大値の位置が変わる．

(1) $f(x)=3x^2-6x+7=3(x-1)^2+4$ だから，$y=f(x)$ のグラフは，頂点 $(1, 4)$，下に凸の放物線となる．

(i) ㋐ $0 \leqq t < 2$ のとき， ㋑ $t \geqq 2$ のとき，

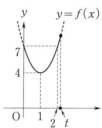

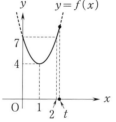

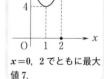

(1) $t=2$ のとき

$x=0$，2 でともに最大値 7．

よって，$\begin{cases} 0 \leqq t < 2 \text{ のとき，} \textbf{最大値 } f(0)=7, \\ t \geqq 2 \text{ のとき，} \textbf{最大値 } f(t)=3t^2-6t+7. \end{cases}$

(ii) ㋐ $0 \leqq t < 1$ のとき， ㋑ $t \geqq 1$ のとき，

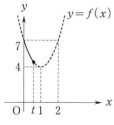

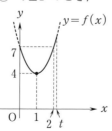

よって，$\begin{cases} 0 \leqq t < 1 \text{ のとき，} \textbf{最小値 } f(t)=3t^2-6t+7, \\ t \geqq 1 \text{ のとき，} \quad\textbf{最小値 } f(1)=4. \end{cases}$

(2) $g(x)=-2x^2+6x+4=-2\left(x-\dfrac{3}{2}\right)^2+\dfrac{17}{2}$ だから，$y=g(x)$

のグラフは，頂点 $\left(\dfrac{3}{2},\ \dfrac{17}{2}\right)$，上に凸の放物線となる．

軸が範囲に含まれるか含まれないかで場合分けを考える．

(i)

⑦　$t<-\dfrac{1}{2}$ のとき，

④　$-\dfrac{1}{2}\leqq t\leqq\dfrac{3}{2}$ のとき，

⑨　$t>\dfrac{3}{2}$ のとき，

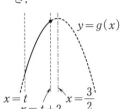
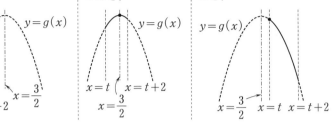

よって，$\begin{cases} t<-\dfrac{1}{2}\ \text{のとき，最大値}\ g(t+2)=-2t^2-2t+8, \\[2mm] -\dfrac{1}{2}\leqq t\leqq\dfrac{3}{2}\ \text{のとき，最大値}\ g\left(\dfrac{3}{2}\right)=\dfrac{17}{2}, \\[2mm] t>\dfrac{3}{2}\ \text{のとき，最大値}\ g(t)=-2t^2+6t+4. \end{cases}$

(ii)

⑦　$t<\dfrac{1}{2}$ のとき，

④　$t\geqq\dfrac{1}{2}$ のとき，

$t=\dfrac{1}{2}$ のとき，$x=t,\ t+2$ でともに最小値となる．

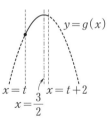
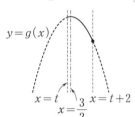

よって，$\begin{cases} t<\dfrac{1}{2}\ \text{のとき，最小値}\ g(t)=-2t^2+6t+4, \\[2mm] t\geqq\dfrac{1}{2}\ \text{のとき，最小値}\ g(t+2)=-2t^2-2t+8. \end{cases}$

解いてみよう㉘　答えは別冊 21 ページへ

　関数 $f(x)=-x^2-4x-2$ の区間 $a\leqq x\leqq a+2$ における最大値を $M(a)$，最小値を $m(a)$ とするとき，

(1)　$M(a)$ を求めよ．　　　　　(2)　$m(a)$ を求めよ．

２次関数のグラフと x 軸との位置関係

(1) ２次関数 $y=4x^2+4x+3k-1$ のグラフと x 軸との位置関係を調べよ.

(2) k は実数の定数とする. 放物線 $y=2x^2+4x-1$ と直線 $y=2x+3k+1$ の共有点の個数を調べよ.

基本事項

２次関数 $y=ax^2+bx+c$ のグラフ（放物線）と x 軸との共有点の x 座標は, ２次方程式 $ax^2+bx+c=0$ の実数解であり, 実数解の個数は「⑪ **解の個数**」で扱ったように, 判別式 $D=b^2-4ac$ の符号により決まる.

Dの符号	$D>0$	$D=0$	$D<0$
	２点で交わる	接する	共有点なし
$a>0$			
$a<0$			

解答

(1) $4x^2+4x+3k-1=0$ の判別式を D とすると,

$D=4^2-4\cdot4\cdot(3k-1)=16(2-3k).$

㋐ $D=16(2-3k)>0$, すなわち, $k<\dfrac{2}{3}$ のとき,

$y=4x^2+4x+3k-1$ は **x 軸と異なる２点で交わる**.

㋑ $D=16(2-3k)=0$, すなわち, $k=\dfrac{2}{3}$ のとき,

$y=4x^2+4x+3k-1$ は **x 軸と接する**.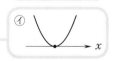

㋒ $D=16(2-3k)<0$, すなわち, $k>\dfrac{2}{3}$ のとき,

$y=4x^2+4x+3k-1$ は **x 軸と共有点を持たない**.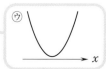

(2) $\begin{cases} y=2x^2+4x-1, \\ y=2x+3k+1 \end{cases}$ の共有点の個数は，2 式から y を消

去してできる x の 2 次方程式

$$2x^2+4x-1=2x+3k+1,$$

すなわち，

$$2x^2+2x-3k-2=0 \quad \cdots ①$$

の実数解の個数に等しい．① の判別式を D とすると，

$$D=2^2-4\cdot2\cdot(-3k-2)=24k+20.$$

㋐　$D=24k+20>0$，すなわち，$k>-\dfrac{5}{6}$ のとき，

共有点は **2 個**，

㋑　$D=24k+20=0$，すなわち，$k=-\dfrac{5}{6}$ のとき，

共有点は **1 個**，

㋒　$D=24k+20<0$，すなわち，$k<-\dfrac{5}{6}$ のとき，

共有点は **0 個**．

解いてみよう㉙　答えは別冊 22 ページへ

(1) k を実数の定数とし，$f(x)=x^2-x+3k$ とする．方程式 $f(x)=0$ の実数解の個数を求めよ．

(2) $y=2x^2+4x+2k-1$ が x 軸と共有点を持つような，k の値の範囲を求めよ．

(3) k は実数の定数とする．放物線 $y=x^2-5x+7$ と直線 $y=x+4k-3$ が接するとき，k の値とその接点の座標を求めよ．

72

 30　2次方程式の解

(1) 次の2次方程式を解け.

  （ⅰ）　$2x^2-5x+2=0.$　　　　（ⅱ）　$(x-2)^2=3.$

  （ⅲ）　$2x^2-3x-1=0.$　　　　（ⅳ）　$3x^2+4x-5=0.$

(2)　円周率を π とする. 長さ $20\,\mathrm{cm}$ の糸を2つに切り，それぞれを円周とする

  2つの円を作る. このとき，2つの円の面積の和が $\dfrac{125}{2\pi}\,\mathrm{cm}^2$ となるためには

  糸の一方の端から何 cm のところで切ればよいか.

基本事項

  2次方程式の解の求め方として，次の3つがある.

①　因数分解をして，「$AB=0$ ならば $A=0$ または $B=0$」を用いる.

②　$a>0$ のとき，$X^2=a$ の解は $X=\pm\sqrt{a}$.

③　解の公式を用いる.

  ㋐　2次方程式 $ax^2+bx+c=0$ の解は，$x=\dfrac{-b\pm\sqrt{b^2-4ac}}{2a}$.

  ㋑　2次方程式 $ax^2+2Bx+c=0$ の解は，$x=\dfrac{-B\pm\sqrt{B^2-ac}}{a}$.

 解答

(1)(ⅰ)　$2x^2-5x+2=0$

    $=(2x-1)(x-2)=0.$　　∴　$\boldsymbol{x=\dfrac{1}{2}},\ \boldsymbol{2}.$

(ⅱ)　$(x-2)^2=3.$　$x-2=\pm\sqrt{3}.$

                $\boldsymbol{x=2\pm\sqrt{3}}.$

> $ax^2+bx+c=0$ の解の公式
> $x=\dfrac{-b\pm\sqrt{b^2-4ac}}{2a}$ を用いる.

(ⅲ)　$\boldsymbol{x}=\dfrac{-(-3)\pm\sqrt{(-3)^2-4\cdot2\cdot(-1)}}{2\cdot2}=\dfrac{3\pm\sqrt{17}}{4}.$

(ⅳ)　$3x^2+2\cdot2x-5=0.$

  ∴　$\boldsymbol{x}=\dfrac{-2\pm\sqrt{2^2-3\cdot(-5)}}{3}=\dfrac{-2\pm\sqrt{19}}{3}.$

> $ax^2+2Bx+c=0$ の解の公式
> $x=\dfrac{-B\pm\sqrt{B^2-ac}}{a}$ を用いる.

(2)

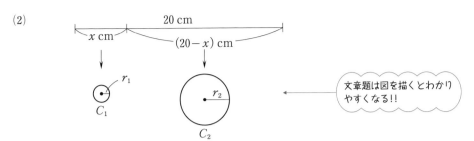

文章題は図を描くとわかりやすくなる!!

　長くない方の糸の長さを x cm とすると，$0 \leqq x \leqq 10$.

このとき，他方の糸の長さは $(20-x)$ cm.

x cm の糸からできる円を C_1，半径を r_1 cm,

$(20-x)$ cm の糸からできる円を C_2，半径を r_2 cm とすると，

C_1，C_2 の円周の長さはそれぞれ，x cm，$(20-x)$ cm より，

$$2\pi r_1 = x. \qquad \therefore \quad r_1 = \frac{x}{2\pi}.$$

$$2\pi r_2 = 20-x. \qquad \therefore \quad r_2 = \frac{20-x}{2\pi}.$$

C_1，C_2 の面積の和が $\dfrac{125}{2\pi}$ cm² より，

$$\pi r_1{}^2 + \pi r_2{}^2 = \frac{x^2}{4\pi} + \frac{(20-x)^2}{4\pi} = \frac{125}{2\pi}.$$

題意を式にする!!

$$2x^2 - 40x + 150 = 0. \qquad x^2 - 20x + 75 = 0.$$

$$\therefore \quad (x-5)(x-15) = 0.$$

$0 \leqq x \leqq 10$ より，$\boldsymbol{x = 5}$.

よって，糸の一方の端から 5 cm のところで切ればよい.

解いてみよう㉚　　答えは別冊 23 ページへ

　次の2次方程式を解け.

(1) $-x^2 + \dfrac{4}{3}x + 5 = 2$.

(2) $x^2 - 2\sqrt{2}\,x + 1 = 0$.

(3) $x^2 + (2+\sqrt{3}\,)x - 2 + \sqrt{3} = 0$.

解の個数

---

(1) 次の方程式の異なる実数解の個数を求めよ.

  (i) $x^2+2x-3=0$.

  (ii) $-4x^2-12x-9=0$.

  (iii) $3t^2-6t+8=0$.

(2) $x^2+2kx+4=0$ が重解を持つときの k の値と, そのときの重解を求めよ.

(3) $x^2+(k+1)x+2k+3=0$ が重解を持つときの k の値と, そのときの重解を求めよ.

基本事項

① 2次方程式 $ax^2+bx+c=0$ の実数解の個数は, 判別式 $(D=b^2-4ac)$ の符号で決まり,

  $D>0 \Leftrightarrow$ 異なる2つの実数解を持つ,

  $D=0 \Leftrightarrow$ 1つの実数解, つまり重解を持つ,

  $D<0 \Leftrightarrow$ 実数解を持たない.

② 重解

  $ax^2+bx+c=0$ が重解を持つとき, $D=b^2-4ac=0$ なので, 解の公式から,

$$x=\frac{-b}{2a}$$

が解 (重解) となる.

 解答

(1)(i) $x^2+2x-3=0$ の判別式を D_1 とすると,

  $D_1=2^2-4\cdot1\cdot(-3)=4+12=16>0$ より,

  $x^2+2x-3=0$ の異なる実数解の個数は **2個**.

> (i) 実際に解を求めてみると $(x+3)(x-1)=0$ より $x=-3, 1$ の2個の実数解が存在する.

(ii) $-4x^2-12x-9=0$ の判別式を D_2 とすると,

  $D_2=(-12)^2-4(-4)(-9)=144-144=0$ より,

  $-4x^2-12x-9=0$ の異なる実数解の個数は **1個**.

> (ii) 実際に解を求めると $-(2x+3)^2=0$ より, $x=-\frac{3}{2}$ で1個の実数解 (重解) を持つ.

(iii) $3t^2-6t+8=0$ の判別式を D_3 とすると,

$\quad D_3=(-6)^2-4\cdot3\cdot8=36-96=-60<0$ より,

$\quad 3t^2-6t+8=0$ は実数解を持たない, すなわち **0個**.

(2) $x^2+2kx+4=0$ …① の判別式を D とする.

$\quad$ ① が重解を持つとき, $D=0$ より,

$\quad (2k)^2-4\cdot4=0.\quad 4k^2-16=0.$

$\quad k^2-4=0.$

$\quad (k-2)(k+2)=0.\quad k=-2,\ 2.$

(i) $k=2$ のとき,

$\quad$ ① より,

$\quad x^2+4x+4=0.\quad (x+2)^2=0.$

$\quad$ よって, 重解 $x=-2$.

(ii) $k=-2$ のとき,

$\quad$ ① より,

$\quad x^2-4x+4=0.\quad (x-2)^2=0.$

$\quad$ よって, 重解 $x=2$.

> $ax^2+bx+c=0$ が重解を持つとき, $D=b^2-4ac=0$ なので, 解の公式より,
> $$x=\frac{-b\pm\sqrt{b^2-4ac}}{2a}=\frac{-b}{2a}$$
> として重解を求めることもできる.

(3) $x^2+(k+1)x+2k+3=0$ …② の判別式を D' とすると,

$\quad$ ② が重解を持つとき $D'=0$ より

$\quad D'=(k+1)^2-4(2k+3)=0.$

$\quad k^2-6k-11=0.$

$\qquad k=3\pm\sqrt{20}=3\pm2\sqrt{5}.$

$\quad$ ② の解は,

$\quad x=\dfrac{-(k+1)}{2\cdot1}=\dfrac{-(4\pm2\sqrt{5})}{2}=-2\mp\sqrt{5}.\qquad$ （複号同順）

> $ax^2+bx+c=0$ が重解を持つとき, $D=b^2-4ac=0$ なので, 解の公式より,
> $$x=\frac{-b\pm\sqrt{b^2-4ac}}{2a}=\frac{-b}{2a}$$
> を用いた.

解いてみよう㉛　答えは別冊23ページへ

方程式 $2x^2-8kx+9=0$ について,

(1) 実数解の個数を調べよ.

(2) 重解を持つとき, k の値と, そのときの重解を求めよ.

2次不等式

---

(1) 次の2次不等式を解け.

  (i) $x^2-7x+6 \geqq 0$.　　　　(ii) $2x^2-5x+2<0$.

  (iii) $9x^2-6x+1>0$.　　　　(iv) $-2x+2 \leqq x^2+1<3x+5$.

(2) a は定数とする. 不等式 $x^2-(a+2)x+2a<0$ をみたす整数 x がちょうど
  2個あるような実数 a の値の範囲を求めよ.

 基本事項

$a>0$ のとき, 2次不等式の解

	$D>0$	$D=0$	$D<0$
$y=ax^2+bx+c$ のグラフ	α β x	α x	x
$ax^2+bx+c>0$	$x<\alpha,\ \beta<x$	$x<\alpha,\ \alpha<x$ $(x \neq \alpha)$	すべての実数
$ax^2+bx+c=0$	$x=\alpha,\ \beta$	$x=\alpha$ (重解)	実数解なし
$ax^2+bx+c<0$	$\alpha<x<\beta$	解なし	実数解なし

$a<0$ のときも, 放物線 $y=ax^2+bx+c$ と x 軸との位置関係と不等号の
種類により解を求める

解答

(1)(i) $x^2-7x+6 \geqq 0$ より, $(x-6)(x-1) \geqq 0$.

    ∴ $\boldsymbol{x \leqq 1,\ 6 \leqq x}$.

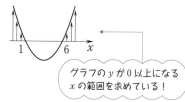

グラフの y が0以上になる
x の範囲を求めている!

(ii) $2x^2-5x+2<0$ より, $(2x-1)(x-2)<0$.

    ∴ $\boldsymbol{\dfrac{1}{2}<x<2}$.

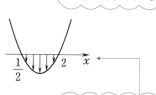

グラフの y が負になる x
の範囲を求めている!

(iii)　$9x^2-6x+1>0$ より，$(3x-1)^2>0.$

$$\therefore \quad x<\frac{1}{3}, \quad \frac{1}{3}<x.$$

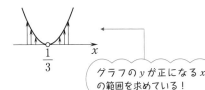

グラフの y が正になる x の範囲を求めている！

(iv)　$\begin{cases} -2x+2\leqq x^2+1, & \cdots ① \\ x^2+1<3x+5. & \cdots ② \end{cases}$

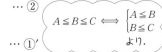

$A\leqq B\leqq C \Longleftrightarrow \begin{cases} A\leqq B \\ B\leqq C \end{cases}$ より．

　　①より，$x^2+2x-1\geqq 0.$

　　　$\therefore \quad x\leqq -1-\sqrt{2}, \quad -1+\sqrt{2}\leqq x. \quad \cdots ①'$

　　②より，$x^2-3x-4<0.$

　　　$\therefore \quad -1<x<4. \quad \cdots ②'$

　　①'，②'より，

　　　$-1+\sqrt{2}\leqq x<4.$

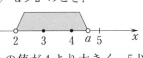

(2)　$x^2-(a+2)x+2a<0,$ すなわち，$(x-2)(x-a)<0$ を
みたす整数 x がちょうど 2 個ある条件は，

$a=2$ のとき，$(x-2)(x-a)<0$ をみたす実数 x は，存在しない!!

　㋐　$a<2$ のとき，

a の値が -1 以上で，0 未満
であればよいので，

　　　$-1\leqq a<0.$

　㋑　$a>2$ のとき，

a の値が 4 より大きく，5 以
下であればよいので，

　　　$4<a\leqq 5.$

　㋐，㋑より，　　　$-1\leqq a<0, \ 4<a\leqq 5.$

解いてみよう㉜
答えは別冊 23 ページへ

(1)　次の不等式を解け．

　(i)　$2x^2-5x+2\geqq 0.$　　　(ii)　$x^2-2x-1\leqq 0.$　　　(iii)　$-2x^2+3x+5>0.$

　(iv)　$x^2-4x+4\leqq 0.$　　　(v)　$-x^2+4x-6\geqq 0.$　　　(vi)　$x^2-6x+10>0.$

(2)　2 つの 2 次不等式 $\begin{cases} x^2+2x-8>0, & \cdots ① \\ (x-1)(x-2a-1)<0 & \cdots ② \end{cases}$

について，次の条件をみたすように，定数 a の値の範囲を定めよ．

　(i)　①，②をともにみたす実数 x が存在する．

　(ii)　①，②をともにみたす整数 x がただ 1 つ存在する．

第4章 テスト対策問題

1 放物線 $C : y = -2x^2 + 4x + 3$ を x 軸に関して対称移動してできる放物線を C_1 とする．また，C_1 を x 軸方向に p，y 軸方向に q だけ平行移動してできる放物線を C_2 とする．このとき，

(1) 放物線 C_1 の方程式を求めよ．

(2) 放物線 C_2 の頂点の座標を p，q を用いて表せ．

(3) 放物線 C_2 を原点に対して対称移動してできる放物線が C となるとき，p，q を求めよ．

2 y 軸に平行な軸を持つ放物線で，次の条件をみたす放物線の方程式を求めよ．

(1) 頂点が $(2, 1)$ で点 $(4, 9)$ を通る．

(2) 軸が $x = -1$ で，2 点 $(1, -8)$，$(-2, -3)$ を通る．

(3) 3 点 $(1, 3)$，$(-3, 3)$，$(3, 15)$ を通る．

3 a を定数とし，$-1 \leq x \leq 3$ で，x の 2 次関数，

$$y = 2x^2 - 4(a+1)x + 10a + 1$$

の最大値を M，最小値を m とする．このとき，

(1) 最大値 M を求めよ．

(2) 最小値 m を求めよ．

(3) $m = \dfrac{7}{9}$ となる a を求めよ． （センター試験）

4 (1) $y = -\dfrac{1}{2}x^2 + x + \dfrac{3}{2}$ $(-1 \leq x \leq t+1)$ の最大値と最小値を求めよ．

(2) 2 次関数 $y = x^2 + 2x - 2a$ $(a \leq x \leq a+1)$ の最大値 M は a の関数になる．このとき，M の最小値を求めよ． （東北福祉大）

答えは別冊 25〜28 ページ

図形と計量　数学 I

第 5 章

学習テーマ	学習時間	はじめる プラン	じっくり プラン	おさらい プラン
㉝ 正弦・余弦・正接	15分	1日目	1日目	1日目
㉞ 180°までの三角比	15分			
㉟ 三角比の相互関係①	15分		2日目	
㊱ 三角比の相互関係②	15分	2日目		
㊲ 三角方程式	15分		3日目	2日目
㊳ 三角不等式	15分			
㊴ 正弦定理	10分	3日目	4日目	
㊵ 余弦定理	10分			
㊶ 三角形の面積	10分		5日目	3日目
㊷ 空間図形の計量	20分	4日目		
㊸ 三角比の2次関数の最大・最小	20分		6日目	

㉝ 正弦，余弦，正接

(1) 次の三角形の残りの辺 AB，BC の長さを求めよ．

(i)

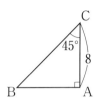

(ii)

(2) 図の三角形 ABC で，直線 BC 上に B について C と反対側に AB＝BD となる点 D を考える．このとき，

(i) ∠CDA を求めよ．

(ii) AD と sin∠CDA を求めよ．

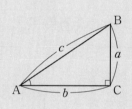

 基本事項

図の直角三角形 ABC で，

$$\sin A = \frac{a}{c}, \quad \cos A = \frac{b}{c}, \quad \tan A = \frac{a}{b}.$$

三平方の定理

$$a^2 + b^2 = c^2.$$

解答

(1)(i) $\tan 60° = \dfrac{BC}{CA}.$ ∴ **BC＝CA tan 60°＝$5\sqrt{3}$**.

$\cos 60° = \dfrac{CA}{AB}.$ ∴ **AB＝$\dfrac{CA}{\cos 60°}$＝10**.

$$\frac{5}{\frac{1}{2}} = \frac{5 \cdot 2}{\frac{1}{2} \cdot 2} = 10.$$

$$\sin 60° = \frac{\sqrt{3}}{2},$$
$$\cos 60° = \frac{1}{2},$$
$$\tan 60° = \sqrt{3}.$$

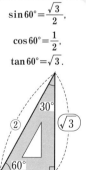

(ii) $\quad \cos 45° = \dfrac{CA}{BC}.$ $\quad \therefore \quad \mathbf{BC} = \dfrac{CA}{\cos 45°} = \mathbf{8\sqrt{2}}.$

$\quad \tan 45° = \dfrac{AB}{CA}.$ $\quad \therefore \quad \mathbf{AB} = CA\tan 45° = \mathbf{8}.$

$\sin 45° = \dfrac{1}{\sqrt{2}},$

$\cos 45° = \dfrac{1}{\sqrt{2}},$

$\tan 45° = 1.$

(2)(i)　AB=BD より三角形 ABD は二等辺三角形となるので，

$$\angle BAD = \angle BDA. \quad \cdots ①$$

いま　$\angle ABD = 180° - 30° = 150°$ より，

$$\angle BAD + \angle BDA = 180° - 150° = 30°. \quad \cdots ②$$

①，② より，　$\angle BAD = \angle BDA = 15°.$

$$\therefore \quad \angle CDA = \angle BDA = \mathbf{15°}.$$

(ii)　$\angle ABC = 30°$ より，

$$\sin 30° = \dfrac{CA}{AB}. \quad \therefore \quad AB = \dfrac{CA}{\sin 30°} = 2.$$

また，$\cos 30° = \dfrac{BC}{AB}.$ $\quad \therefore \quad BC = AB\cos 30° = \sqrt{3}.$

$\sin 30° = \dfrac{1}{2},$

$\cos 30° = \dfrac{\sqrt{3}}{2},$

$\tan 30° = \dfrac{1}{\sqrt{3}}$ より.

$AB = BD = 2$，$BC = \sqrt{3}$ より　$DC = 2 + \sqrt{3}.$

三角形 ADC に三平方の定理を用いて，

$$AD^2 = CA^2 + CD^2 = 1^2 + (2+\sqrt{3})^2 = 8 + 4\sqrt{3}.$$

$$\therefore \quad \mathbf{AD} = \sqrt{8+4\sqrt{3}} = \sqrt{(6+2)+2\sqrt{6\cdot 2}} = \mathbf{\sqrt{6} + \sqrt{2}}.$$

$$\therefore \quad \mathbf{\sin\angle CDA} = \sin 15° = \dfrac{1}{\sqrt{6}+\sqrt{2}} = \dfrac{\sqrt{6}-\sqrt{2}}{4}.$$

有理化して

$$\dfrac{1}{\sqrt{6}+\sqrt{2}} \cdot \dfrac{\sqrt{6}-\sqrt{2}}{\sqrt{6}-\sqrt{2}}$$

$$= \dfrac{\sqrt{6}-\sqrt{2}}{6-2}.$$

解いてみよう㉝　答えは別冊 28 ページへ

地点 O, A, B があり，地点 A には鉄塔 AA′ が建っている．地点 O から B までの距離は 60 m である．$\angle AOB = 45°$，$\angle OAB = 90°$ であり，地点 B から鉄塔の頂点 A′ を見上げる角は $30°$ であるという．

(1)　AB の距離を求めよ．

(2)　鉄塔の高さ AA′ を求めよ．

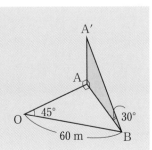

34 ## 180° までの三角比

次の表を完成させよ.

θ	0°	30°	45°	60°	90°	120°	135°	150°	180°
$\sin\theta$									
$\cos\theta$									
$\tan\theta$									

基本事項

O を原点とする座標平面上で, $A(r, 0)$ $(r>0)$ とし, 原点中心, 半径 r の円の半円周 $(y \geqq 0)$ 上を動く点 $P(x, y)$ を考える.

$\angle AOP = \theta \; (0° \leqq \theta \leqq 180°)$ とするとき,

$$\sin\theta = \frac{y}{r}, \quad \cos\theta = \frac{x}{r}, \quad \tan\theta = \frac{y}{x}.$$

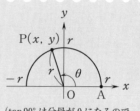

($\tan 90°$ は分母が 0 になるので定義されない.)

解答

θ	0°	30°	45°	60°	90°	120°	135°	150°	180°
$\sin\theta$	0	$\dfrac{1}{2}$	$\dfrac{1}{\sqrt{2}}$	$\dfrac{\sqrt{3}}{2}$	1	$\dfrac{\sqrt{3}}{2}$	$\dfrac{1}{\sqrt{2}}$	$\dfrac{1}{2}$	0
$\cos\theta$	1	$\dfrac{\sqrt{3}}{2}$	$\dfrac{1}{\sqrt{2}}$	$\dfrac{1}{2}$	0	$-\dfrac{1}{2}$	$-\dfrac{1}{\sqrt{2}}$	$-\dfrac{\sqrt{3}}{2}$	-1
$\tan\theta$	0	$\dfrac{1}{\sqrt{3}}$	1	$\sqrt{3}$	✕	$-\sqrt{3}$	-1	$-\dfrac{1}{\sqrt{3}}$	0

解説 半径 $r=1$ の単位円周上を動く点 $P(x, y)$ を考え, $\sin\theta$, $\cos\theta$, $\tan\theta$ を求める.

○$\sin\theta = \dfrac{y}{r} = \dfrac{y}{1} = y$ より, 単位円周上の点 P の y 座標が $\sin\theta$ の値と等しくなる.

また, 〈図 1〉から, 次の表のような関係がわかる.

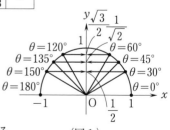

〈図 1〉

θ	$0°$	$30°$	$45°$	$60°$	$90°$	$120°$	$135°$	$150°$	$180°$
$\sin\theta$	0	$\dfrac{1}{2}$	$\dfrac{\sqrt{2}}{2}$	$\dfrac{\sqrt{3}}{2}$	1	$\dfrac{\sqrt{3}}{2}$	$\dfrac{\sqrt{2}}{2}$	$\dfrac{1}{2}$	0

値が同じ

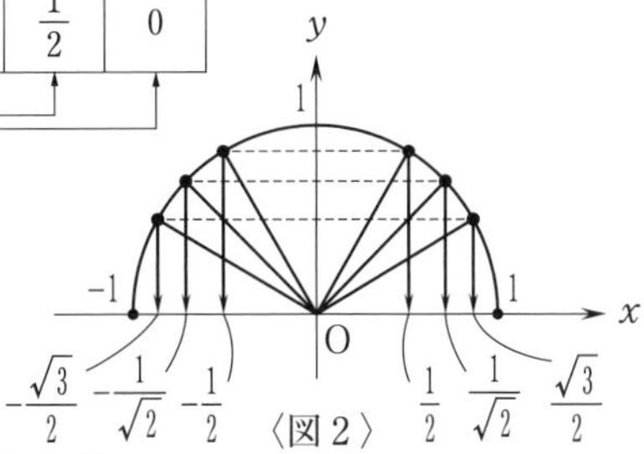

$\circ \cos\theta = \dfrac{x}{r} = \dfrac{x}{1} = x$ より，単位円周上の点

P の x 座標が $\cos\theta$ の値と等しくなる．

また，〈図 2 〉から，次の表のような関係がわかる．

〈図 2 〉

θ	$0°$	$30°$	$45°$	$60°$	$90°$	$120°$	$135°$	$150°$	$180°$
$\cos\theta$	1	$\dfrac{\sqrt{3}}{2}$	$\dfrac{\sqrt{2}}{2}$	$\dfrac{1}{2}$	0	$-\dfrac{1}{2}$	$-\dfrac{\sqrt{2}}{2}$	$-\dfrac{\sqrt{3}}{2}$	-1

符号だけが異なる

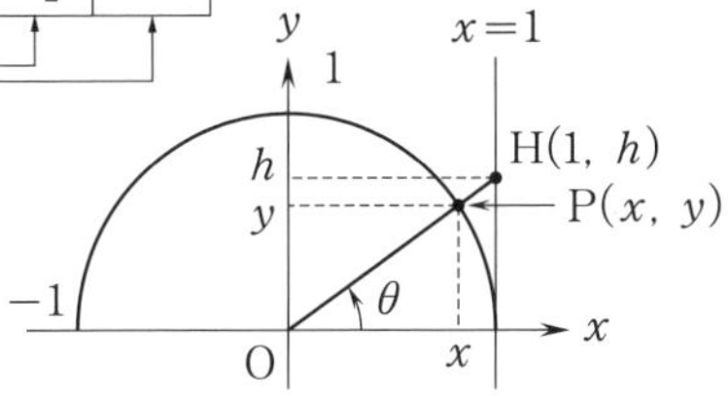

$\circ \tan\theta = \dfrac{y}{x}$ より，直線 OP の傾きが $\tan\theta$

の値となる．

〈図 3 〉

また，〈図 3 〉のように，直線 $x=1$ と OP との延長線との交点を点 H とし，その y 座標を h とすると $1 : h = x : y$ より，

$$h = \dfrac{y}{x} \text{ となり，} \tan\theta = \dfrac{y}{x} = h.$$

このように $\tan\theta$ の値を求めることもできる．

解いてみよう㉞　答えは別冊 29 ページへ

次の値を計算せよ．

(1)　$\sin 30° \cos 135° - \tan 60° \sin 120°$.

(2)　$\cos 45° \cos 150° - \sin 45° \sin 150°$.

(3)　$\sqrt{2}\,\sin 135° - \dfrac{1}{4}\cos 180° \cdot \dfrac{1}{\tan 30°}$.

(4)　$\dfrac{\tan 135° - \tan 60°}{1 + \tan 135° \tan 60°}$.

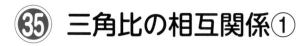

㉟ 三角比の相互関係①

(1) $\sin\theta=\dfrac{1}{\sqrt{3}}$ のとき, $2\cos^2\theta+\tan^2\theta$ の値を求めよ.

(2) $\sin\theta+\cos\theta=\dfrac{1}{2}$ のとき, $\sin^3\theta+\cos^3\theta$ の値を求めよ.

(3) $\tan\theta+\dfrac{1}{\tan\theta}=\dfrac{4}{\sqrt{3}}$ $(0°<\theta<90°)$ のとき,

$\sin\theta\cos\theta$, および, $\sin\theta+\cos\theta$ の値を求めよ.

基本事項

$\sin\theta$, $\cos\theta$, $\tan\theta$ の間には, 次の関係式が成り立つ.

① $\sin^2\theta+\cos^2\theta=1$.　② $\tan\theta=\dfrac{\sin\theta}{\cos\theta}$.　③ $1+\tan^2\theta=\dfrac{1}{\cos^2\theta}$.

解答

(1) $\cos^2\theta=1-\sin^2\theta=1-\left(\dfrac{1}{\sqrt{3}}\right)^2=\dfrac{2}{3}$, ← $\sin^2\theta+\cos^2\theta=1$ を利用する!!

$\tan^2\theta=\dfrac{\sin^2\theta}{\cos^2\theta}=\dfrac{\dfrac{1}{3}}{\dfrac{2}{3}}=\dfrac{1}{2}$. ← $\tan\theta=\dfrac{\sin\theta}{\cos\theta}$ を利用する!!

よって,

$$2\cos^2\theta+\tan^2\theta=2\cdot\dfrac{2}{3}+\dfrac{1}{2}=\dfrac{4}{3}+\dfrac{1}{2}=\dfrac{11}{6}.$$

(2) $\sin\theta+\cos\theta=\dfrac{1}{2}$ の両辺を2乗して,

$$\sin^2\theta+2\sin\theta\cos\theta+\cos^2\theta=\dfrac{1}{4}. \qquad \cdots①$$

$\sin^2\theta+\cos^2\theta=1$ より,

①は,

$$1+2\sin\theta\cos\theta=\dfrac{1}{4}.$$

$$\therefore \quad \sin\theta\cos\theta = -\frac{3}{8}.$$

$$\sin^3\theta + \cos^3\theta$$
$$= (\sin\theta + \cos\theta)(\sin^2\theta - \sin\theta\cos\theta + \cos^2\theta)$$
$$= \frac{1}{2}\left(1 + \frac{3}{8}\right) = \boldsymbol{\frac{11}{16}}.$$

(3)　$\tan\theta = \dfrac{\sin\theta}{\cos\theta}$ より，

$$\tan\theta + \frac{1}{\tan\theta} = \frac{\sin\theta}{\cos\theta} + \frac{\cos\theta}{\sin\theta}$$
$$= \frac{\cos^2\theta + \sin^2\theta}{\cos\theta\sin\theta}$$
$$= \frac{1}{\cos\theta\sin\theta}.$$

よって，

$$\frac{1}{\sin\theta\cdot\cos\theta} = \frac{4}{\sqrt{3}}.$$
$$\therefore \quad \sin\theta\cos\theta = \frac{\sqrt{3}}{4}.$$
$$\therefore \quad (\sin\theta + \cos\theta)^2 = \sin^2\theta + 2\sin\theta\cos\theta + \cos^2\theta$$
$$= 1 + 2\cdot\frac{\sqrt{3}}{4} = \frac{4 + 2\sqrt{3}}{4}.$$

いま，$0° < \theta < 90°$ より，$\cos\theta > 0$，$\sin\theta > 0$ であるから，
$$\sin\theta + \cos\theta > 0.$$
$$\therefore \quad \sin\theta + \cos\theta = \sqrt{\frac{4 + 2\sqrt{3}}{4}} = \boldsymbol{\frac{\sqrt{3} + 1}{2}}.$$

解いてみよう㉟　答えは別冊 29 ページへ

(1)　$0° < \theta < 90°$ とする．$\dfrac{\cos\theta - \sin\theta}{\cos\theta + \sin\theta} = 2\sqrt{2} - 3$ のとき，

$\tan\theta$，$\sin\theta$，$\cos\theta$ の値を求めよ．

(2)　$\tan^2\theta + (1 - \tan^4\theta)(1 - \sin^2\theta)$ を簡単にせよ．

(3)　$0° \leqq \theta \leqq 180°$ とする．$\sin^2\theta = \cos\theta$ のとき，

$\cos\theta$，および，$\dfrac{1}{1 + \sin\theta} + \dfrac{1}{1 - \sin\theta}$ の値を求めよ．

三角比の相互関係②

---

(1) 次の三角比の値を 45° 以下の角度の三角比で表せ.

   (i) $\cos 65°$.　　　　(ii) $\sin 107°$.　　　　(iii) $\tan 82°$.

   (iv) $\sin 145°$.　　　(v) $\cos 163°$.　　　(vi) $\tan 110°$.

(2) 次の値を求めよ.

   (i) $\sin 130° + \cos 140° + \tan 20° + \tan 160°$.

   (ii) $(\cos 40° + \sin 140°)^2 + (\sin 40° + \cos 140°)^2$.

   (iii) $\sin 10° \cos 170° + \cos 10° \sin 170°$.

(3) 三角形 ABC の 3 つの角の大きさを A, B, C とするとき, 次の関係式が成り立つことを証明せよ.

$$\cos \frac{B+C}{2} = \sin \frac{A}{2}.$$

基本事項

$90° \pm \theta$ の三角比

① $\sin(90° \pm \theta) = \cos \theta$,

② $\cos(90° \pm \theta) = \mp \sin \theta$ (複号同順),

③ $\tan(90° \pm \theta) = \mp \dfrac{1}{\tan \theta}$ (複号同順).

$180° - \theta$ の三角比

④ $\sin(180° - \theta) = \sin \theta$,

⑤ $\cos(180° - \theta) = -\cos \theta$,

⑥ $\tan(180° - \theta) = -\tan \theta$.

解答

(1)(i) $\cos 65° = \cos(90° - 25°) = \boldsymbol{\sin 25°}$.

                              $\cos(90° - \theta) = \sin \theta$ で $\theta = 25°$ とした.

(ii) $\sin 107° = \sin(90° + 17°) = \boldsymbol{\cos 17°}$.

                              $\sin(90° + \theta) = \cos \theta$ で $\theta = 17°$ とした.

(iii) $\tan 82° = \tan(90° - 8°) = \boldsymbol{\dfrac{1}{\tan 8°}}$.

                              $\tan(90° - \theta) = \dfrac{1}{\tan \theta}$ で $\theta = 8°$ とした.

(iv) $\sin 145° = \sin(180° - 35°) = \boldsymbol{\sin 35°}$.

                              $\sin(180° - \theta) = \sin \theta$ で $\theta = 35°$ とした.

(v) $\cos 163° = \cos(180° - 17°) = \boldsymbol{-\cos 17°}$.

                              $\cos(180° - \theta) = -\cos \theta$ で $\theta = 17°$ とした.

(vi)　$\tan 110° = \tan(90° + \theta) = -\dfrac{1}{\tan 20°}$.　←　$\tan(90° + \theta) = -\dfrac{1}{\tan\theta}$ に $\theta = 20°$ とした.

(2)(i)　$\sin 130° + \cos 140° + \tan 20° + \tan 160°$

　　　　$= \sin(90° + 40°) + \cos(180° - 40°) + \tan 20° + \tan(180° - 20°)$

　　　　$= \cos 40° - \cos 40° + \tan 20° - \tan 20°$

　　　　$= \boldsymbol{0}$.

$\sin 130°$, $\cos 140°$, $\tan 20°$, $\tan 160°$ のように角度が異なるときは $45°$ 以下の角で表し直そう！

(ii)　$(\cos 40° + \sin 140°)^2 + (\sin 40° + \cos 140°)^2$

　　　$= \{\cos 40° + \sin(180° - 40°)\}^2 + \{\sin 40° + \cos(180° - 40°)\}^2$

　　　$= (\cos 40° + \sin 40°)^2 + (\sin 40° - \cos 40°)^2$

　　　$= 2(\cos^2 40° + \sin^2 40°)$

　　　$= \boldsymbol{2}$.

(iii)　$\sin 10° \cos 170° + \cos 10° \sin 170°$

　　　$= \sin 10° \cos(180° - 10°) + \cos 10° \sin(180° - 10°)$

　　　$= -\sin 10° \cos 10° + \cos 10° \sin 10° = \boldsymbol{0}$.

(3)　三角形の内角の和は $180°$ より　$A + B + C = 180°$　だから,

$$\frac{B + C}{2} = 90° - \frac{A}{2}.$$

よって,

$$\cos \frac{B + C}{2} = \cos\left(90° - \frac{A}{2}\right) = \sin \frac{A}{2}.$$

(証明終り)

答えは別冊 30 ページへ

解いてみよう㊱

(1)　次の式の値を求めよ. ただし, $0° < \theta < 90°$ とする.

　(i)　$(\sin 70° + \sin 160°)^2 + (\cos 70° + \cos 160°)^2$.

　(ii)　$\cos(90° - \theta) - \sin(90° - \theta) - \cos(180° - \theta) - \sin(180° - \theta)$.

　(iii)　$\cos(90° - \theta)\cos(90° + \theta) - \sin(90° - \theta)\sin(90° + \theta)$.

　(iv)　$\sin(180° - \theta)\cos(90° - \theta) - \sin(90° - \theta)\cos(180° - \theta) - \tan(90° - \theta)\tan(180° - \theta)$.

(2)　三角形 ABC の 3 つの内角の大きさを A, B, C とするとき, 次の関係式が成り立つことを証明せよ.

$$\tan \frac{A}{2} \tan \frac{B + C}{2} = 1.$$

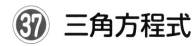

㊲ 三角方程式

(1) $0° \leqq \theta \leqq 180°$ のとき，次の方程式を解け．

(i) $2\cos\theta = -\sqrt{3}$.

(ii) $2\sin\theta - 1 = 0$.

(iii) $\tan\theta + \sqrt{3} = 0$.

(iv) $2\cos^2\theta = 3\sin\theta$.

(2) $0° \leqq \theta \leqq 90°$ のとき，次の方程式を解け．

(i) $2\cos(\theta + 45°) + \sqrt{2} = 0$.

(ii) $\tan(90° - \theta) - \sqrt{3} = 0$.

基本事項

三角比を含む方程式（三角方程式）を解くには，半径1の円（単位円）の半円周（$y \geqq 0$）上の点 $P(x, y)$ を考え，

$$\cos\theta = x,$$
$$\sin\theta = y,$$
$$\tan\theta = \frac{y}{x}$$

を用いる．

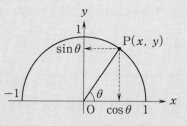

解答

(1)(i) $2\cos\theta = -\sqrt{3}$ より，

$$\cos\theta = -\frac{\sqrt{3}}{2}. \qquad \cdots ①$$

$0° \leqq \theta \leqq 180°$ で，① をみたす角 θ は〈図1〉より，

$$\theta = 150°.$$

(ii) $2\sin\theta - 1 = 0$ より，

$$\sin\theta = \frac{1}{2}. \qquad \cdots ②$$

$0° \leqq \theta \leqq 180°$ で，② をみたす角 θ は〈図2〉より，2つあり，

$$\theta = 30°, \ 150°.$$

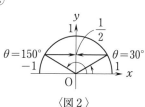

〈図1〉

〈図2〉

(iii)　$\tan\theta+\sqrt{3}=0$　より,

$$\tan\theta=-\sqrt{3}.\qquad\cdots\text{③}$$

$\tan\theta=\dfrac{y}{x}$　より,　直線 OP の傾きが $-\sqrt{3}$ になる

ような θ は,〈図 3〉より,

$$\boldsymbol{\theta=120°}.$$

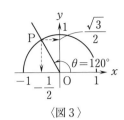

〈図 3〉

(iv)
$$2\cos^2\theta=3\sin\theta.$$
$$2(1-\sin^2\theta)=3\sin\theta.\qquad\boxed{\cos^2\theta=1-\sin^2\theta\ \text{より}.}$$
$$2\sin^2\theta+3\sin\theta-2=0.$$
$$(2\sin\theta-1)(\sin\theta+2)=0.\qquad\cdots\text{④}$$

また,$0°\leqq\theta\leqq180°$　より　$0\leqq\sin\theta\leqq1$　なので　$\sin\theta+2>0$.

これと ④ より,$2\sin\theta-1=0$.　$\boxed{\text{(ii) より}.}$

$$\therefore\quad\boldsymbol{\theta=30°,\ 150°}.$$

(2)(i)　$2\cos(\theta+45°)+\sqrt{2}=0$　より,

$$\cos(\theta+45°)=-\dfrac{\sqrt{2}}{2}.$$

いま　$0°\leqq\theta\leqq90°$　より,$45°\leqq\theta+45°\leqq135°$　だから,

$$\theta+45°=135°.$$
$$\therefore\quad\boldsymbol{\theta=90°}.$$

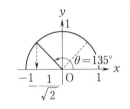

(ii)　$\tan(90°-\theta)-\sqrt{3}=0$　より,

$$\tan(90°-\theta)=\sqrt{3}.$$

いま　$0°\leqq\theta\leqq90°$　より,$0°\leqq90°-\theta\leqq90°$　だから,

$$90°-\theta=60°.$$
$$\therefore\quad\boldsymbol{\theta=30°}.$$

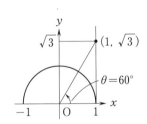

解いてみよう ㊲

答えは別冊 30 ページへ

(1)　$0°\leqq\theta\leqq180°$　のとき,次の方程式を解け.

　(i)　$2\sin^2\theta+\sqrt{3}\cos\theta-2=0$.

　(ii)　$\tan\theta+\dfrac{\sqrt{3}}{\tan\theta}=1+\sqrt{3}$.

(2)　$0°\leqq\theta\leqq90°$　のとき,方程式 $(3\tan2\theta-\sqrt{3})(\tan2\theta-1)=0$ を解け.

三角不等式

$0° \leqq \theta \leqq 180°$ のとき，次の不等式を解け.

(1) $\cos\theta \leqq -\dfrac{\sqrt{3}}{2}$.   (2) $\sin\theta > \dfrac{1}{2}$.   (3) $\tan\theta < \sqrt{3}$.

基本事項

三角比を含む不等式（三角不等式）を解くには，半径1の円（単位円）の半円周（$y \geqq 0$）上の点 $P(x, y)$ を考え

$$\cos\theta = x, \quad \sin\theta = y, \quad \tan\theta = \dfrac{y}{x}$$

を用いて不等式を満たす θ を考える.

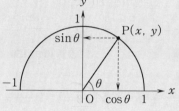

解答

(1) $$\cos\theta \leqq -\dfrac{\sqrt{3}}{2}. \qquad \cdots ①$$

$0° \leqq \theta \leqq 180°$ で，① をみたす角 θ は〈図1〉より，
$$150° \leqq \theta \leqq 180°.$$

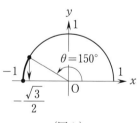

〈図1〉

(2) $$\sin\theta > \dfrac{1}{2}. \qquad \cdots ②$$

$0° \leqq \theta \leqq 180°$ で，② をみたす角 θ は〈図2〉より，
$$30° < \theta < 150°.$$

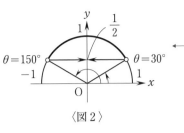

〈図2〉

$\sin\theta$ の値が $\dfrac{1}{2}$ より大きくなる θ を求めている.

(3)　　　　　　　　$\tan\theta < \sqrt{3}$.　　　　　　…③

　　$\tan\theta = \sqrt{3}$ になるような θ は,〈図3〉より,

　$\theta = 60°$ である.

　　よって,$0° \leqq \theta \leqq 180°$ で,③をみたす角 θ は〈図3〉よ

り,

　　　　　$0° \leqq \theta < 60°$,　$90° < \theta \leqq 180°$.

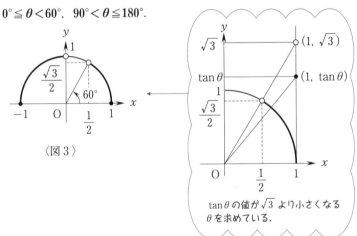

〈図3〉

$\tan\theta$ の値が $\sqrt{3}$ より小さくなる θ を求めている.

第5章

解いてみよう㊳

答えは別冊 30 ページへ

　$0° \leqq \theta \leqq 180°$ のとき,次の不等式を解け.

(1)　$2\cos^2\theta > 3\sin\theta$.

(2)　$2\cos^2\theta - 1 + \cos\theta < 0$.

㉟ 正弦定理

半径 R の円に内接する三角形 ABC について，3つの内角の大きさを A，B，C とし，$a=$BC，$b=$CA，$c=$AB とする．

(1) $A=135°$，$C=15°$，$b=3$ のとき，a を求めよ．

(2) $R=\sqrt{3}$，$a=3$，$B=30°$ のとき，A と b を求めよ．

(3) $R=3$，$a=3$ のとき，A を求めよ．

(4) $b=7$，$A=70°$，$C=50°$ のとき，R を求めよ．

基本事項

三角形 ABC の外接円の半径を R，AB$=c$，BC$=a$，CA$=b$ とする．

このとき，次の**正弦定理**が成り立つ．

$$\frac{a}{\sin A}=\frac{b}{\sin B}=\frac{c}{\sin C}=2R.$$

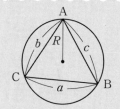

解答

(1) $A=135°$，$C=15°$ より，
$B=180°-(135°+15°)=30°$.

正弦定理より，$\dfrac{a}{\sin 135°}=\dfrac{3}{\sin 30°}$.

$\therefore$ **BC**$=3\cdot\dfrac{\sin 135°}{\sin 30°}=3\cdot\dfrac{\frac{\sqrt{2}}{2}}{\frac{1}{2}}=\mathbf{3\sqrt{2}}$.

(2) $R=\sqrt{3}$，$a=3$，$B=30°$，および，正弦定理より，

$$\frac{3}{\sin A}=\frac{b}{\sin 30°}=2\sqrt{3}.$$

$$\sin A=\frac{3}{2\sqrt{3}}=\frac{\sqrt{3}}{2}.$$

$B=30°$ より $0°<A<150°$ だから，

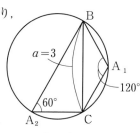

〈図 1 〉

$$A = 60°, \ 120°.$$

また，$b = 2\sqrt{3} \ \sin 30° = 2\sqrt{3} \cdot \dfrac{1}{2} = \sqrt{3}.$

〈図1〉のように，A は A_1，A_2 が考えられる。

(3)　正弦定理より，$\dfrac{3}{\sin A} = 2 \cdot 3.$　∴　$\sin A = \dfrac{1}{2}.$

$0° < A < 180°$ より，$A = 30°, \ 150°.$

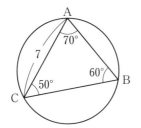

(4)　$A = 70°, \ C = 50°$ より，
$$B = 180° - (70° + 50°) = 60°.$$

〈図2〉

〈図2〉のように，A は A_1，A_2 が考えられる。

正弦定理より，$\dfrac{7}{\sin 60°} = 2R.$

∴　$R = \dfrac{7}{2\sin 60°} = \dfrac{7}{2 \cdot \dfrac{\sqrt{3}}{2}} = \dfrac{7}{\sqrt{3}} = \dfrac{7\sqrt{3}}{3}.$

解いてみよう㊴　　答えは別冊 31 ページへ

(1)　三角形 ABC において，$\angle ABC = 75°$，$\angle BAC = 60°$，$BC = 2\sqrt{3}$ とするとき，三角形 ABC の外接円の半径 R と AB を求めよ．

(2)　半径 R の円 O に内接する四角形 ABCD について，$BD = 2\sqrt{2}$，$\cos \angle BAD = -\dfrac{1}{3}$，$\cos \angle ABC = -\dfrac{\sqrt{3}}{3}$ のとき，R，$\sin \angle ABC$，AC を求めよ．

第5章

㊵ 余弦定理

三角形 ABC について，3つの内角の大きさを A，B，C とし，$a=$ BC，$b=$ CA，$c=$ AB とする．

(1) $a=2$，$b=3$，$C=60°$ であるとき，c を求めよ．

(2) $a=2\sqrt{2}$，$b=3$，$c=\sqrt{5}$ であるとき，C を求めよ．

(3) $a=\sqrt{7}$，$b=1$，$c=2$ であるとき，A を求めよ．

(4) $a:b:c=4:5:6$ のとき，A，B，C のうち最も大きい内角を θ とする．$\cos\theta$ の値を求めよ．

基本事項

図のような三角形 ABC に対し**余弦定理**が成り立つ．

$$a^2=b^2+c^2-2bc\cos A \iff \cos A=\frac{b^2+c^2-a^2}{2bc}.$$

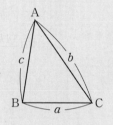

解答

(1) 余弦定理より，
$$c^2=2^2+3^2-2\cdot2\cdot3\cdot\cos 60°$$
$$=4+9-2\cdot2\cdot3\cdot\frac{1}{2}$$
$$=7.$$
$c>0$ より，$c=\sqrt{7}$．

$c^2=a^2+b^2-2ab\cos C$ を用いた．

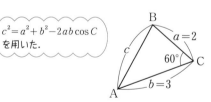

(2) 余弦定理より,

$$\cos C = \frac{(2\sqrt{2})^2 + 3^2 - (\sqrt{5})^2}{2 \cdot 2\sqrt{2} \cdot 3}$$

$$= \frac{8+9-5}{2 \cdot 3 \cdot 2\sqrt{2}} = \frac{1}{\sqrt{2}}.$$

$0° < ∠ACB < 180°$ より, $C = \mathbf{45°}$.

> $\cos C = \dfrac{a^2 + b^2 - c^2}{2ab}$
> を用いた.

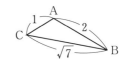

(3) 余弦定理より,

$$\cos A = \frac{1^2 + 2^2 - (\sqrt{7})^2}{2 \cdot 1 \cdot 2} = -\frac{1}{2}.$$

$0° < ∠BAC < 180°$ より, $A = \mathbf{120°}$.

(4) $a:b:c = 4:5:6$ より k を正の実数として $a = 4k$, $b = 5k$, $c = 6k$ とおく.

c が最も大きいので $∠C = \theta$ となる.

三角形 ABC に余弦定理を用いて,

$$\cos\theta = \frac{(4k)^2 + (5k)^2 - (6k)^2}{2 \cdot 4k \cdot 5k}$$

$$= \frac{5k^2}{40k^2}$$

$$= \frac{1}{8}.$$

> 辺の比がわかれば三角比は
> わかる.

解いてみよう㊵　答えは別冊 31 ページへ

(1) 三角形 ABC が, $AB = \sqrt{2}$, $AC = \sqrt{6}$, $∠ABC = 120°$ をみたすとき,
$BC = \sqrt{\boxed{ア}}$ である.

(2) 三角形 ABC において, $AB = c$, $BC = a$, $CA = b$ とする.
$(a+b):(b+c):(c+a) = 14:13:15$ のとき,
(i) 比 $a:b:c$ を求めよ.
(ii) $\cos B$ の値を求めよ.

㊶ 三角形の面積

半径 $R=\dfrac{7\sqrt{3}}{3}$ の円に内接する BC＝7，AB＝3 である三角形 ABC がある．

また，∠BAC は鈍角とする．

(1) ∠BAC の大きさを求めよ．

(2) 辺 AC の長さを求めよ．

(3) 三角形 ABC の面積を求めよ．

(4) ∠BAC の角の二等分線と辺 BC の交点を点 D とするとき，
線分 AD の長さを求めよ．

基本事項

三角形 ABC の面積 S は，

$$S=\frac{1}{2}ab\sin C=\frac{1}{2}bc\sin A=\frac{1}{2}ca\sin B.$$

中学校までは，三角形の面積 S は，

$$S=\frac{1}{2}\times(底辺)\times(高さ)=\frac{1}{2}ch. \qquad \cdots ①$$

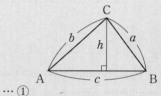

高校では $\sin A=\dfrac{h}{b}$ より $h=b\sin A$．これを①に代入して，

$$S=\frac{1}{2}ch=\frac{1}{2}bc\sin A.$$

三角形の面積は2辺の長さとその間の角の sin の値から求められる．

解答

(1) 三角形 ABC に正弦定理を用いて，

$$\frac{BC}{\sin\angle BAC}=2R.$$

$$\therefore\quad \sin\angle BAC=\frac{BC}{2R}=\frac{7}{2\cdot\dfrac{7\sqrt{3}}{3}}=\frac{\sqrt{3}}{2}.$$

∠BAC が鈍角より **∠BAC＝120°**．

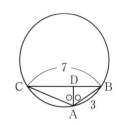

(2)　AC$=x$ として，三角形 ABC に余弦定理を用いると，

$$BC^2=AC^2+AB^2-2\cdot AC\cdot AB\cdot\cos\angle BAC.$$
$$7^2=x^2+3^2-2\cdot3\cdot x\cdot\cos120°.$$
$$x^2+3x-40=0.$$
$$(x+8)(x-5)=0.$$

$x>0$ より $x=\mathbf{AC=5}$.

(3)　三角形 ABC の面積 S は

$$S=\frac{1}{2}\cdot AB\cdot AC\cdot\sin\angle BAC$$

$S=\frac{1}{2}bc\sin A$ を用いた.

$$=\frac{1}{2}\cdot3\cdot5\cdot\sin120°=\frac{1}{2}\cdot15\cdot\frac{\sqrt{3}}{2}=\frac{15\sqrt{3}}{4}.$$

(4)　$\angle BAD=\angle CAD=60°$，および，

（△ABCの面積）＝（△ABDの面積）
＋（△ACDの面積）より，

△ABC は，△ABD と △ACD に分けることができる.

$$\frac{15\sqrt{3}}{4}=\frac{1}{2}AB\cdot AD\cdot\sin60°+\frac{1}{2}\cdot AC\cdot AD\cdot\sin60°$$
$$=\frac{1}{2}\cdot3\cdot AD\cdot\frac{\sqrt{3}}{2}+\frac{1}{2}\cdot5\cdot AD\cdot\frac{\sqrt{3}}{2}$$
$$=2\sqrt{3}\,AD.$$
$$\therefore\quad AD=\frac{15}{8}.$$

第5章

解いてみよう㊶　答えは別冊 32 ページへ

(1)　3 辺の長さが AB$=3$，BC$=\sqrt{3}$，CA$=2$ の三角形 ABC について，
 (i)　$\cos\angle BAC$ を求めよ.
 (ii)　三角形 ABC の面積を求めよ.
(2)　半径 r の円に内接する正 n 角形を考える．このとき，正 n 角形の 1 辺の長さを r と n を用いて表せ．また，この正 n 角形の面積を求めよ.

空間図形の計量

1辺の長さが a である正四面体 ABCD について，辺 BC の中点を点 M とする．

(1) AM の長さと $\cos\angle\text{AMD}$ を求めよ．

(2) 点 A から三角形 BCD に下ろした垂線の足を点 H とする．AH を求めよ．

(3) 正四面体 ABCD の体積を求めよ．

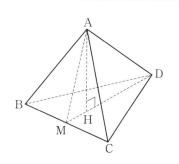

基本事項

三角すいの体積 V は，底面積 S，高さ h を用いて，次のように表せる．

$$V = \frac{1}{3} \times (\text{底面積}) \times (\text{高さ})$$
$$= \frac{1}{3}Sh.$$

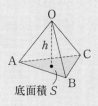

底面積 S

解答

(1) 三角形 ABM に注目して，$\sin 60° = \dfrac{\text{AM}}{\text{AB}}$.

$$\therefore \quad \textbf{AM} = \text{AB} \cdot \sin 60° = \frac{\sqrt{3}}{2}\boldsymbol{a}.$$

同様にして，

$$\sin 60° = \frac{\text{DM}}{\text{BD}}. \quad \therefore \quad \text{DM} = \text{BD} \cdot \sin 60° = \frac{\sqrt{3}}{2}a.$$

三角形 ADM は $\text{AM} = \text{DM} = \dfrac{\sqrt{3}}{2}a$ の二等辺三角形で，

これに余弦定理を用いて，

$$\cos\angle\textbf{AMD} = \frac{\left(\dfrac{\sqrt{3}}{2}a\right)^2 + \left(\dfrac{\sqrt{3}}{2}a\right)^2 - a^2}{2\left(\dfrac{\sqrt{3}}{2}a\right)\left(\dfrac{\sqrt{3}}{2}a\right)}$$

空間図形は，ある平面に注目して考える．

$$= \frac{\dfrac{1}{2}a^2}{\dfrac{3}{2}a^2} = \frac{1}{3}.$$

(2) 四面体 ABCD は正四面体だから，点 A から三角形 BCD に下ろした垂線の足 H は線分 DM 上にある．

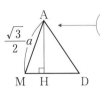

平面 AMD に注目する．

$0° < \angle AMD < 180°$ より $\sin \angle AMD > 0$.

よって，

$$\sin \angle AMD = \sqrt{1 - \cos^2 \angle AMD}$$
$$= \sqrt{1 - \left(\frac{1}{3}\right)^2} = \frac{2\sqrt{2}}{3}.$$

三角形 AMH は $\angle AHM = 90°$ の直角三角形だから，

$$\sin \angle AMH = \sin \angle AMD = \frac{AH}{AM}.$$

$$\therefore \quad \mathbf{AH} = AM \cdot \sin \angle AMD = \frac{\sqrt{3}}{2}a \cdot \frac{2\sqrt{2}}{3} = \frac{\sqrt{6}}{3}\boldsymbol{a}.$$

(3) $\triangle BCD = \dfrac{1}{2} \cdot BC \cdot BD \cdot \sin 60°$

$$= \frac{1}{2} \cdot a \cdot a \cdot \frac{\sqrt{3}}{2} = \frac{\sqrt{3}}{4}a^2 \quad \text{だから，}$$

（四面体 ABCD の体積）$= \dfrac{1}{3} \cdot \triangle BCD \cdot AH$

（体積）$= \dfrac{1}{3} \times$（底面積）$\times$（高さ）を用いる．

$$= \frac{1}{3} \cdot \frac{\sqrt{3}}{4}a^2 \cdot \frac{\sqrt{6}}{3}a = \frac{\sqrt{2}}{12}\boldsymbol{a}^3.$$

解いてみよう㊷　答えは別冊 33 ページへ

図のような直方体 ABCD−EFGH において，AB=1，AD=2，AE=1 とする．このとき，

(1) 三角形 BDG の面積を求めよ．

(2) 三角すい BCDG の体積を求めよ．

(3) 点 C から三角形 BDG に下ろした垂線の長さを求めよ．

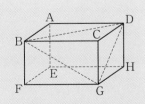

三角比の２次関数の最大，最小

$0° \leqq \theta \leqq 180°$ とするとき，

$$y = -2\cos^2\theta - 2\sin\theta + 6$$

の最大値，最小値をそれぞれ M，m とする．このとき，

(1) $t = \sin\theta$ とするとき，t のとり得る値の範囲を求めよ．

(2) y を t を用いて表せ．

(3) M，m を求めよ．

---

(1) $0° \leqq \theta \leqq 180°$ のとき，

$$0 \leqq \sin\theta \leqq 1$$

> 置きかえる t の
> とり得る範囲を考える．

なので，

$$0 \leqq t \leqq 1.$$

(2) $\cos^2\theta = 1 - \sin^2\theta$ を用いて，

$$y = -2(1 - \sin^2\theta) - 2\sin\theta + 6$$
$$= 2\sin^2\theta - 2\sin\theta + 4$$

ここで，$t = \sin\theta$ として，

$$y = 2t^2 - 2t + 4.$$

(3) (1)，(2) から，

$$y = g(t) = 2t^2 - 2t + 4$$
$$= 2(t^2 - t) + 4$$
$$= 2\left(t - \frac{1}{2}\right)^2 - \frac{1}{2} + 4$$
$$= 2\left(t - \frac{1}{2}\right)^2 + \frac{7}{2}$$

> 最大値，最小値はグラフと
> 横軸の範囲をおさえる!!

$0 \leqq t \leqq 1$ なので,

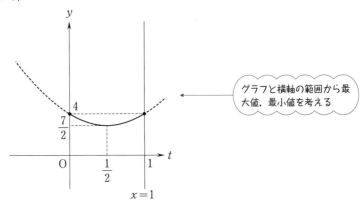

グラフと横軸の範囲から最大値，最小値を考える

上図から,

最大値 M は, $t = \sin\theta = 0$, 1.

すなわち, $\theta = 0°$, 90°, 180° のとき,

$$M = g(0) = g(1) = 4.$$

最小値 m は, $t = \sin\theta = \dfrac{1}{2}$,

すなわち, $\theta = 30°$, 150° のとき,

$$m = g\left(\dfrac{1}{2}\right) = \dfrac{7}{2}.$$

解いてみよう㊸　答えは別冊 33 ページへ

$60° \leqq \theta \leqq 120°$ とするとき,

$$f(\theta) = 3\sin^2\theta - \cos\theta - 3$$

の最大値, 最小値を M, m とする. このとき,

(1)　$t = \cos\theta$ とするとき, t のとり得る値の範囲を求めよ.

(2)　$f(\theta)$ を t を用いて表せ.

(3)　M, m を求めよ.

第5章 テスト対策問題

1 次の値を求めよ.

(1) $\sin 60°\cos 120° - \tan 150°$.

(2) $\sin 30°\cos 45° + \cos 30°\sin 45°$.

(3) $\dfrac{\tan 150° - \tan 45°}{1 + \tan 150° \tan 45°}$.

2 $0° \leqq \theta \leqq 180°$ のとき，次の方程式を解け.　　　　（愛知工業大）

(1) $2\sin\theta + \dfrac{1}{\sin\theta} = 3$.

(2) $2\cos^2\theta - 1 + \cos\theta = 0$.

3 $0° \leqq \theta \leqq 180°$ とする. $\sin\theta - \cos\theta = \dfrac{1}{\sqrt{3}}$ のとき，

(1) $\sin\theta\cos\theta$, $\tan\theta + \dfrac{1}{\tan\theta}$ の値をそれぞれ求めよ.

(2) $\tan\theta$ の値を求めよ.

(3) $\sin^3\theta - \cos^3\theta$ の値を求めよ.

4 三角形 ABC は円に内接し，∠ABC は鈍角で，AB$=2$, BC$=\sqrt{6}$,

$\sin\angle ABC = \dfrac{1}{\sqrt{3}}$ である. このとき，

(1) $\cos\angle ABC$, AC を求めよ.

(2) 外接円の半径 R と $\sin\angle CAB$ を求めよ.

5 ある木の真南に地点 P，真東に地点 Q をおく. 地点 P，地点 Q から木を見上げると，その仰角はそれぞれ $45°$，$30°$ となった. PQ の長さが $20\,\mathrm{m}$ のとき，木の高さは何 m か.

答えは別冊 34〜36 ページ

第**6**章

データの分析 数学Ⅰ

学習テーマ	学習時間	はじめる プラン	じっくり プラン	おさらい プラン
㊹ 四分位数と箱ひげ図	15分	1日目	1日目	1日目
㊺ 外れ値	15分		2日目	
㊻ 平均値，分散，標準偏差	20分	2日目	3日目	
㊼ 共分散と相関係数	20分		4日目	
㊽ 仮説検定の考え方	20分	3日目	5日目	

第6章

四分位数と箱ひげ図

人数の異なる2つのクラスA，Bに対して，数学の小テストを行った．クラスA，Bの人数は，9人，6人である．以下，その小テストの結果である．

クラス	人数	数学の点数一覧
A	9人	4, 3, 7, 2, 8, 4, 7, 6, 5
B	6人	3, 4, 6, 6, 8, 9

第1四分位数を Q_1，第3四分位数を Q_3 とするとき，

(1) クラスAの中央値，Q_1，Q_3 を求め，箱ひげ図を書け．

(2) クラスBの中央値，Q_1，Q_3 を求め，箱ひげ図を書け．

基本事項

・中央値

データーを小さい順に並べたとき，中央にくる値．

① データの要素が奇数個のとき，ちょうど真ん中の値．（○○○○○）

② データの要素が偶数個のとき，真ん中にある2つの値の平均．（○○○○○○）

・四分位数

データを小さい順に並べたとき，最小値と最大値を4分割する3つの数を小さい方から順に第1四分位数，第2四分位数，第3四分位数という．以下では第1四分位数，第2四分位数，第3四分位数をそれぞれ Q_1，Q_2，Q_3 で表す．

・5数要約と箱ひげ図

データの散らばりを，最小値，第1四分位数，第2四分位数（中央値），第3四分位数，最大値の5つの数で表す方法を5数要約という．これらを図示したものを箱ひげ図という．

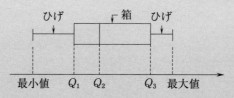

(1)　クラス A の点数を小さい順に並べると，

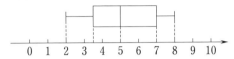

> データの要素の個数が奇数か偶数かで中央値の決め方は異なる.

$$(中央値)=Q_2=5,\quad Q_1=\frac{3+4}{2}=3.5,\quad Q_3=\frac{7+7}{2}=7.$$

これより，箱ひげ図は以下のようになる.

(2)　クラス B の点数を小さい順に並べると，

> データの要素の個数が奇数か偶数かで中央値の決め方は異なる.

$$(中央値)=Q_2=\frac{6+6}{2}=6,\quad Q_1=4,\quad Q_3=8.$$

これより，箱ひげ図は以下のようになる.

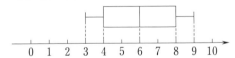

第6章

解いてみよう㊹　答えは別冊 36 ページへ

次のデータの中央値，第1四分位数 Q_1，第3四分位数 Q_3 を求め，箱ひげ図を書け.

(1)　体力測定をしたあるクラス（10人）のけんすいの回数.

$$9,\ 2,\ 3,\ 4,\ 7,\ 2,\ 5,\ 9,\ 6,\ 4$$

(2)　ある人が携帯電話を使用した7日間のデータ.

曜日	月	火	水	木	金	土	日
回数	8	12	19	10	32	40	18

㊺ 外れ値

太郎さんと花子さんは，社会のグローバル化に伴う都市間の国際競争において，都市周辺にある国際空港の利便性が重視されていることを知った．そこで，日本を含む世界の主な40の国際空港それぞれから最も近い主要ターミナル駅へ鉄道等で移動するときの「移動距離」を調べた．以下では，データが与えられた際，次の値を外れ値とする．

「(第1四分位数)−1.5×(四分位範囲)」以下のすべての値，

「(第3四分位数)+1.5×(四分位範囲)」以上のすべての値．

次のデータは，40の国際空港からの「移動距離」（単位はkm）を並べたものである．

56	48	47	42	40	38	38	36	28	25
25	24	23	22	22	21	21	20	20	20
20	20	19	18	16	16	15	15	14	13
13	12	11	11	10	10	10	8	7	6

このとき，次の問に答えよ．

(1)　四分位範囲を求めよ．

(2)　外れ値の個数を求めよ．

基本事項

外れ値の基準は複数あるが，データの第1四分位数を Q_1，第3四分位数を Q_3 とすると，

$$Q_1 - 1.5(Q_3 - Q_1) \text{ 以下の値，} \quad Q_3 + 1.5(Q_3 - Q_1) \text{ 以上の値}$$

を外れ値とすることがある．外れ値があるときには，外れ値を○で示した，次のような箱ひげ図が用いられることがある．

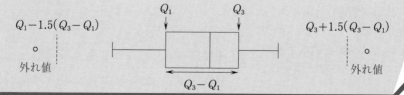

(1)　第 1 四分位数を Q_1, 第 3 四分位数を Q_3 とする.

　　データが 40 個あることから, 第 1 四分位数は小さい方から 10 番目と 11 番目の数の平均値となるので,

$$Q_1 = \frac{13+13}{2} = 13.$$

　　第 3 四分位数は大きい方から 10 番目と 11 番目の数の平均値となるので,

$$Q_3 = \frac{25+25}{2} = 25.$$

　　よって, 四分位範囲は

$$Q_3 - Q_1 = 25 - 13 = 12.$$

(2)　(1) より,

$$Q_1 - 1.5(Q_3 - Q_1) = 13 - 1.5 \cdot 12 = -5,$$
$$Q_3 + 1.5(Q_3 - Q_1) = 25 + 1.5 \cdot 12 = 43$$

であるので, 43 以上の値は外れ値となる. よって, 与えられたデータの中で外れ値となるのは,

$$47, \quad 48, \quad 56$$

となるので, 外れ値の個数は

$$3 \text{ 個}.$$

第6章

解いてみよう㊺　答えは別冊 36 ページへ

　11 個のデータ 6, 10, 18, 18, 23, 24, 24, 25, 26, 36, 44 がある. 外れ値の個数を求めよ. ただし, 外れ値の基準としては, データの第 1 四分位数を Q_1, 第 3 四分位数を Q_3 とするとき,

$$Q_1 - 1.5(Q_3 - Q_1) \text{ 以下の値}, \quad Q_3 + 1.5(Q_3 - Q_1) \text{ 以上の値}$$

を外れ値とする.

平均値，分散，標準偏差

> 5人の生徒が英語の小テストを受けた．次のデータはその結果である．
>
> | 生徒番号 | 1 | 2 | 3 | 4 | 5 |
> |---|---|---|---|---|---|
> | 小テストの点数 | 6 | 7 | 4 | 10 | 8 |
>
> (1) 5人の点数の平均点を求めよ．
> (2) 5人の点数の分散と標準偏差を求めよ．

基本事項

・平均値

x を変量とし，n 個のデータ x_1, x_2, $\cdots$, x_n が与えられているとき，

$$\overline{x} = \frac{1}{n}(x_1 + x_2 + \cdots + x_n)$$

をデータの平均値といい，$\overline{x}$ で表す．

・分散と標準偏差

データの散らばり具合を標準偏差で表すときに以下の作業で調べる．

(1) 平均値 $\overline{x}$ を求める．

(2) 平均値からの差 $x_i - \overline{x}$ を求める．（偏差）

(3) 偏差を平方 $(x_i - \overline{x})^2$ する．（偏差平方）

(4) 偏差平方の平均値を求める．（分散：s^2）

$$s^2 = \frac{(x_1 - \overline{x})^2 + (x_2 - \overline{x})^2 + \cdots + (x_n - \overline{x})^2}{n}.$$

(5) 分散の正の平方根をとる．（標準偏差：s）

$$s = \sqrt{\frac{(x_1 - \overline{x})^2 + (x_2 - \overline{x})^2 + \cdots + (x_n - \overline{x})^2}{n}}.$$

(1) 5人の点数の平均点を $\overline{x}$ とすると，

$$\overline{x} = \frac{6 + 7 + 4 + 10 + 8}{5}$$

$$= 7.$$

よって，5人の点数の平均点は，
$$7（点）.$$

(2) 5人の点数の分散 (s^2) と標準偏差 (s) を計算するのに次の表を用いる．

<5人の点数の分散と標準偏差>

生徒	x	$x-\overline{x}$	$(x-\overline{x})^2$
①	6	-1	1
②	7	0	0
③	4	-3	9
④	10	3	9
⑤	8	1	1
合計	35		20

分散，標準偏差の計算は左のような表を使うと計算しやすい！

これより，5人の点数の分散 s^2 は，
$$s^2=\frac{20}{5}=4.$$

5人の点数の標準偏差 s は，
$$s=\sqrt{4}=2.$$

第6章

解いてみよう⑯　答えは別冊36ページへ

次の表はあるクラスの10人の体力測定で測った腕立て伏せの回数である．

生徒番号	1	2	3	4	5	6	7	8	9	10
回数	17	19	21	28	18	27	25	20	11	14

(1) 腕立て伏せの回数の平均値を求めよ．

(2) 腕立て伏せの回数の分散，標準偏差を求めよ．

共分散と相関係数

数学（変量 x）と英語（変量 y）のテストを行った 5 人の結果は以下の通りである. このとき,

数学 (x)	4	5	5	7	9
英語 (y)	8	6	3	4	4

((4)は, 小数第三位を四捨五入し, 小数第二位の値まで求めよ.)

(1) 数学と英語の平均値を求めよ.　(2) 数学と英語の分散を求めよ.

(3) 数学と英語の共分散を求めよ.　(4) 数学と英語の相関係数を求めよ.

基本事項

2つの変量の組 (x, y) に対して,
(x_1, y_1), (x_2, y_2), $\cdots$, (x_n, y_n) の x の平均をそれぞれ $\overline{x}$, $\overline{y}$ とする.

・共分散

x, y の偏差の積の平均を共分散といい, s_{xy} で表す.

$$s_{xy} = \frac{(x_1 - \overline{x})(y_1 - \overline{y}) + (x_2 - \overline{x})(y_2 - \overline{y}) + \cdots + (x_n - \overline{x})(y_n - \overline{y})}{n}$$

・相関係数

2つの変量 x, y の相関の強さを示す指標を相関係数といい r で表す. x, y の標準偏差を s_x, s_y として, 相関係数は次式で表される.

$$r = \frac{s_{xy}}{s_x s_y}.$$

ただし, $-1 \leqq r \leqq 1$ であり, -1 に近いほど負の相関が強いといい, 1 に近いほど正の相関が強いという.

解答

(1) 数学, 英語の平均値を $\overline{x}$, $\overline{y}$ とする. このとき,

$$\overline{x} = \frac{4+5+5+7+9}{5} = \frac{30}{5} = \textbf{6.0},$$

$$\overline{y} = \frac{8+6+3+4+4}{5} = \frac{25}{5} = \textbf{5.0}.$$

(2) 分散，共分散を計算するために以下の表を使用する．

生徒	x	y	$x-\overline{x}$	$y-\overline{y}$	$(x-\overline{x})^2$	$(y-\overline{y})^2$	$(x-\overline{x})(y-\overline{y})$
①	4	8	-2	3	4	9	-6
②	5	6	-1	1	1	1	-1
③	5	3	-1	-2	1	4	2
④	7	4	1	-1	1	1	-1
⑤	9	4	3	-1	9	1	-3
合計	30	25			16	16	-9

これらを用いて，数学と英語の分散 $s_x{}^2$，$s_y{}^2$ を求める．

$$s_x{}^2=\frac{16}{5}=\textbf{3.2}. \quad s_y{}^2=\frac{16}{5}=\textbf{3.2}.$$

(3) 共分散 s_{xy} は，

$$s_{xy}=\frac{-9}{5}=\textbf{-1.8}.$$

(4) 数学と英語の相関係数 r は

$$r=\frac{s_{xy}}{s_x \cdot s_y}=\frac{-1.8}{\sqrt{3.2} \cdot \sqrt{3.2}}$$

$$=\frac{-1.8}{3.2}=-0.5625 \fallingdotseq \textbf{-0.56}.$$

解いてみよう㊼ 答えは別冊 37 ページへ

　数学（変量 x）と理科（変量 y）のテストを行った 6 人の結果は以下の通りである．

数学 (x)	3	3	4	5	3	6
理科 (y)	2	5	4	8	3	8

　このとき，
(1) 数学と理科の平均値，分散を求めよ．
(2) 数学と理科の共分散，相関係数を求めよ．

仮説検定の考え方

ある蛍光ペン O を改良して新製品である蛍光ペン N を開発した．蛍光ペン N と蛍光ペン O のどちらが良いかを無作為に選んだ消費者 30 人に調査したところ，22 人が改良した蛍光ペン N の方が良いと答えた．

この調査から蛍光ペン O よりも蛍光ペン N の方が好まれると判断できるか，＜表1＞をもとにして答えよ．判定にあたって，＜表1＞を用いてよい．＜表1＞は，公正なコイン投げを 30 回行ったときに表の出る回数を数える実験を，コンピュータを用いて 200 回シミュレーションした結果である．

＜表1＞

表の回数	7	8	9	10	11	12	13	14	15
度数	1	2	2	12	13	21	22	33	30

表の回数	16	17	18	19	20	21	22	23	計
度数	18	14	12	10	6	2	1	1	200

基本事項

あるデータが与えられたとき，仮説を立て，その仮説が正しいかどうかを判断する統計的手法を仮説検定という．仮説検定は次の手順で行う．

(1) 主張 A を考える．
(2) 主張 A に反する仮説（主張 B）を立てる．
(3) 主張 B のもとで，実際に起こった出来事が起こる確率を調べる．
(4) (3)の確率が小さいとき，主張 B の仮説が正しくないと判断する．
(5) 主張 A に反する仮説が正しくないので，主張 A が正しいと判断される．

 解答

主張 A：改良した蛍光ペン N の方が好まれる

と判断できるかを考える．主張 A に反する次の仮説

主張 B：蛍光ペン N と蛍光ペン O のどちらが良いと答える
　　　　かは全くの偶然で起こる

つまり，蛍光ペン N，O のどちらが良いかの回答が確率 $\frac{1}{2}$ で起こるという仮説を立てる．この仮説のもとで 30 人中 22 人以上が蛍光ペン N が良いと答える確率を調べる．

主張 B では，公正なコインを投げ，表が出る場合を蛍光ペン N の方が良いと回答する場合に対応させる．

22 回以上表が出た回数は 1+1=2 回であり，実験の回数に対する相対度数は $\frac{2}{200}=0.01$ である．これは起こり方としては可能性が低いので，主張 B は正しくないことになる．よって，主張 A が正しいとなるので，

蛍光ペン N の方が好まれると判断できる．

このように，主張 A が正しいかを判断するのに，主張 A と反する主張 B のもとで，実際に起こった出来事が確率的に起こりにくいことを示すことで，主張 A が正しいと背理法のように考える手順を**仮説検定**という．

また，上では 0.01 を確率が小さいとしたが，仮説検定をする際には基準となる確率（有意水準）をあらかじめ決め，求まった相対度数が基準となる確率より小さければ確率が小さいと判断する．

第6章

解いてみよう⑱　答えは別冊 37 ページへ

前のページの例における蛍光ペンについての調査で，改良した蛍光ペン N の方が良いと回答した人数が次のとき，蛍光ペン N の方が好まれると判断できるか＜表1＞をもとにして答えよ．ただし，基準となる確率は 0.05 とする．
(1) 蛍光ペン N の方が良いと回答した人数が 21 人．
(2) 蛍光ペン N の方が良いと回答した人数が 19 人．

第 6 章 テスト対策問題

1 以下のデータはある都市の各月の平均気温である.

月	1	2	3	4	5	6	7	8	9	10	11	12
気温（℃）	3	5	10	12	17	22	25	28	26	19	16	9

(1) 中央値，第 1 四分位数 Q_1，第 3 四分位数 Q_3 を求め，箱ひげ図を書け.

(2) 平均値を求めよ.

2 高校生 10 人に対して，ある 1 週間にテレビを見た時間と勉強した時間についての調査を行った. 変量 x はテレビを見た時間であり，変量 y は勉強した時間である.

生徒番号	1	2	3	4	5	6	7	8	9	10
テレビを見た時間（x）	29	28	26	22	21	20	19	18	15	12
勉強した時間（y）	13	9	8	15	22	14	20	30	25	24

このとき，

① 変量 x, y の平均値を求めよ.

② 下の表を利用して，変量 x, y の分散を求め，共分散，相関係数を求めよ.

（ただし，$\overline{x}$, $\overline{y}$ は変量 x, y の平均値とする.）

生徒	x	y	$x-\overline{x}$	$y-\overline{y}$	$(x-\overline{x})^2$	$(y-\overline{y})^2$	$(x-\overline{x})(y-\overline{y})$
①	29	13					
②	28	9					
③	26	8					
④	22	15					
⑤	21	22					
⑥	20	14					
⑦	19	20					
⑧	18	30					
⑨	15	25					
⑩	12	24					
合計							

答えは別冊 38, 39 ページ

場合の数 数学A

学習テーマ		学習時間	はじめる プラン	じっくり プラン	おさらい プラン
㊾	要素の個数	15分	1日目	1日目	1日目
㊿	順列①	15分		2日目	
51	順列②	15分	2日目		2日目
52	円順列	15分		3日目	
53	重複順列	15分	3日目		
54	組合せ①	15分		4日目	3日目
55	組合せ②	20分	4日目		
56	同じものをふくむ順列	15分		5日目	

第7章

要素の個数

---

1 から 200 までの自然数のうち,

3 で割り切れる数の集合を A,

7 で割り切れる数の集合を B

とする.また,集合 P の要素の数を $n(P)$ で表すとき,

(1) $n(A)$, $n(B)$ を求めよ.　　(2) $n(A \cap B)$ を求めよ.

(3) $n(A \cup B)$ を求めよ.　　(4) $n(\overline{A \cup B})$ を求めよ.

基本事項

事象 A, B の要素の個数を $n(A)$, $n(B)$ とする.

$$n(A \cup B) = n(A) + n(B) - n(A \cap B).$$

全体集合 U の中で,集合 A に属さない要素の集合を A の補集合といい,$\overline{A}$ で表す.

$$n(\overline{A}) = n(U) - n(A).$$

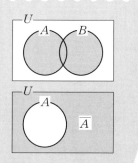

解答

(1) 200 を 3 で割ると商が 66 で余りが 2 だから,1 から 200 までの自然数の中に 3 で割り切れる数が 66 個ある.

$$\therefore \quad \boldsymbol{n(A) = 66}.$$

200 を 7 で割ると商が 28 で余りが 4 だから,1 から 200 までの自然数の中で 7 で割り切れる数が 28 個ある.

$$\therefore \quad \boldsymbol{n(B) = 28}.$$

(解説) 3 で割り切れる数は,3,6,9,12,15,… などでこれらは 3 の倍数.

$\underline{1,\ 2,\ ③},\ \underline{4,\ 5,\ ⑥},\ 7,\ 8,\ \cdots,\ \underline{196,\ 197,\ ⑲⑧},\ 199,\ 200.$
3の倍数:1個　3の倍数:1個　　　　　　　　3の倍数:1個

3 個毎に 1 個,3 で割り切れる数が現れる.

7 で割り切れる数は 7, 14, 21, … などで, これらは 7 の倍数.

$\underset{\text{7 の倍数：1 個}}{\underline{1,\ 2,\ 3,\ 4,\ 5,\ 6,\ ⑦}},\ \underset{\text{7 の倍数：1 個}}{\underline{8,\ 9,\ 10,\ 11,\ 12,\ 13,\ ⑭}},\ \underset{\cdots}{\underline{15,\ \cdots}}$

7 個毎に 1 個, 7 で割り切れる数が現れる.

ちなみに

3 で割り切れる数：$A=\{3, 6, 9, 12, 15, 18, ㉑, 24, \cdots, 198\}$,

7 で割り切れる数：$B=\{7,\ 14,\ ㉑,\ 28,\ 35,\ \cdots,\ 196\}$

となる.

(2) $A \cap B$ は, 3 でも 7 でも割り切れる数の集合を表し, その要素は, 3 と 7 の最小公倍数, すなわち 21 の倍数である.

> $A \cap B$ は「A かつ B」と読み, ここでは 3 でも 7 でも割り切れる数の集合を表す.

よって, 1 から 200 までの自然数の中で 21 の倍数を考えて 200 を 21 で割ると商が 9 で余りが 11 となることより 200 までの中で 21 の倍数は 9 個.

$$\therefore\quad n(A \cap B)=9.$$

(3) $n(A \cup B)=n(A)+n(B)-n(A \cap B)$ より

$$n(A \cup B)=66+28-9=85.$$

> $A \cup B$ は「A または B」と読み, ここでは 3 または 7 の少なくとも一方で割り切れる数の集合を表す.

(4) $\overline{A \cup B}$ は, $A \cup B$ の補集合で 3 でも 7 でも割り切れない数の集合を表し, ベン図で表すと, 図のアミ掛け部分を表す.

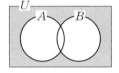

$$n(\overline{A \cup B})=n(U)-n(A \cup B)$$
$$=200-85=115.$$

解いてみよう㊾　答えは別冊 39 ページへ

(1) 1 以下の正の分数で, 分母が 100 で, 分子が整数である

$$\frac{1}{100},\ \frac{2}{100},\ \frac{3}{100},\ \frac{4}{100},\ \frac{5}{100},\ \cdots,\ \frac{99}{100},\ \frac{100}{100}$$

について, 約分できる分数の個数を求めよ.

(2) 100 から 300 までの整数について,

(ⅰ) 3 の倍数の個数を求めよ.

(ⅱ) 5 の倍数の個数を求めよ.

(ⅲ) 3 の倍数または 5 の倍数の個数を求めよ.

㊿ 順列①

(1) 1，2，3，4，5 の数字の書かれた 5 枚のカードがある．このカードを一列に並べて 3 桁の整数をつくるとき，

(i) 3 桁の整数はいくつできるか．

(ii) 3 桁の偶数はいくつできるか．

(iii) 324 は小さい方から何番目の整数となるか．

(2) 0，1，2，3，4 の数字の書かれた 5 枚のカードがある．このカードを一列に並べて 3 桁の整数をつくるとき，偶数はいくつできるか．

基本事項

和の法則……「両方が同時に起こることはない」2 つの事柄 A，B があり，A の起こり方が m 通り，B の起こり方が n 通りならば，A または B のいずれかが起こる場合の数は $\boldsymbol{m+n}$ 通り．

積の法則……2 つの事柄 A，B があり，A の起こり方が m 通りあり，「その各々に対して」B の起こり方が n 通りずつあるならば，A と B がともに起こる場合の数は $\boldsymbol{mn}$ 通り．

解答

(1)(i) 百の位には，1 ～ 5 の 5 通りがあり，その各々に対し，十の位には，百の位で用いた数以外の 4 通りの数がくることができ，一の位は，百の位，十の位で用いた数以外の 3 通りの数がくることができる．よって，3 桁の整数の個数は，積の法則より，

$$5\times4\times3=\mathbf{60}\ (\textbf{個}).$$

(ii) 偶数となるのは，㋐ 一の位が 2，㋑ 一の位が 4 の場合があり，

㋐ 百の位 □ ← 1，3，4，5 の 4 通り　十の位 □ ← 2 と百の位の数以外の 3 通り　一の位 [2]

4×3＝12 通り

㋑ 百の位 □ ← 1，2，3，5 の 4 通り　十の位 □ ← 4 と百の位の数以外の 3 通り　一の位 [4]

4×3＝12 通り

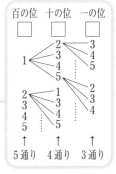

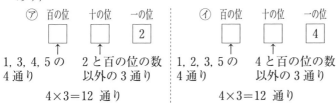

　⑦，④ は同時には起こらないので和の法則より，

$$12+12=24\ \textbf{(個)}.$$

> 324 の順番を求めるには，324 より小さい整数がいくつあるかが大切になる．

(ⅲ)　324 より小さい整数は，

　⑦　百の位が 1 または 2 のときは，下の図のようになるから，

$$2\times4\times3=24\ \text{通り}.$$

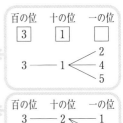

　④　百の位が 3，十の位が 1 のときは，一の位は 3 と 1 以外なら何でもよい．このとき，1 の位には，2, 4, 5 の 3 通り．

　⑨　百の位が 3，十の位が 2 のときは，324 より前にある整数は 321 の 1 通り．⑦，④，⑨ より 324 は小さい方から，

$$24+3+2=29\ \textbf{(番目の整数)}.$$

(2)　偶数となるのは一の位が 0, 2, 4 となるとき．

　⑦　一の位が 0 のとき

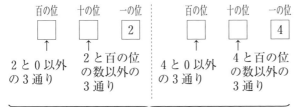

$$4\times3=12\ \text{通り}.$$

> | 百 | 十 | 一 |
> |---|---|---|
> | 2 | 3 | 4 | → 234
>
> | 百 | 十 | 一 |
> |---|---|---|
> | 0 | 2 | 4 | → 24
>
> のように百の位に 0 がくると 3 桁の整数にならない．

　④　一の位が 2 または 4 のとき，

百の位	十の位	一の位		百の位	十の位	一の位
		2				4

2 と 0 以外の 3 通り　2 と百の位の数以外の 3 通り　｜　4 と 0 以外の 3 通り　4 と百の位の数以外の 3 通り

$$2\times3\times3=18\ \text{通り}.$$

　⑦，④ より偶数は，$12+18=30\ \textbf{(個)}.$

解いてみよう㊿
答えは別冊 40 ページへ

　SENDAI の 6 文字を辞書式に並び替えるとき，
(1)　並べ方の総数を求めよ．
(2)　辞書順では SENDAI は何番目になるか．

第7章

51 順列②

A, B, C, D, E の5人を一列に並べるとき,

(1) 並べ方の総数を求めよ.

(2) 両端が D, E のときの並べ方の数を求めよ.

(3) A, B が隣り合うときの並べ方の数を求めよ.

(4) A, B が隣り合わないときの並べ方の数を求めよ.

基本事項

① n の階乗

$$n! = n(n-1)(n-2)\cdots2\cdot1.$$

② 順列：いくつかのものを順序をつけて並べたもの.

異なる n 個から r 個とって並べる順列は,

$$_nP_r = n(n-1)(n-2)\cdots(n-r+1) = \frac{n!}{(n-r)!}.$$

解答

(1) 5人を一列に並べる総数
は,

$$_5P_5 = 5! = 5\times4\times3\times2\times1$$
$$= 120 \ (通り).$$

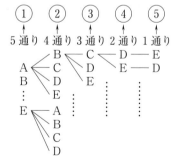

解説

5人が並ぶ席を図のよう
に ①〜⑤ と番号をつける.

①席には A, B, C, D,
E の5通りの並べ方がある.

その各々について②席には, ①席で並んだ人以外の4通
りの並べ方がある.

その各々について③席には, ①, ②席で並んだ人以外の
3通りの並べ方がある.

同様に④席には, ①, ②, ③席で並んだ人以外の2通り,

⑤席では残りの1人が並ぶので1通りとして考える.

(2)　D, Eが両端のときは, 次の2通り.

㋐

Ⓓ ◯◯◯ Ⓔ
3! 通り

㋑

Ⓔ ◯◯◯ Ⓓ
3! 通り

㋐, ㋑ともにA, B, Cの3人の並べ方が $3!=6$ 通りあるので, 両端がD, Eになるときの並べ方は,

$2\times 6=$ **12（通り）**.

> ㋐, ㋑ともに残りのA, B, CをD, Eの間に並べる並べ方は,
> Ⓐ−Ⓑ−Ⓒ
> Ⓐ−Ⓒ−Ⓑ
> Ⓑ−Ⓐ−Ⓒ
> Ⓑ−Ⓒ−Ⓐ
> Ⓒ−Ⓐ−Ⓑ
> Ⓒ−Ⓑ−Ⓐ
> $3!=6$ 通り

(3)　まずA, Bを1つのかたまり (A, B) とする.

(A, B), C, D, Eの4つの順列を考えて, $4!=24$ 通り.

この24通りの各1通りずつに対し, A−B と B−A の2通りの並べ方があるので, A, Bが隣り合うときの並べ方は,

$4!\times 2=24\times 2=$ **48（通り）**.

> A, B隣り合う ⟶ まず (A, B) を1つのかたまりと考える.
> C, ( ), D, E
> C, (A−B), D, E
> C, (B−A), D, E　2通り
> D, E, ( ), C
> D, E, (A−B), C
> D, E, (B−A), C　2通り

(4)　(1)の5人を一列に並べる並べ方の総数120通りは, A, Bが隣り合うときと, A, Bが隣り合わないときに分けられるので, A, Bが隣り合わないときの5人の並べ方は(1), (3)より,

$120-48=$ **72（通り）**.

> 順列では, よく階乗の計算が出てくる.
> $0!=1$, $1!=1$, $2!=2$,
> $3!=6$, $4!=24$, $5!=120$,
> $6!=720$, $7!=5040$.
> 上の値は覚えておくと計算が楽になる!!

解いてみよう(51)

答えは別冊40ページへ

5人の男子A, B, C, D, E, 3人の女子a, b, cを一列に並べるとき,

(1)　並べ方の総数を求めよ.

(2)　両端に女子がくる並べ方の数を求めよ.

(3)　A, aが隣り合う並べ方の数を求めよ.

(4)　女子が隣り合わない並べ方の数を求めよ.

第7章

52 円順列

5人の男子 A, B, C, D, E, 3人の女子 a, b, c を円形に並べるとき,

(1) 並べ方の総数を求めよ.

(2) 女子が隣り合わない並べ方の数を求めよ.

(3) A, a が隣り合う並べ方の数を求めよ.

(4) A, a は隣り合うが, B, b は隣り合わない並べ方の数を求めよ.

基本事項

異なる n 個のものの円順列は,

$$(n-1)! \ 通り.$$

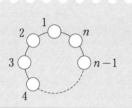

解答

(1) 回転すると同じ並びとなるものを重ねて
数えないために, 特定の1ケ所を A と固
定して考えると他の7つの空いている所に
残りの7人を並べればよいから,

$$7!=(8-1)!=5040 \ (通り).$$

(2) まず男子5人を円形に並べると
その並べ方は,

$$(5-1)!=4! \ (通り).$$

その各々に対して女子3人を男
子の間①〜⑤のうちの3ケ所に
並べればよい.

女子の並べ方は, a の並べ方が
5通り, b の並べ方が a の場所以
外の4通り. c の並べ方が a, b の場所以外の3通りより,
5×4×3 通りとなるので,

<解説>
男女あわせて8人を円
形に並べるとき,

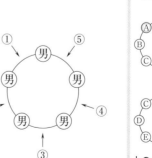

上のような並べ方は,
回転させて, Ⓐを一番
上の図のようにもって
くるとすべて同じ並べ
方になるので, 円順列
ではこれらは同一であ
ると考える.

女子が隣り合わないのは,
$$4! \times 5 \times 4 \times 3 = 4 \cdot 3 \cdot 2 \cdot 1 \times 5 \cdot 4 \cdot 3$$
$$= 1440 \ (\text{通り}).$$

(3)　まず A, a を 1 つのかたまり (A, a) と考えて (A, a), B,
C, D, E, b, c の 7 つの円順列を考えて,
$$(7-1)! = 6! \ (\text{通り}).$$
この 6! 通りの各々に対して A−a, a−A の 2 通りがあ
るので,
$$2 \times 6! = 1440 \ (\text{通り}).$$

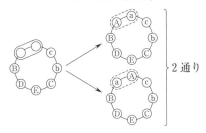

(4)　(3)のうち, B, b が隣り合う並べ方を考える.
A, a が隣り合い, かつ, B, b が隣り合う並べ方は,
A, a を 1 つのかたまり (A, a) とし, B, b も 1 つのかた
まり (B, b) と考えて, (A, a), (B, b), C, D, E, c の 6 つの
円順列を考えて,
$$(6-1)! = 5! \ (\text{通り}).$$
この 5! 通りの各々に対して, A−a, a−A の 2 通りと
B−b, b−B の 2 通りがあるので,
$$5! \times 2 \times 2 = 480 \ (\text{通り}). \ \longleftarrow$$

> A, a は,
> A−a, a−A の 2 通り
> B, b も,
> B−b, b−B の 2 通り
> の並べ方がある.

よって, A, a は隣り合い, B, b は隣り合わない並べ方
は,
$$1440 - 480 = 960 \ (\text{通り}).$$

解いてみよう⑤2　答えは別冊 41 ページへ

白球が 4 個, 赤球が 2 個, 青球が 1 個の合計 7 個ある. このとき,

(1)　円形に並べる並べ方は何通りあるか求めよ.

(2)　7 個の球でネックレスをつくるとき, 何通りの作り方があるか求めよ.

㊳ 重複順列

> ○，×，△を用いて横一列に4個並べてできる模様を考える．同じものを何回
> でも並べられるとき，
>
> (1) ○と×の2つのみを用いてできる模様は全部で何通りか．
>
> (2) (1)のうち，○，×をどちらも少なくとも1つは用いるとき，模様は何通り
>   できるか．
>
> (3) ○，×，△の模様は全部で何通りか．
>
> (4) ○，×，△すべてを用いてできる模様は何通りか．

基本事項

　異なる n 個のものから，同じものを何度でも用いて r 個並べる重複順
列の並べ方は，　　　　　　　　　　　n^r 通り．

解答

(1) ○，×を並べる場所を左から順
　に＃1，＃2，＃3，＃4とすると，
　　＃1には，○，×の2通り，そ
　の各々に対してさらに＃2にも○，
　×の2通りの並び方がある．
　　＃3も同様に2通り．＃4も同
　様に2通りあるので，○，×を横
　一列に4個並べる模様は，
　　　　　$2^4 = 16$ **（通り）**．

(2) (1)の16通りのうち，すべて○
　あるいは，すべて×であるような
　2通りを除けば，○，×を少なく
　とも1つ用いることになるので，
　　　　$16 - 2 = 14$ **（通り）**．

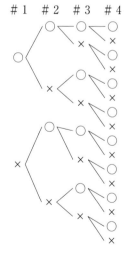

＃1　＃2　＃3　＃4

(3)　(1)と同様に

　　#1には○，×，△の3
通り．

　　その各々に対して#2に
も○，×，△の3通り．

　　#3，#4も同様に○，
×，△の3通りがあるので，
求める模様の数は，

　　　　$3^4 = 81$（通り）．

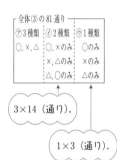

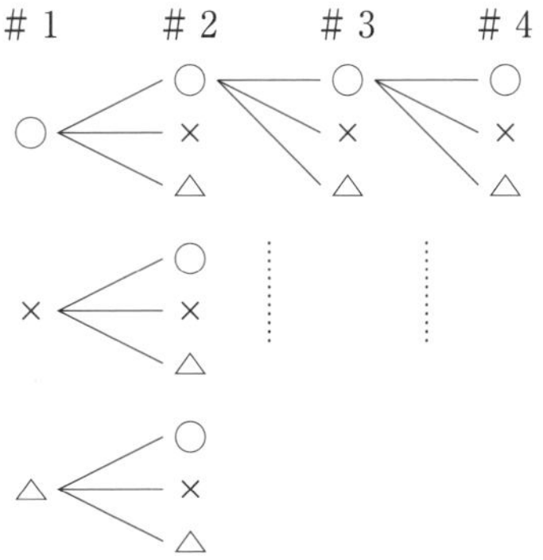

(4)　(3)の○，×，△を横一
列に4個並べる並べ方81通りを，用いる○，×，△の種類
で分類すると，

　㋐　3種類（○，×，△を少なくとも1つずつ含む），

　㋑　2種類（○，×のみ，×，△のみ，△，○のみ），

　㋒　1種類（○のみ，×のみ，△のみ）

の3つに分かれる．

　　求めるものは㋐の3種類○，×，△をすべて用いる並べ
方．

　㋑の○，×のみの並べ方は(2)の14通りに等しく，同様
に考えて×，△のみも14通り，△，○のみも14通りある．

　　よって，㋑は $3 \times 14 = 42$ 通り．

　㋒は○のみ，×のみ，△のみの3通りだから，

○，×，△をすべて用いる並べ方は，

　　　　　　　$81 - (42 + 3) = 36$（通り）．

全体(3)の81通り
㋐3種類	㋑2種類	㋒1種類
○，×，△	○，×のみ	○のみ
	×，△のみ	×のみ
	△，○のみ	△のみ

3×14（通り）．

1×3（通り）．

解いてみよう�53　答えは別冊41ページへ

　8人をA，B，Cの3部屋に入れるとき，

(1)　8人の部屋への入れ方は何通りあるか．

(2)　ちょうど2部屋が空き部屋になる入れ方は何通りあるか．

(3)　ちょうど1部屋が空き部屋になる入れ方は何通りあるか．

(4)　空き部屋がないような入れ方は何通りか．

 **組合せ①**

男子 4 人，女子 3 人から 3 人の委員を選ぶ．このとき，

(1) 委員の選び方は全部で何通りあるか．

(2) 男子 2 人，女子 1 人となる委員の選び方は何通りあるか．

(3) 少なくとも 1 人の女子が選ばれるのは何通りあるか．

基本事項

異なる n 個から（順序を考えないで）r 個取った組合せの数は，

$$_n\mathrm{C}_r=\frac{_n\mathrm{P}_r}{r!}=\frac{n!}{(n-r)!\,r!}.$$

(1) 男女 7 人から 3 人の委員を選ぶ組合せは，

$$_7\mathrm{C}_3=\frac{7\cdot6\cdot5}{3\cdot2\cdot1}=\mathbf{35}\ \textbf{(通り)}.$$

> 組合せと順列の関係は，
> 次のページで説明するよ！

(2) 4 人の男子から 2 人を選ぶ組合せは，

$$_4\mathrm{C}_2=\frac{4\cdot3}{2\cdot1}=6\ \text{(通り)}.$$

その 1 通りに対して，3 人の女子から 1 人を選ぶ選び方は
それぞれ

$$_3\mathrm{C}_1=\frac{3}{1}=3\ \text{(通り)}$$

あるので，男子 2 人，女子 1 人となる委員を選ぶ選び方は
$$6\cdot3=\mathbf{18}\ \textbf{(通り)}.$$

(3) 余事象は，「委員に女子が選ばれない」すなわち「3 人と
もすべて男子」である．委員 3 人が全て男子であるのは，

$$_4\mathrm{C}_3=\frac{4\cdot3\cdot2}{3\cdot2\cdot1}=4\ \text{(通り)}$$

なので，少なくとも 1 人の女子が選ばれるのは，
$$35-4=\mathbf{31}\ \textbf{(通り)}.$$

解説 『組合せと順列』

＜順列＞

男子をa，b，c，d，女子をA，B，Cとする．この男女7人から委員長，副委員長，書記を決めるとき，委員長になり得るのは，A，B，C，a，b，c，dの7通りあり，副委員長は委員長で決まった人以外の6通り，書記は委員長，副委員長で決まった人以外の5通りあるので，

$${}_7P_3 = 7 \cdot 6 \cdot 5 = 210 \text{（通り）}$$

の決め方がある．これは，先にやった「順列」である．

＜「組合せ」と「順列」＞

前の問題でやった「組合せ」と上の「順列」の関係で重要なことは「比」である．

＜順列＞　　　　＜組合せ＞

委員長	副委員長	書記
a	b	c
a	c	b
b	a	c
b	c	a
c	a	b
c	b	a

$\xleftrightarrow{3!:1}$

3人の委員

{a，b，c}…1通り

組合せの1通りに対して，役職を決める「順列」は 3!(=6) 通り存在するので，7人から3人の委員を選ぶ組合せを X 通りとすると

$${}_7P_3 : X = 3! : 1.$$

$$3! \cdot X = {}_7P_3.$$

$$({}_7C_3 =)\ X = \frac{{}_7P_3}{3!} = \frac{7 \cdot 6 \cdot 5}{3 \cdot 2 \cdot 1} = 35 \text{（通り）}$$

となり，順列を用いて組合せを考えることができる．

解いてみよう(54)

答えは別冊 42 ページへ

1から4の番号の付いた白球と，5から10の番号が付いた赤球の計10個から4個を選ぶ．このとき，

(1) 球の選び方は全部で何通りあるか．

(2) 赤球2個，白球2個の選び方は何通りあるか．

(3) 少なくとも1個の白球が選ばれるのは何通りあるか．

 **組合せ②**

9 冊の異なる本がある.

(1) 本を 2 冊, 3 冊, 4 冊に分ける分け方は何通りあるか.

(2) A, B, C の 3 人に 3 冊ずつ分ける分け方は何通りあるか.

(3) 3 冊ずつ 3 組に分ける分け方は何通りあるか.

(1) 9 冊を 2 冊, 3 冊, 4 冊に分ける分け方は,

9 冊から 2 冊を選ぶ組合せが $_9C_2$ 通り, ← 順序はないから組合せだね.

残り 7 冊から 3 冊を選ぶ組合せが $_7C_3$ 通り, ←

残り 4 冊は 1 通りに決まるので,

9 冊を 2 冊, 3 冊, 4 冊に分ける分け方は,

$$_9C_2 \times {}_7C_3 \times 1$$

$$= \frac{9 \cdot 8}{2 \cdot 1} \times \frac{7 \cdot 6 \cdot 5}{3 \cdot 2 \cdot 1}$$

$$= 1260 \text{ (通り)}.$$

(2) A, B, C の 3 人に 3 冊ずつ分けるとき,

$\begin{cases} \text{A は 9 冊から 3 冊選び,} \\ \text{B は残り 6 冊から 3 冊選び,} \\ \text{C には残り 3 冊を与えればよい.} \end{cases}$

A が 9 冊から 3 冊選ぶ組合せが $_9C_3$ 通り, ← 順序はないから組合せだね.

B が残り 6 冊から 3 冊選ぶ組合せが $_6C_3$ 通り, ←

C は残りの 3 冊をもらうので 1 通りに決まる.

よって, A, B, C の 3 人に 3 冊ずつ分ける分け方は,

$$_9C_3 \times {}_6C_3 \times 1$$

$$= \frac{9 \cdot 8 \cdot 7}{3 \cdot 2 \cdot 1} \times \frac{6 \cdot 5 \cdot 4}{3 \cdot 2 \cdot 1} \times 1$$

$$= 1680 \text{ (通り)}.$$

(3)　9冊の本に a, b, c, d, e, f, g, h, i と名前を付ける.

㋐ 3冊ずつA, B, Cに分ける場合			㋑ ただ単に3冊ずつに分ける場合
A	B	C	
$\{a,b,c\}$,	$\{d,e,f\}$,	$\{g,h,i\}$	
$\{a,b,c\}$,	$\{g,h,i\}$,	$\{d,e,f\}$	
$\{d,e,f\}$,	$\{a,b,c\}$,	$\{g,h,i\}$	$\{a,b,c\},\{d,e,f\},\{g,h,i\}$
$\{d,e,f\}$,	$\{g,h,i\}$,	$\{a,b,c\}$	
$\{g,h,i\}$,	$\{a,b,c\}$,	$\{d,e,f\}$	
$\{g,h,i\}$,	$\{d,e,f\}$,	$\{a,b,c\}$	

ここでは(2)との違いが重要になる.
(2)では3冊ずつに分けた本をA, B, Cに分けたが, ここではA, B, Cに分けない.

ただ単に3冊ずつ3組に分ける分け方1通りに対し(2)のA, B, Cに3冊ずつ分ける分け方が $3!=6$ 通りずつある.
よって, ただ単に3冊ずつ3組に分ける分け方を N 通りとすると, (2)の答え1680通りと(3)の答え N 通りの比は6：1となるから,

$$1680 : N = 6 : 1$$
$$6N = 1680.$$
$$\therefore \quad N = \frac{1680}{6} = \mathbf{280} \text{ (通り)}.$$

この比を用いるのは順列と組合せの所でもやったネ！

第7章

解いてみよう(55)

答えは別冊42ページへ

男子8人, 女子4人の計12人がいる. 次のようなグループの分け方の数を求めよ.

(1)　12人を5人, 4人, 3人の3つのグループに分ける.

(2)　男子2人, 女子1人の3人で作られる4つのグループ A, B, C, D に分ける.

(3)　男子2人, 女子1人の3人で作られる4つのグループに分ける.

同じものをふくむ順列

8個の文字 a, a, a, b, b, c, d, e がある.

(1) 8個を一列に並べる並べ方の総数を求めよ.

(2) (1)のうち,母音が4つ連続して並ぶ並べ方の数を求めよ.

基本事項

n 個のものの中に,p 個の同じもの,q 個の同じもの,r 個の同じもの,… があるとき,これら n 個のものの順列は,

$$\frac{n!}{p!\,q!\,r!\cdots} \quad (ただし,\ n=p+q+r+\cdots).$$

(1) a, a, a, b, b, c, d, e の8文字の並べ方は,

$$\frac{8!}{3!\,2!}$$
$$=\frac{8\cdot7\cdot6\cdot5\cdot4\cdot3\cdot2\cdot1}{3\cdot2\cdot1\cdot2\cdot1}$$
$$=3360 \ (通り).$$

解説 a の3つ,b の2つに a_1, a_2, a_3, b_1, b_2 と区別を付けると,a_1, a_2, a_3, b_1, b_2, c, d, e の8文字を1列に並べる並べ方は,${}_8\mathrm{P}_8=8!=40320$ 通りあることになるが,実際には a, b にはそれぞれ区別がなく,b に関しては8! 通りのうち,例えば,

$$\left.\begin{array}{l} a_1,\ a_2,\ a_3,\ b_1,\ b_2,\ c,\ d,\ e \\ a_1,\ a_2,\ a_3,\ b_2,\ b_1,\ c,\ d,\ e \end{array}\right\} \to a_1,\ a_2,\ a_3,\ b,\ b,\ c,\ d,\ e \leftarrow$$

b_1, b_2 の並べ方2! 通りをまとめて1通りと数えなければならないので,8! を2! で割る.

また,a_1, a_2, a_3 の並べ方3! 通りについても同様に考えて,さらに3! で割る.

> ここでも比を用いて場合の数を考えている.

(2)　4 つの母音 a, a, a, e を 1 つのかたまり $\boxed{a,\ a,\ a,\ e}$
　　とする.

　　　このとき, $\boxed{}$, b, b, c, d の 5 つの並べ方は,

$$\frac{5!}{2!}=60 \text{ 通り}.$$

$\longleftarrow$ b を 2 つ含む順列.

　　　また, a, a, a, e の 4 つの並べ方は,

$$\frac{4!}{3!}=4 \text{ 通り}$$

$\longleftarrow$ a を 3 つ含む順列.

　　あるから, 母音が 4 つ連続する並べ方は,

$$60\times4=\textbf{240 （通り）}.$$

解いてみよう㊶　　答えは別冊 42 ページへ

　　ＹＡＭＡＮＡＭＩ の 8 つの文字を横一列に並べるとき, その並べ方について,

(1)　全部で何通りの並べ方があるか.

(2)　Ａ が 3 つ続く並べ方は何通りあるか.

(3)　Ｍ が 2 つ続く並べ方は何通りあるか.

(4)　母音どうしが隣り合わず, かつ子音どうしも隣り合わない並べ方は何通りあるか.

第7章 テスト対策問題

1 ANORTU の文字をすべて用いてできる順列を辞書式に並べるとき,

(1) 並べ方は全部で何通りあるか求めよ.

(2) 初めに A がくる文字列はいくつあるか, また 330 番目の文字列を求めよ.

(3) 132 番目の文字列を求めよ.

2 整数 (x, y, z) に対して, $x+y+z=10$ が成り立っている.

(1) $x \geqq 0$, $y \geqq 0$, $z \geqq 0$ をみたす (x, y, z) の組の個数を求めよ.

(2) $x>0$, $y>0$, $z>0$ をみたす (x, y, z) の組の個数を求めよ.

(3) $x \geqq 1$, $y \geqq 0$, $z>0$ をみたす (x, y, z) の組の個数を求めよ.

3 右図のように, 道路が碁盤の目のようになった
街路がある. A から B までの最短経路を考える.
このとき, 次の最短経路の数を求めよ.

(1) 全部の最短経路.

(2) C を通る最短経路.

(3) C も D もともに通らない最短経路.

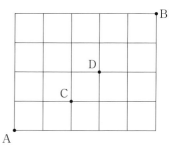

4 3 人の先生 A, B, C と 3 人の生徒 a, b, c が, 丸いテーブルに向かって話し合
いをするとき, 次の座り方は何通りあるか.

(1) 6 人の座り方.

(2) 先生 A と生徒 a が向かい合う座り方.

(3) 生徒同士が隣り合わない座り方. (慶應大 改)

第**8**章

確　率 数学A

学習テーマ	学習時間	はじめる プラン	じっくり プラン	おさらい プラン
㊄ 確率の意味	15分	1日目	1日目	1日目
㊅ 余事象	15分		2日目	
㊆ 確率の基本性質	15分	2日目	3日目	
㊇ 独立な試行	10分		4日目	
㊈ 反復試行	15分	3日目	5日目	2日目
㊉ 条件付き確率	15分		6日目	
㊊ 期待値	15分	4日目	7日目	

第8章

確率の意味

赤球4個，白球3個，青球2個の計9個から3個の球を取り出すとき，3個の球の色が次の場合の確率を求めよ．

(1) 3個とも赤球である．

(2) 白球1個と青球2個である．

(3) 赤球，白球，青球それぞれ1個ずつである．

基本事項

全事象 U の根元事象の起こり方がどれも同じ程度に期待できる（同様に確からしい）とき，事象 A の起こる確率 $P(A)$ は，

$$P(A) = \frac{n(A)}{n(U)} = \frac{(\text{事象 } A \text{ の起こる数})}{(\text{全体の起こる数})}.$$

解説 〈同様に確からしい〉

赤球4個，白球3個，青球2個の計9個から3個を取り出す事象について，

赤球は4個あるので，白球3個より取られやすい．

$$\text{白}_1, \text{白}_2, \text{白}_3, \text{赤}_1, \text{赤}_2, \text{赤}_3, \text{赤}_4$$

と区別して考えると，赤球を3個取り出すのは，

$$\{\text{赤}_1, \text{赤}_2, \text{赤}_3\}, \{\text{赤}_1, \text{赤}_2, \text{赤}_4\}, \{\text{赤}_1, \text{赤}_3, \text{赤}_4\}, \{\text{赤}_2, \text{赤}_3, \text{赤}_4\}$$

と4通りあるのに対し，白球を3個取り出すのは，

$\{\text{白}_1, \text{白}_2, \text{白}_3\}$ の1通りである．

このような球を取り出す試行では，球の数によって起こりやすさが異なるので，同じ色の球でも区別をする．

また，起こりやすさを等しくする，すなわち，起こりやすさが同じ程度に期待ができることを「同様に確からしい」という．

> 同様に確からしいの説明!!

解答

(1) 全体の起こりうる場合の数は，異なる9個から3個を取り出す組合せであり，

$$n(U) = {}_9\mathrm{C}_3 = \frac{9 \cdot 8 \cdot 7}{3 \cdot 2 \cdot 1} = 84 \text{（通り）}$$

これらが起こることはすべて同様に確からしい.

3 個の赤球が出る取り出し方は, 4 個の球から 3 つを選ぶ組合せなので,

$$_4\mathrm{C}_3=\frac{4\cdot3\cdot2}{3\cdot2\cdot1}=4\ (通り).$$

$_4\mathrm{C}_3$ の計算は
$_4\mathrm{C}_3=_4\mathrm{C}_1=4$
のようにもできる.

よって, 3 個の赤球が出る確率は,

$$\frac{4}{84}=\frac{1}{21}.$$

(2)　白球 1 個と青球 2 個の取り出し方は, 白球の 3 個から 1 個取り出し, 青球の 2 個から 2 個取り出す組合せなので,

$$_3\mathrm{C}_1\times_2\mathrm{C}_2=3\ (通り).$$

よって, 白球 1 個, 青球 2 個が取り出される確率は,

$$\frac{3}{84}=\frac{1}{28}.$$

(3)　赤球 1 個, 白球 1 個, 青球 1 個の取り出し方は, 赤球の 4 個から 1 個取り出し, 白球の 3 個から 1 個取り出し, 青球の 2 個から 1 個取り出す組合せなので

$$_4\mathrm{C}_1\times_3\mathrm{C}_1\times_2\mathrm{C}_1=24\ (通り).$$

よって, 赤球, 白球, 青球 1 個ずつが取り出される確率は,

$$\frac{24}{84}=\frac{2}{7}.$$

第8章

解いてみよう㊲　　答えは別冊 46 ページへ

3 個のサイコロを同時に振るとき, 次の確率を求めよ.

(1)　3 個とも異なる数の目が出る.

(2)　出る目の数の和が 3 の倍数である.

(3)　出る目の数の最大値が 3 以下である.

㊽ 余事象

赤球 4 個，白球 3 個，青球 2 個の計 9 個から 3 個の球を取り出すとき，取り出された 3 個の球の色について，次の場合の確率を求めよ．

(1) 3 個とも同じ色である．

(2) 赤球が少なくとも 1 つ含まれる．

基本事項

① 確率の基本性質

・ある事象 A に対して，$0 \leqq P(A) \leqq 1$.

・全事象 U の起こる確率　$P(U)=1$.

・(根元事象のない）空事象 $\emptyset$ の起こる確率　$P(\emptyset)=0$.

② 「事象 A が起きない」という事象を A の**余事象**といい，$\overline{A}$ と書く．

$$P(\overline{A})=1-P(A).$$

解答

(1)

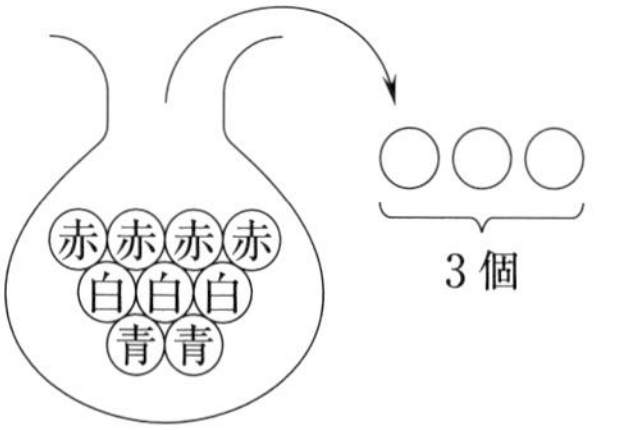

赤球 4 個，白球 3 個，青球 2 個の計 9 個から 3 個を取り出すとき，起こりうる取り出し方の全体は，

$$n(U)={}_9\mathrm{C}_3=\frac{9\cdot8\cdot7}{3\cdot2\cdot1}=84 \text{（通り）}$$

あり，これらが起こることはすべて同様に確からしい．このうち 3 個とも同じ色であるのは，

「赤球 3 個を取る」と「白球 3 個を取る」

の場合である．

赤球を 3 個取る取り方が ${}_4\mathrm{C}_3=4$（通り），白球を 3 個取る

取り方は ${}_3C_3 = 1$（通り）だから，3 個とも同じ色である確率は，

$$\frac{4+1}{84} = \frac{5}{84}.$$

(2)　余事象の「赤球が含まれない場合」を考える．赤球以外の
白球 3 個，青球 2 個の計 5 個から 3 個取る取り方は，

$$ {}_5C_3 = 10 \text{（通り）}.$$

よって，赤球が少なくとも 1 つ含まれる確率は，

$$1 - \frac{10}{84} = \frac{74}{84} = \frac{37}{42}.$$

余事象を考えた方が計算が簡単になる．

解説　〈余事象〉

　3 個の球を取り出すとき，取り出される赤球の個数で分類すると図の ①〜④ に分類できる．

```
┌ 全体 ───────────────┐
│ ①赤球 3 個 → (赤, 赤, 赤) │
│ ②赤球 2 個 → (赤, 赤, ○) │
│ ③赤球 1 個 → (赤, ○, ○) │
├───────────────────┤
│ ④赤球なし → (○, ○, ○)   │
└───────────────────┘
```

　このうち，赤球が少なくとも 1 つ含まれるのは ①〜③ の場合である．①〜③ の取り方を求めることと，全体から ④ の取り方を引くのは同じである．このように求めたい事象を考えることより，全体から除きたい事象を除く方が計算が簡単になるときには余事象を考える．

第 8 章

解いてみよう�　　答えは別冊 46 ページへ

　3 個のサイコロを同時に振るとき，次の確率を求めよ．

(1)　出る目の数の積が偶数になる．

(2)　出る目の数の最大値が 4 である．

確率の基本性質

1と書かれたカードが2枚，2と書かれたカードが3枚，3と書かれたカードが4枚が箱の中に入っている．この計9枚のカードから3枚を選び，3枚のカードに書かれた数の和を X とする．このとき，

(1) X が2の倍数となる確率を求めよ．

(2) X が3の倍数となる確率を求めよ．

(3) X が2の倍数，または，3の倍数となる確率を求めよ．

基本事項

＜和事象の確率＞

2つの事象 A, B に対して，
$$P(A \cap B) = P(A) + P(B) - P(A \cup B)$$

X が2の倍数になる事象を A,
X が3の倍数になる事象を B

とする．

(1) 9枚のカードから3枚を取り出す全事象は，
$$_9C_3 = \frac{9 \cdot 8 \cdot 7}{3 \cdot 2 \cdot 1} = 84 \ (通り).$$

であり，これらが起こることはすべて同様に確からしい．

このうち，事象 A, すなわち，2の倍数となるのは，以下の2つの場合で，これらは互いに排反である．

(i) 奇数2枚，偶数1枚取り出す，

(ii) 偶数3枚を取り出す．

> 条件に合う状況は何があるかを想像することが重要!!

(i)のとき，奇数は1と3と書かれたカードを合わせた6枚，偶数は2と書かれたカード3枚なので，
$$_6C_2 \cdot _3C_1 = \frac{6 \cdot 5}{2 \cdot 1} \cdot 3 = 45 \ (通り).$$

(ii)のとき，2と書かれたカードを3枚取り出すので，

$$_3C_3 = 1 \text{（通り）}.$$

よって，X が 2 の倍数になる確率 $P(A)$ は，

$$P(A) = \frac{45+1}{84} = \frac{23}{42}.$$

(2)　X が 3 の倍数になるのは，3 つの数の組合せが，次の 3 つ
の場合で，これらは互いに排反であり，カードの選び方はそ
れぞれ

(ⅰ)　$\{2,\ 2,\ 2\} \cdots {}_3C_3 = 1 \text{（通り）}$

(ⅱ)　$\{3,\ 3,\ 3\} \cdots {}_4C_3 = 4 \text{（通り）}$

(ⅲ)　$\{1,\ 2,\ 3\} \cdots 2 \cdot 3 \cdot 4 = 24 \text{（通り）}$

> 条件に合う状況は何がある
> かを想像することが重要!!

である．よって，X が 3 の倍数になる確率 $P(B)$ は，

$$P(B) = \frac{1+4+24}{84} = \frac{29}{84}.$$

(3)　3 の倍数のうち，2 の倍数であるのは，(2)の(ⅰ)と(ⅲ)のと
きなので，

$$P(A \cap B) = \frac{1+24}{84} = \frac{25}{84}.$$

これより，X が 2 の倍数，または，3 の倍数となる確率
$P(A \cup B)$ は，

$$P(A \cup B) = P(A) + P(B) - P(A \cap B)$$
$$= \frac{23}{42} + \frac{29}{84} - \frac{25}{84}$$
$$= \frac{25}{42}.$$

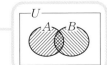

第8章

解いてみよう�59

答えは別冊 47 ページへ

サイコロを 3 回振り，出た目の数の積を Y とする．このとき，

(1)　Y が偶数となる確率を求めよ．

(2)　Y が 2 の倍数でも 3 の倍数でもない確率を求めよ．

(3)　Y が 6 の倍数となる確率を求めよ．

 **独立な試行**

> 2つのチーム A, B が試合を行い, A が B に勝つ確率を $\dfrac{3}{5}$, B が A に勝つ確率を $\dfrac{2}{5}$ とする. 次の確率を求めよ.
>
> (1) 試合を2試合行うとき, 1試合目に A が勝ち, 2試合目に B が勝つ確率.
>
> (2) 試合を4試合行うとき, A が3連勝し, 4試合目に B が勝つ確率.
>
> (3) 試合を5試合行うとき, A が1試合目, 3試合目に勝ち, B が2試合目, 4試合目, 5試合目に勝つ確率.

基本事項

2つの試行 S, T において, 一方の結果が他方の結果に影響を及ぼさないとき, これらの試行は**独立**であるという.

S で事象 A が起こり, T で事象 B が起こるという事象を C とすると
$$P(C) = P(A) \cdot P(B).$$

1試合目, 2試合目, … を #1, #2, … と表し, A が勝つ事象を A, B が勝つ事象を B として表すと,

$$P(A) = \frac{3}{5}, \quad P(B) = \frac{2}{5}.$$

(1) 2試合を行い, 1試合目に A が勝ち, 2試合目に B が勝つ確率は,

#1　#2
A　　B
$$P(A) \cdot P(B) = \frac{3}{5} \cdot \frac{2}{5} = \frac{6}{25}.$$

> 1回目と2回目の試行は独立だね.

(2) 4試合を行い, A が3連勝, 4試合目に B が勝つ確率は,

#1　#2　#3　#4
A　　A　　A　　B

> 1回目から4回目まですべて独立だね.

$$P(A) \cdot P(A) \cdot P(A) \cdot P(B) = \frac{3}{5} \cdot \frac{3}{5} \cdot \frac{3}{5} \cdot \frac{2}{5}$$
$$= \left(\frac{3}{5}\right)^3 \cdot \left(\frac{2}{5}\right) = \frac{54}{625}.$$

(3)　A が1試合目，3試合目に勝ち，B が2試合目，4試合目，
5試合目に勝つ確率は

#1　#2　#3　#4　#5
A　　B　　A　　B　　B

1回目から5回目まですべて独立だね.

$$P(A) \cdot P(B) \cdot P(A) \cdot P(B) \cdot P(B) = \frac{3}{5} \cdot \frac{2}{5} \cdot \frac{3}{5} \cdot \frac{2}{5} \cdot \frac{2}{5}$$
$$= \left(\frac{3}{5}\right)^2 \cdot \left(\frac{2}{5}\right)^3$$
$$= \frac{72}{3125}.$$

第8章

解いてみよう⑩　　答えは別冊 47 ページへ

　表の出る確率が $\frac{2}{3}$，裏の出る確率が $\frac{1}{3}$ である硬貨がある．このとき，次の確率を求めよ．

(1)　硬貨を2回投げるとき，表，裏の順に出る確率.

(2)　硬貨を6回投げるとき，表，表，裏，裏，表，表の順に出る確率.

(3)　硬貨を6回投げるとき，表，裏，裏，裏，表，表の順に出る確率.

(61) 反復試行

2つのチーム A，B が試合を行い，先に3勝したチームを優勝とする．ただし，A が B に勝つ確率を $\frac{3}{5}$，B が A に勝つ確率を $\frac{2}{5}$ とする．

(1) A が3連勝して優勝する確率を求めよ．

(2) A が3勝1敗で優勝する仕方は全部で何通りあるか．

(3) A が3勝1敗で優勝する確率を求めよ．

(4) A が3勝2敗で優勝する仕方は全部で何通りあるか．

(5) A が3勝2敗で優勝する確率を求めよ．

基本事項

1回の試行で事象 A が起こる確率が p で，この試行を n 回繰り返すとき，A がちょうど r 回起こる確率は，

$$ {}_n\mathrm{C}_r p^r (1-p)^{n-r}. $$

解答

1試合目，2試合目，… を＃1，＃2，… のように表す．

また，A が勝つという事象を A，B が勝つという事象を B とすると，

$$P(A)=\frac{3}{5},\ \ P(B)=\frac{2}{5}.$$

(1) A が3連勝して優勝する確率は，

#1	#2	#3
A	A	A

$$P(A)\cdot P(A)\cdot P(A)=\left(\frac{3}{5}\right)^3=\mathbf{\frac{27}{125}}.$$

(2) A が3勝1敗で優勝するのは，A が3試合目までに2勝1敗となり，4試合目に A が勝てばよい．

#1	#2	#3	#4
A	A	B	A
A	B	A	A
B	A	A	A

よって，A が3勝1敗で優勝するのは B が＃1，＃2，＃

3のどこで1勝するかを考えて,

$$_3C_1 = 3 \ (通り).$$

> 独立だから確率の積になる！

(3)　Aが3勝1敗で優勝するのは, (2)の3通り.

また, その3通りともAが3回, Bが1回勝つので確率

はすべて, $\left(\dfrac{3}{5}\right)^3\left(\dfrac{2}{5}\right)^1$. ◀

よって, Aが3勝1敗で優勝する確率は,

> 3勝1敗となるのは(2)の3通りある！

$$_3C_1\left(\dfrac{3}{5}\right)^3\left(\dfrac{2}{5}\right)^1 = \dfrac{162}{625}.$$

(4)　Aが3勝2敗で優勝するのは, Aが4試合目までに2勝2敗となり, 5試合目にAが勝てばよい.

よって, Aが3勝2敗で優勝するのはBが#1から#4のどこで2勝するかを考えて,

$$_4C_2 = \dfrac{4\cdot3}{2\cdot1} = 6 \ (通り).$$

#1	#2	#3	#4	#5
A	A	B	B	A
A	B	A	B	A
A	B	B	A	A
B	A	A	B	A
B	A	B	A	A
B	B	A	A	A

(5)　Aが3勝2敗で優勝するのは, (4)の6通り.

また, その6通りともAが3回, Bが2回勝つので確率

はすべて, $\left(\dfrac{3}{5}\right)^3\left(\dfrac{2}{5}\right)^2$. ◀

> 独立だから確率の積になる！

よって, Aが3勝2敗で優勝する確率は,

> 3勝2敗となるのは(4)の6通りある！

$$_4C_2\left(\dfrac{3}{5}\right)^3\left(\dfrac{2}{5}\right)^2 = \dfrac{648}{3125}.$$

第8章

解いてみよう⑥

答えは別冊48ページへ

　赤球1個, 青球2個の計3個が入っている袋から球を1個取り出し, 色を確かめてから袋に戻す. 数直線上を動く点Pが最初は原点にあり, 点Pは赤球を取り出したときx軸方向に2進み, 青球を取り出したときx軸方向に-1進む. このとき,

(1)　4回の試行で座標が2となる確率を求めよ.

(2)　6回の試行で原点に戻る確率を求めよ.

条件付き確率

1と書かれたカードが2枚，2と書かれたカードが3枚，3と書かれたカードが4枚が箱の中に入っている．この9枚のカードから3枚を選び，3枚のカードの和を X とする．このとき，

(1) X が2の倍数となる確率を求めよ．

(2) X が2の倍数という条件のもとで，3の倍数となる確率を求めよ．

基本事項

事象 A，B について，事象 A が起きた条件のもとで，事象 B が起きる条件付き確率 $P_A(B)$ は，

$$P_A(B)=\frac{P(A\cap B)}{P(A)}=\frac{n(A\cap B)}{n(A)}$$

で表される．

これは，事象 A の要素の個数 $n(A)$ の中で，事象 B の要素の個数，すなわち，$n(A\cap B)$ の割合を考えていることになる．

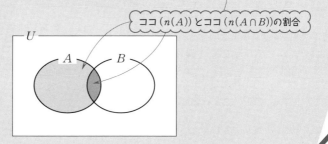

ココ（$n(A)$）とココ（$n(A\cap B)$）の割合

「57 **確率の基本性質**」の設定と同じく，

X が2の倍数になる事象を A，

X が3の倍数になる事象を B

とする．

(1) 9枚のカードから3枚を取り出す全事象は，

$$_9C_3=\frac{9\cdot8\cdot7}{3\cdot2\cdot1}=84\ (通り)$$

あり，これらが起こることはすべて同様に確からしい．

このうち，2 の倍数となるのは，以下の 2 つの場合である．

(i) 奇数 2 枚，偶数 1 枚を取り出す… ${}_6C_2 \cdot {}_3C_1$（通り），

(ii) 偶数 3 枚を取り出す… ${}_3C_3$（通り）.

よって，X が 2 の倍数になる確率 $P(A)$ は，

$$P(A) = \frac{45+1}{84} = \frac{23}{42}.$$

(2) X が 2 の倍数であるなかで，X が 3 の倍数，すなわち，X が 6 の倍数になる 3 つの数の組合せが，次の 2 つの場合であり，カードの選び方はそれぞれ

(i) $\{2, 2, 2\}$ … ${}_3C_3 = 1$（通り），

(ii) $\{1, 2, 3\}$ … $2 \cdot 3 \cdot 4 = 24$（通り）

である．よって，X が 6 の倍数になる確率 $P(A \cap B)$ は，

$$P(A \cap B) = \frac{1+24}{84} = \frac{25}{84}.$$

よって，X が 2 の倍数という条件のもとで，3 の倍数となる確率 $P_A(B)$ は，

$$P_A(B) = \frac{P(A \cap B)}{P(A)}$$

$$= \frac{\dfrac{25}{84}}{\dfrac{23}{42}}$$

$$= \frac{25}{46}.$$

$$P_A(B) = \frac{n(A \cap B)}{n(A)}$$
$$= \frac{25}{46}$$
と考えると簡単!!

解いてみよう62 答えは別冊 48 ページへ

　当たりくじが 1 本，はずれくじが 9 本の計 10 本が袋の中にある．このとき，A，B，C の 3 人がくじをこの順番に 1 回ずつ引く．ただし引いたくじはもとに戻さないとする．このとき，当たりくじが出たという条件のもとで，B が当たりくじを引く条件付き確率を求めよ．

第8章

146

 **期待値**

3個のサイコロを同時に投げるとき，出る3個の目の最大公約数を G とする．このとき次の問に答えよ．

(1) $G=4$ となる確率を求めよ．

(2) $G=3$ となる確率を求めよ．

(3) G の期待値を求めよ．

基本事項

変量 X のとり得る値を x_1, x_2, $\cdots$, x_n とし，X がこれらの値をとる確率をそれぞれ p_1, p_2, $\cdots$, p_n とする．ただし，$p_1+p_2+\cdots+p_n=1$ となる．このとき変量 X の値とその確率を表で表すと

X	x_1	x_2	$\cdots$	x_n	計
確率	p_1	p_2	$\cdots$	p_n	1

となる．この表のことを**確率分布表**という．X の期待値 E は

$$E=x_1p_1+x_2p_2+\cdots+x_np_n$$

で定義される．

$k=1$, 2, 3, 4, 5, 6 として，$G=k$ となる確率を $P(G=k)$ とする．

(1) $G=4$ となる場合は，すべて4の目が出るときなので，

$$P(G=4)=\frac{1}{6^3}=\frac{1}{216}.$$

(2) $G=3$ となる場合は，出る目が3，または，6である場合から，すべて6の目が出る場合を除いた場合なので，

$$P(G=3)=\frac{2^3-1}{6^3}=\frac{7}{216}.$$

(3) 最大公約数 G のとり得る値は，$G=1$, 2, 3, 4, 5, 6 である．

$G=6$ となる場合は，すべて6の目が出る場合なので，

$$P(G=6)=\frac{1}{6^3}=\frac{1}{216}.$$

$G=5$ となる場合は，すべて5の目が出る場合なので，

$$P(G=5)=\frac{1}{6^3}=\frac{1}{216}.$$

$G=2$ となる場合は，出る目が2または，4または，6である場合から，すべて4の目が出る場合とすべて6の目が出る場合を除いた場合なので，

$$P(G=2)=\frac{3^3-1-1}{6^3}=\frac{25}{216}.$$

$G=1$ となる場合は，$G=2$，3，4，5，6の余事象なので，

$$P(G=1)=1-\frac{1}{6^3}\cdot3-\frac{2^3-1}{6^3}-\frac{3^3-2}{6^3}$$

$$=\frac{6^3-2^3-3^3}{6^3}$$

$$=\frac{181}{216}.$$

よって，G の期待値は，

$$1\cdot\frac{181}{216}+2\cdot\frac{25}{216}+3\cdot\frac{7}{216}+4\cdot\frac{1}{216}+5\cdot\frac{1}{216}+6\cdot\frac{1}{216}=\frac{89}{72}.$$

第8章

解いてみよう⑥⑬　答えは別冊49ページへ

赤玉5個と白玉4個が入っている袋から同時に4個の玉を取り出す試行について，次の問に答えよ．

(1) 白玉が3個取り出される確率を求めよ．

(2) 赤玉が2個取り出される確率を求めよ．

(3) 取り出される赤玉の個数の期待値を求めよ．

第 8 章 テスト対策問題

1 右図のように正方形 ABCD 上の頂点を点 Q が動く. 最初 Q は頂点 A にあり, サイコロを振り, 出た目の数だけ反時計回りに動く. このとき,

(1) サイコロを 1 回振ったときに Q が A に戻る確率を求めよ.

(2) サイコロを 2 回振ったときに Q が A に戻る確率を求めよ.

(3) サイコロを 2 回振ったときに一度も Q が A に戻らない確率を求めよ.

2 A, B, C の 3 人で勝者が 1 人に決まるまでジャンケンをする. このとき,

(1) 1 回で勝者が 1 人に決まる確率を求めよ.

(2) 2 回で勝者が 1 人に決まる確率を求めよ.

(3) 3 回ジャンケンをしても勝者が 1 人に決まらない確率を求めよ.

3 1 から 6 までの番号をつけた 6 枚のカードから 3 枚を抜き取る. 抜き取ったカードに書かれた番号のうち, 2 番目に小さい番号を X とする. このとき,

(1) $X = 2$ となる確率を求めよ.

(2) $X = 3$ となる確率を求めよ.

(3) $X = 5$ となる確率を求めよ.

(4) X の期待値を求めよ.

4 表の出る確率が $\dfrac{2}{3}$, 裏の出る確率が $\dfrac{1}{3}$ である硬貨がある. x 軸上を動く点 A が最初に原点にある. 硬貨を投げて表が出たら正の方向に 1 だけ進み, 裏が出たら負の方向に 1 だけ進む. このとき, (芝浦工業大 改)

(1) 硬貨を 6 回投げるとき, 点 A が原点にある確率を求めよ.

(2) 点 A が 2 回目に原点に戻り, かつ, 6 回目に原点にある確率を求めよ.

答えは別冊 49〜52 ページ

図形の性質 数学A

学習テーマ	学習時間	はじめるプラン	じっくりプラン	おさらいプラン
㉞ 三角形の重心	15分		1日目	
㉟ 三角形の内心	15分	1日目		1日目
㊱ 三角形の外心	15分		2日目	
㊲ チェバの定理・メネラウスの定理	15分			
㊳ ２円の位置関係，共通接線	15分	2日目		
㊴ 円周角の定理，円周角の定理の逆	15分		3日目	
㊵ 円に内接する四角形	10分			2日目
㊶ 接線と弦のなす角（接弦定理）	10分			
㊷ 方べきの定理	10分	3日目	4日目	
㊸ 垂心	15分			

第9章

⑥④ 三角形の重心

三角形 ABC の重心を G とし，BC∥EF とする．このとき，

(1) BD : DC を求めよ．　(2) AG : GD を求めよ．

(3) CG : GE を求めよ．　(4) CD : EF を求めよ．

(5) BC : EF を求めよ．

(6) 三角形 ABC と三角形 ACG の面積の比を求めよ．

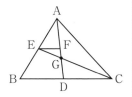

基本事項

三角形 ABC において，辺 BC，CA，AB の中点をそれぞれ P，Q，R とすると，3 つの中線 AP，BQ，CR は 1 点 G で交わる．この点 G を三角形 ABC の重心という．このとき，
AG : GP＝BG : GQ＝CG : GR＝2 : 1 が成り立つ．

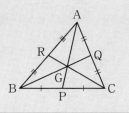

解答

(1) 点 G は重心だから，頂点 A と点 G を結ぶ直線と辺 BC との交点 D は辺 BC の中点となる．

$$\therefore \quad \textbf{BD} : \textbf{DC}＝\textbf{1} : \textbf{1}.$$

(2) 重心 G は中線 AD を 2 : 1 に内分するので，

$$\textbf{AG} : \textbf{GD}＝\textbf{2} : \textbf{1}.$$

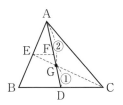

(3) 重心 G は中線 CE を 2 : 1 に内分するので，

$$\textbf{CG} : \textbf{GE}＝\textbf{2} : \textbf{1}.$$

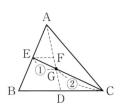

(4) BC∥EF より,
$$\angle GCD = \angle GEF. \qquad \cdots (*)$$
また, ∠EGF と ∠CGD は対頂角だから,
$$\angle EGF = \angle CGD. \qquad \cdots (**)$$
(*) と (**) より三角形 GCD と三角形 GEF は相似である.
(3) より, CG : GE = 2 : 1 なので,
$$\textbf{CD} : \textbf{EF} = \textbf{CG} : \textbf{GE} = \textbf{2} : \textbf{1}.$$

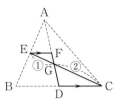

(5) (4) より, CD : EF = 2 : 1.
(1) より, BC : CD = 2 : 1 = 4 : 2.
よって, BC : CD : EF = 4 : 2 : 1.
$$\therefore \quad \textbf{BC} : \textbf{EF} = \textbf{4} : \textbf{1}.$$

(6) 三角形 ABC の面積を S とする.
三角形 ACD で DC を底辺と考えると,
$$\triangle ACD = \frac{DC}{BC} \cdot \triangle ABC = \frac{1}{2}S.$$
三角形 ACD で AD を底辺と考えると,
AG : GD = 2 : 1 より,
$$\triangle ACG = \frac{2}{3} \cdot \triangle ACD = \frac{2}{3} \cdot \frac{1}{2}S = \frac{1}{3}S.$$
$$\therefore \quad \triangle \textbf{ABC} : \triangle \textbf{ACG} = S : \frac{1}{3}S = \textbf{3} : \textbf{1}.$$

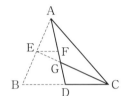

第9章

解いてみよう⑭　答えは別冊 52 ページへ

1 辺の長さが 9 である正三角形 PQR の重心を G とする.
PR∥MN のとき,

(1) QR : QN を求めよ.
(2) PR : MN を求めよ.
(3) MG の長さを求めよ.
(4) 三角形 PQG の面積を求めよ.
(5) 三角形 PMG の面積を求めよ.

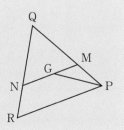

三角形の内心

(1) 3辺の長さが 4，5，6 の図のような三角形 ABC がある．

三角形 ABC の内心を I_1 とする．

  (i)　BD：DC を求めよ．

  (ii)　AI_1：I_1D を求めよ．

(2) 図のような三角形 ABC があり，その内心を I_2 とする．

このとき，角度 x を求めよ．

(3) 三辺の長さが 3，4，5 の図のような三角形 ABC があ

る．三角形 ABC の内心を I_3 とする．このとき，内接

円の半径を求めよ．

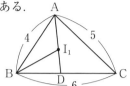

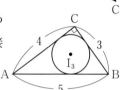

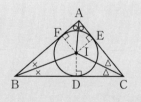

 基本事項

三角形 ABC の内接円の中心 I を三角形の内心

という．また，内接円の半径 r を用いて，三角

形 ABC の面積 S を表すと，

$$S=\frac{r}{2}(AB+BC+CA).$$

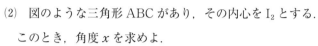

解答

(1)(i)　∠A の二等分線と辺 BC との交点が D なので

$$\angle BAD = \angle DAC. \qquad \cdots ①$$

また，〈図1〉のように点 C を通り線分 AD に平行な直線

と直線 AB との交点を E とすると，AD∥EC より，

$$\angle BAD = \angle AEC, \qquad \cdots ②$$

$$\angle DAC = \angle ACE. \qquad \cdots ③$$

①，②，③ より，$\angle AEC = \angle ACE.$

よって, 三角形 ACE は二等辺三角形となるので,
$$AC=AE.$$
$$\therefore \quad \mathbf{BD:DC=BA:AE=BA:AC=4:5}.$$

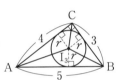

(ii) (i) より $BD=BC\cdot\dfrac{4}{9}=6\cdot\dfrac{4}{9}=\dfrac{8}{3}$.

I_1 は内心だから, ∠B の角の二等分線と線分 AD との交点が I_1 なので, (i) と同様にして,
$$\mathbf{AI_1:I_1D=AB:BD=4:\dfrac{8}{3}=3:2}.$$

〈図 1 〉

(2) I_2 は内心だから,
$$\angle I_2BA=\angle I_2BC=\alpha, \quad \angle I_2CA=\angle I_2CB=\beta$$
とおくと, $\begin{cases} 40°+2\alpha+2\beta=180°, & \cdots ① \\ x+\alpha+\beta=180°. & \cdots ② \end{cases}$

① より $\alpha+\beta=70°$.

これを ② に代入して, $x=\mathbf{110°}$.

(3) 三角形 ABC の面積 S は, $S=\dfrac{1}{2}\cdot4\cdot3=6$.

また, 三角形 ABC を三角形 ABI_3, 三角形 BCI_3, 三角形 CAI_3 に分割して考え, 内接円の半径 r を用いて表すと,
$$S=\dfrac{1}{2}AB\cdot r+\dfrac{1}{2}\cdot BC\cdot r+\dfrac{1}{2}\cdot CA\cdot r=\dfrac{1}{2}(5+3+4)r=6r.$$
$$6r=6.$$
$$r=\mathbf{1}.$$

解いてみよう㉖　答えは別冊 53 ページへ

(1) 3 辺の長さが 3, 5, 6 の図のような三角形 ABC がある. 三角形 ABC の内心を I とするとき,

 (i)　DC を求めよ.　(ii)　AI : ID を求めよ.

(2) AB=3, AC=2, ∠BAC=60° の図のような三角形 ABC について,

 (i)　BC を求めよ.

 (ii)　三角形 ABC の面積を求めよ.

 (iii)　三角形 ABC の内接円の半径を求めよ.

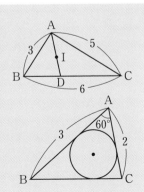

三角形の外心

(1) O は三角形 ABC の外心とする. 角度 α, β を求めよ.

(i)

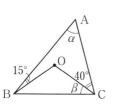

(ii)

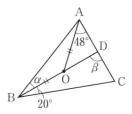

(2) 三角形 ABC の外心を O とし, O は辺 AB 上にないとする. ∠BAO の二等分線が三角形 ABC の外接円と再び交わる点を D とするとき, AB∥OD であることを示せ.

基本事項

三角形 ABC において, 3辺の垂直二等分線は1点 O で交わる. O は三角形 ABC の外接円の中心であり, O を三角形 ABC の外心という.

また, OA＝OB＝OC＝R (R：外接円の半径) が成り立つ.

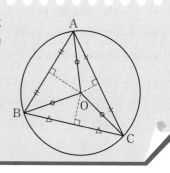

解答

(1)(i) 補助線 OA を入れる.
$$\alpha = \angle OAB + \angle OAC = 15° + 40°$$
$$= \mathbf{55°}.$$

三角形 ABC の内角の和は 180° なので,
$$15°\cdot 2 + 40°\cdot 2 + \beta\cdot 2 = 180°$$
$$\therefore \quad \beta = \mathbf{35°}.$$

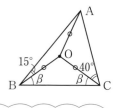

外心と各頂点までの距離は等しいので二等辺三角形が現れる！

(ii)　補助線 OC を入れる. 三角形
　　OAB，OBC，OCA は二等辺三角
　　形だから，

$$\angle OBA = \angle OAB = \alpha,$$
$$\angle OAC = \angle OCA = 48°,$$
$$\angle OCB = \angle OBC = 20°.$$

　　三角形 ABC の内角の和は 180° だから，

$$\alpha \cdot 2 + 48° \cdot 2 + 20° \cdot 2 = 180°. \qquad \therefore \quad \boldsymbol{\alpha = 22°}.$$

　　三角形 BCD の内角の和も 180° だから，

$$2 \cdot 20° + 48° + \beta = 180°. \qquad \therefore \quad \boldsymbol{\beta = 92°}.$$

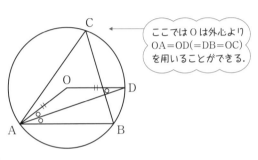

(2)　線分 AD は $\angle$BAO の 2 等分線
　　だから，

$$\angle DAB = \angle DAO. \qquad \cdots ①$$

　　点 O は外心だから，OA＝OD.
　　よって，三角形 OAD は二等辺
　　三角形なので，

$$\angle DAO = \angle ADO. \qquad \cdots ②$$

　　①，② より，$\angle ADO = \angle DAB$.

$$\therefore \quad \boldsymbol{AB \mathbin{/\!/} OD}.$$

ここでは O は外心より
OA＝OD(＝DB＝OC)
を用いることができる.

（証明終り）

解いてみよう⑥⑥　答えは別冊 53 ページへ

(1)　O_1，O_2 はそれぞれの三角形 ABC の外心とする. 図の角度 α，β を求めよ.

(i)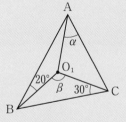

(ii)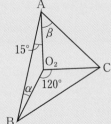

(2)　図のような鋭角三角形 ABC の頂点 C より底辺 AB に
　　下ろした垂線の足を H とし，外心を O とする. この
　　とき，$\angle$ACB の角の二等分線は $\angle$OCH を二等分すること
　　を示せ.

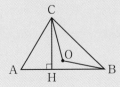

❻❼ チェバの定理・メネラウスの定理

三角形 ABC の辺 AB を $1:2$ に内分する点を P，辺 AC を $3:1$ に内分する点を Q とする．線分 CP と線分 BQ の交点を O，直線 AO と辺 BC の交点を R とする．

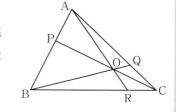

(1) BR : RC を求めよ.

(2) BO : OQ を求めよ.

基本事項

三角形 ABC の頂点 A，B，C と，三角形の内部の点 O を結ぶ直線 AO，BO，CO が，辺 BC，CA，AB とそれぞれ点 P，Q，R で交わるとき，三角形 ABC について，

$$\frac{BP}{PC} \cdot \frac{CQ}{QA} \cdot \frac{AR}{RB} = 1$$

が成り立つ．これを**チェバの定理**という．

また，三角形 ABP と直線 RC について，

$$\frac{BC}{CP} \cdot \frac{PO}{OA} \cdot \frac{AR}{RB} = 1$$

が成り立つ．これを**メネラウスの定理**という．

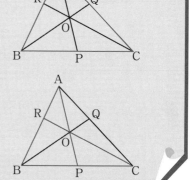

解答

(1) 三角形 ABC にチェバの定理を用いて，

$$\frac{BR}{RC} \cdot \frac{CQ}{QA} \cdot \frac{AP}{PB} = 1$$

$$\frac{BR}{RC} \cdot \frac{1}{3} \cdot \frac{1}{2} = 1$$

$$\frac{BR}{RC} = \frac{6}{1}$$

よって，

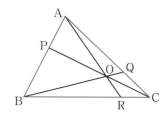

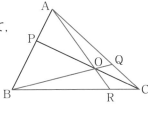

$$BR : RC = 6 : 1.$$

(2) 三角形 BCQ と直線 RA にメネラウスの定理を用いて,

$$\frac{CA}{AQ} \cdot \frac{QO}{OB} \cdot \frac{BR}{RC} = 1$$

$$\frac{4}{3} \cdot \frac{QO}{OB} \cdot \frac{6}{1} = 1$$

$$\frac{QO}{OB} = \frac{1}{8}$$

よって,

$$BO : OQ = 8 : 1.$$

参考

　メネラウスの定理を設問以外の線分に用いることにより,
その他の線分の比を求めることができる. ここで, AO : OR
を求めてみよう. 三角形 ABR と直線 PC にメネラウスの定
理を用いると,

$$\frac{BC}{CR} \cdot \frac{RO}{OA} \cdot \frac{AP}{PB} = 1$$

$$\frac{7}{1} \cdot \frac{RO}{OA} \cdot \frac{1}{2} = 1$$

$$\frac{RO}{OA} = \frac{2}{7}$$

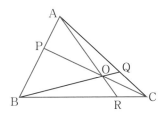

よって,

$$AO : OR = 7 : 2.$$

　このように辺と辺の比を求めることができ, それを用いて
三角形の面積の比を計算する問題もある.

解いてみよう㊻　　答えは別冊 54 ページへ

　三角形 ABC の辺 AB を 3 : 2 に内分する点を P, 辺 BC を 3 : 2 に内分する点を
R とする. 線分 CP と線分 AR の交点を O, 直線 BO と辺 CA の交点を Q とする.
(1) AQ : QC を求めよ.
(2) AO : OR を求めよ.
(3) 三角形 OAP と三角形 OCR の面積比を求めよ.

2円の位置関係，共通接線

---

(1)　半径 11，7 の 2 つの円 C_1，C_2 があり，2 つの円の中心間距離を d とする．

　C_1，C_2 が次のような位置関係にあるとき，d の値，または，d のとり得る値

　の範囲を求めよ．

　(i)　C_1，C_2 が外接するとき．

　(ii)　C_1，C_2 が 2 点で交わるとき．

(2)　直線 AB は円 O_1，O_2 の共通接線であり，A，

　B は接点である．このとき，線分 AB の長さ

　を求めよ．

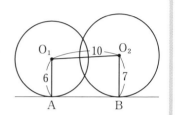

基本事項

① 2 円の位置関係（$r < R$ のとき，半径 r，R の 2 円とその中心間の距離 d に

　ついて）

　⑦ 共有点を持たない．　　④ 外接する．　　⑨ 2 点で交わる．

　　$d > R + r$.　　　　　　$d = R + r$.　　　　$|R - r| < d < R + r$.

　② 内接している．　　⑦ 一方が他方の内側にある．

　　$d = |R - r|$.　　　　　　$d < |R - r|$.

(1)(i)　C_1 と C_2 が外接するとき，
$$d = 11 + 7.$$
$$\therefore \quad \boldsymbol{d = 18}.$$

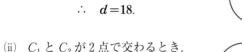

(ii)　C_1 と C_2 が2点で交わるとき，
$$11 - 7 < d < 11 + 7.$$
$$\therefore \quad \boldsymbol{4 < d < 18}.$$

三角形の成立条件を用いている！

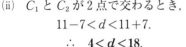

$O_2H = O_2B - HB$
$= 7 - 6$
$= 1.$

(2)　O_1 から線分 O_2B へ下ろした垂線の足を H とする．このとき，$O_1H = AB$ である．三角形 O_1O_2H に三平方の定理を用いて，

$\triangle O_1O_2H$ に注目する！！

$$O_1H = \sqrt{10^2 - 1^2} = \sqrt{(10+1)(10-1)}$$
$$= 3\sqrt{11}.$$

よって，
$$AB = \boldsymbol{3\sqrt{11}}.$$

解いてみよう⑱　　答えは別冊54ページへ

第9章

(1)　中心を O_1, O_2, O_3 とする3つの円 C_1, C_2, C_3 が図のように接している．C_1 と C_2, C_1 と C_3 の接点をそれぞれ P, Q とし，$O_1O_3 = 7$, $O_2O_3 = 9$, C_1 の半径を10とするとき，O_1O_2 の長さを求めよ．

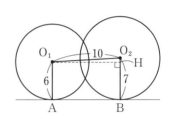

(2)　図のように外接する2つの円があり，大きい方の円の半径は5である．このとき，小さい方の円の半径 r の値を求めよ．

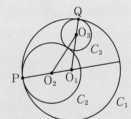

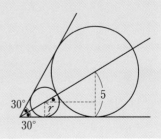

円周角の定理，円周角の定理の逆

---

(1) O を各円の中心とする．次の角度 α, β を求めよ．

(i)

(ii)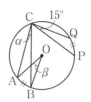

(iii)

(弧AB＝弧PQ とする)

(2) 三角形 ABC と三角形 DEC は相似な三角形であるとする．また，図において辺 AB と辺 DE の交点を点 P とするとき，4 点 A, P, C, D は同一円周上にあることを示せ．

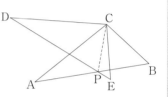

 基本事項

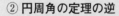

① 円周角の定理

同じ弧に対する円周角の大きさは等しい．このとき円周角の大きさはその弧に対する中心角の大きさの半分である．

$\angle AP_1B = \alpha$ とすると

$\angle AP_1B = \angle AP_2B = \alpha$, $\angle AOB = 2\alpha$.

② 円周角の定理の逆

2 点 C, D が直線 AB に対して同じ側にあるとき，

$$\angle ACB = \angle ADB$$

ならば，4 点 A, B, C, D は同じ円周上にある．

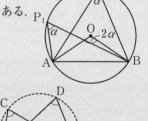

 解答

(1)(i) 円周角の定理より，$2\alpha = 140°$.

$$\therefore \quad \boldsymbol{\alpha = 70°}.$$

また，四角形 ABOC の内角の和は 360° だから，

$$70°+\beta+(360°-140°)+30°=360°.$$

$$\therefore \quad \beta=40°.$$

> 四角形の内角の和は 360°
> である！

(ii) 弧 AB＝弧 PQ，円周角の定理より，$\alpha=15°$，

$$\beta=2\alpha=30°.$$

(iii) 弧 AD に対する円周角より

$$\beta=\angle\mathrm{ACD}=30°.$$

三角形 CDP の内角の和は 180° だから，

$$\angle\mathrm{CDP}=180°-(75°+30°)=75°.$$

弧 BC に対する円周角より

$$\alpha=\angle\mathrm{BDC}=\angle\mathrm{CDP}=75°.$$

(2) △ABC∽△DEC より　∠BAC＝∠EDC.

> 記号「∽」は，2 つの図形
> が相似であることを表す.

すなわち，∠PAC＝∠PDC.

よって，円周角の定理の逆より，4 点 A, P, C, D は同一円周上にある.　　　（証明終り）

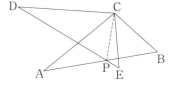

参考 同様に　∠ABC＝∠DEC.

すなわち，

$$\angle\mathrm{PBC}=\angle\mathrm{PEC}.$$

よって，円周角の定理の逆より 4 点 B, C, P, E も同一円周上にある.

解いてみよう⑲　答えは別冊 55 ページへ

答えは別冊 55 ページへ

(1) 円の中心を O，線分 AC，BD の交点を P とする.
このとき，図の角度 α，β を求めよ.

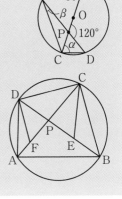

(2) 円に内接する四角形 ABCD について，辺 AD と辺 BC は平行でないとする. このとき，点 C, D からそれぞれ辺 AD, BC に平行な直線を引き，これらが対角線 BD, AC と図のように交わるとき，その交点を点 E, F とする. このとき，4 点 C, D, E, F は同一円周上にあることを示せ.

円に内接する四角形

次の角度 α, β を求めよ.

(1)

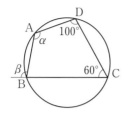

(2)

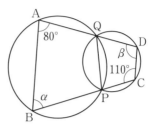

(3)

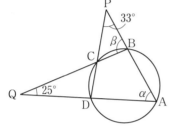

基本事項

円に内接する四角形について,

① 向かい合う内角の和は180°.

② 1つの内角は, それに向かい合う内角の隣りにある外角に等しい.

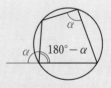

解答

(1) 四角形 ABCD は円に内接するから,

$$\alpha + 60° = 180°.$$

$$\therefore \quad \alpha = 120°.$$

また, $\angle ABC = 180° - \angle ADC = 180° - 100° = 80°$ より,

$$\beta = 100°.$$

> 円に内接する四角形の向かい合う内角の和は180°だね!

(2) 四角形 ABPQ は円に内接するので,

$$\angle\text{BPQ} = 180° - \angle\text{BAQ} = 180° - 80° = 100°.$$
$$\beta = \angle\text{BPQ} = \textbf{100°}.$$

同様に，四角形 CDQP は円に内接するので，

> 円に内接する四角形の性質
> を2回使う！

$$\angle\text{DQP} = 180° - \angle\text{PCD} = 180° - 110° = 70°.$$
$$\boldsymbol{\alpha} = \angle\text{DQP} = \textbf{70°}.$$

(3) 四角形 ABCD は円に内接するので，

> 円に内接する四角形の
> 性質から，
> $\angle\text{BCD} = 180° - \alpha$
> だね！

$$\angle\text{BCP} = \alpha, \quad \angle\text{DCQ} = \alpha.$$

また，$\angle\text{CPB} = 33°$，$\angle\text{CQD} = 25°$ なので，

$$\angle\text{ABC} = \alpha + 33°. \quad \angle\text{ADC} = 25° + \alpha.$$

よって，

$$\angle\text{ABC} + \angle\text{ADC} = 2\alpha + 33° + 25°.$$

四角形 ABCD は円に内接するので，$2\alpha + 33° + 25° = 180°$.

$$\therefore \quad \boldsymbol{\alpha} = \textbf{61°}.$$

また，$\boldsymbol{\beta} = \angle\text{ADC} = 25° + \alpha$
$$= \textbf{86°}.$$

解いてみよう⑦

答えは別冊 55 ページへ

(1) 次の図の角度 α, β を求めよ.

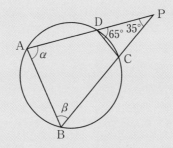

(2) 図のように，AB＞AC である三角形 ABC の辺 BC 上に AD＝AC となるように点 D をとり，三角形 ADC の外接円と辺 AB との交点を E とする.

このとき，三角形 ADE と三角形 ABD が相似であることを示せ.

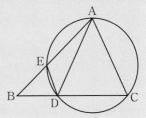

接線と弦のなす角（接弦定理）

(1) 次の角度 α, β を求めよ.

(i)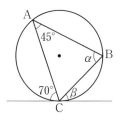

(ii)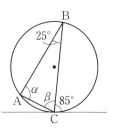

(2) 円 O に円の外側の点 P から2本の接線を引き，その接点をそれぞれ点 A, B とする. 円 O 上に直線 AB に関して P とは反対側に点 C をとる. $\angle APB = 40°$ のとき，$\angle ACB$ を求めよ.

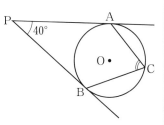

基本事項

接線と弦のなす角 （接弦定理）

$$「\angle BAT = \angle BTP = \alpha」$$

$A'T$ が直径となる A' を考える.
円周角の定理から $\angle BAT = \angle BA'T$.
$A'T$ が直径なので，$\angle A'BT = 90°$ である
から，$\angle BA'T + \angle A'TB = 90°$.
$\angle A'TP = \angle BTP + \angle A'TB = 90°$.
　よって，$\angle BTP = \angle BA'T = \alpha$.

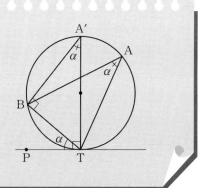

(1)(i) 接線と弦のなす角の性質より，
$$\alpha = 70°,$$
$$\beta = 45°.$$

(ii) 接線と弦のなす角の性質より，

上の証明をくり返し練習して図形が見えるようにすると解きやすくなるよ！

$$\alpha = 85°.$$

また，三角形 ABC の内角の和は 180° だから，

$$85° + 25° + \beta = 180°.$$

$$\therefore \quad \beta = 70°.$$

(2)　AP，BP は円の接線だから，

$$\angle OAP = \angle OBP = 90°.$$

また，OA＝OB だから，

三角形 OAP と三角形 OBP は合同な三角形なので

$$AP = BP.$$

よって，三角形 PAB は二等辺三角形となるから，

> △PAB が二等辺三角形だと気づくのが大切だね！

$$\angle PAB = \angle PBA = \frac{180° - 40°}{2} = 70°.$$

接線と弦のなす角の性質より

$$\angle ACB = \mathbf{70°}.$$

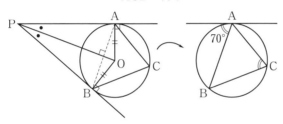

別解　$\angle AOB = 360° - 40° - 90° \cdot 2 = 140°.$

円周角の定理により，

$$\angle ACB = \frac{1}{2}\angle AOB = 70°.$$

解いてみよう⑦1　答えは別冊 55 ページへ

AB を直径とする半径 3 の円 O がある．図の点 C における O の接線に点 A から垂線 AD を下ろすとき，

(1)　三角形 ABC と三角形 ACD が相似であることを示せ.

(2)　AC＝5 のとき，線分 AD と線分 CD の長さを求めよ.

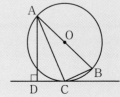

166

方べきの定理

下図において x を求めよ．ただし，(3)で直線 PT は円の接線で，T は接点である．

(1)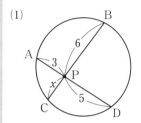

(2)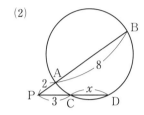

(3)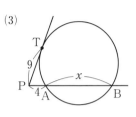

基本事項

方べきの定理

① 点 P を通る 2 直線が，円とそれぞれ
2 点 A，B と 2 点 C，D で交わるとき，
$$PA \cdot PB = PC \cdot PD.$$

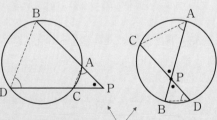

△PAC∽△PDB より，
PA : PD = PC : PB だから，
$$PA \cdot PB = PC \cdot PD.$$

② 点 P を通る 2 直線の一方が円
と 2 点 A，B で交わり，もう
一方が点 T で接するとき，
$$PA \cdot PB = PT^2.$$

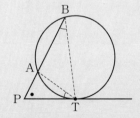

また，② に対しては，
△PTA∽△PBT．
PA : PT = PT : PB．
$$PA \cdot PB = PT^2.$$

解答

(1)　方べきの定理より，$PA \cdot PD = PB \cdot PC$ だから，

$$3 \cdot 5 = x \cdot 6. \qquad \therefore \quad x = \frac{5}{2}.$$

(2)　方べきの定理より，$PA \cdot PB = PC \cdot PD$ だから，

$$2 \cdot 10 = 3 \cdot (3 + x). \qquad \therefore \quad x = \frac{11}{3}.$$

〈注意!!〉
方べきの定理を
$PA \cdot AB = PC \cdot CD$
と間違える人が多いよ!!

(3)　方べきの定理より，$PA \cdot PB = PT^2$ だから，

$$4 \cdot (4 + x) = 9^2. \qquad \therefore \quad x = \frac{65}{4}.$$

参考

　円と線分の長さがからむ問題では方べきの定理を用いることが多い.

解いてみよう⑫　答えは別冊56ページへ

(1)　右図において x を求めよ.
　　ただし，O は円の中心である.

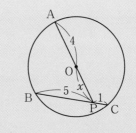

(2)　2つの円 O_1, O_2 が2点 A，B で交わっているとき，弦 AB の延長線上にある点 P からそれぞれに引いた2本の接線を考え，2つの接点を C，D とする. 線分 PC，線分 PD の長さは等しいことを示せ.

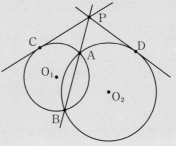

第9章

㉓ 垂心

三角形 ABC の垂心を H とする. 次の図の角の大きさ α, β を求めよ.

(1)

(2)

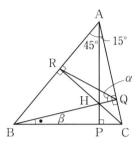

ただし,

$AP \perp BC, BQ \perp CA, CR \perp AB$ とする.

基本事項

三角形の各頂点から対辺, またはその延長に下ろした 3 本の垂線は 1 点で交わる. この点を垂心という. また垂心では以下のことを用いることが多い.

① 三角形の一辺を直径とする円周上に 4 点が存在する.

② 頂点と垂心を直径の端点とする円周上に 4 点が存在する.

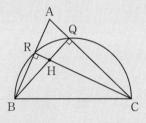

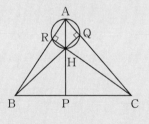

---

(1)(i) 右図のように 3 点 P, Q, R をとる. 点 H は垂心なので,

$\angle ARH = \angle AQH = 90°$.

円周角の定理の逆から, 4

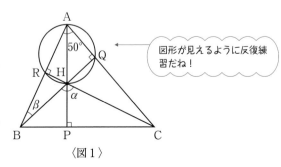

図形が見えるように反復練習だね!

〈図 1 〉

点 A, R, H, Q は同一円周上に存在する.〈図 1〉

このことより,

$$\alpha = \angle BHC = \angle RHQ \text{（対頂角）}$$
$$= 180 - 50°$$
$$= \mathbf{130°}.$$

また,

$$\angle RHB = 180° - 130° = 50°,$$
$$\angle BRH = 90° \text{ なので,}$$
$$\beta = \angle RBH = 90° - 50°$$
$$= \mathbf{40°}.$$

(2)　(1) と同様にして,

4 点 A, R, H, Q は同一円周上の点である.〈図 2〉

円周角の定理から,

$$\alpha = \angle RQH = \angle RAH = \mathbf{45°}.$$

また,

$$\angle QRH = \angle QAH = 15°. \quad \cdots ①$$

さらに,

$$\angle BQC = \angle BRC = 90° \text{ なので}$$

4 点 B, R, Q, C も BC を直径とする同一円周上の点となる.〈図 3〉

① と円周角の定理より,

$$\beta = \angle QRC = \angle QRH = \mathbf{15°}.$$

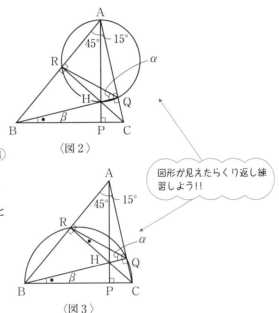

〈図 2〉

〈図 3〉

図形が見えたらくり返し練習しよう!!

答えは別冊 56 ページへ

解いてみよう㉚

鋭角三角形 ABC の垂心を H とする. 頂点 A, B, C から対辺に下ろした垂線の足を P, Q, R とするとき,

(1)　$\angle QAH = \angle QRH$, $\angle PBH = \angle PRH$ であることを示せ.

(2)　$\angle QAH = \angle PBH$ となることを示せ.

(3)　点 H は三角形 PQR の内心であることを示せ.

第 9 章　テスト対策問題

1 右図において，直線 AB は 2 つの円 O_1, O_2 に点 A，B で接している．円 O_1, O_2 の半径をそれぞれ 4，3 とし $O_1O_1=10$ とするとき，線分 AB の長さを求めよ．

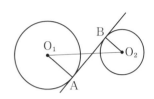

2 右図において，3 つの円 O_1, O_2, O_3 はそれぞれ外接し，一本の直線にそれぞれ点 P，Q，R で接している．円 O_1, O_2 の半径をそれぞれ半径を 5，3 とするとき，O_3 の半径を求めよ． （一橋大　改）

3 三角形 ABC を鋭角三角形とする．三角形 ABC の重心を G，外心を O，垂心を H とする．また，辺 BC の中点を M をとる．このとき，

(1) OM∥AH を示せ．

(2) OM：AH＝1：2 になることを示せ．

(3) 3 点 G，O，H は同一直線上にあることを示せ．

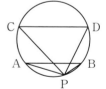

4 図のように，円周上に AB∥CD となる異なる 4 点 A，B，C，D をとる．C，D を含まない弧 AB（両端を除く）上の点 P について，∠APC＝∠BPD となることを示せ．

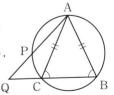

5 AB＝AC の二等辺三角形 ABC の外接円の周上に図のように点 P をとり，2 直線 AP，BC の交点を Q とする．このとき，直線 AB は 3 点 B，P，Q を通る円の接線になることを示せ．

答えは別冊 57～59 ページ

22120

第10章

数学と人間の活動（整数）数学A

学習テーマ		学習時間	はじめる プラン	じっくり プラン	おさらい プラン
⑭	約数と倍数	15分	1日目	1日目	1日目
⑮	最大公約数と最小公倍数	15分			
⑯	ユークリッドの互除法	15分		2日目	2日目
⑰	不定方程式①	15分			
⑱	不定方程式②	20分	2日目	3日目	
⑲	整数の分類	15分			
⑳	合同式	15分	3日目	4日目	3日目
㉑	n 進法	10分			

第10章

㉚ 約数と倍数

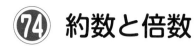

---

(1)　180 の正の約数の個数と総和を求めよ.

(2)　$\sqrt{540n}$ を自然数にするような最小の自然数 n を求めよ.

基本事項

・倍数と約数

　2つの整数 a, b について, ある整数 k を用いて, $a=kb$ と表されるとき, b は a の約数であるといい, a は b の倍数であるという.

・素数と素因数分解

　2以上の整数 p の正の約数が 1 と p の 2 個のみであるとき, p を素数という.

　2以上の整数を素数だけの積の形にすることを素因数分解するという.

・約数の個数とその和

　自然数 N の素因数分解が $N=a^p b^q c^r\cdots$ となるとき, N の正の約数の個数は,
$$(p+1)(q+1)(r+1)\cdots$$
である.

　また, その正の約数の和は, 次式で表される.
$$(a^0+a^1+\cdots+a^p)(b^0+b^1+\cdots+b^q)(c^0+c^1+\cdots+c^r)\cdots$$

---

(1)　180 を素因数分解すると,
$$180=2^2\cdot3^2\cdot5$$
　なので, 正の約数の個数は,
$$(2+1)(2+1)(1+1)=3\cdot3\cdot2=\mathbf{18}\ (個).$$

> 参考で例として 12 の正の約数の個数を具体的に説明するよ!

　また, その約数の和は,
$$(2^0+2^1+2^2)(3^0+3^1+3^2)(5^0+5^1)$$
$$=(1+2+4)(1+3+9)(1+5)$$
$$=7\cdot13\cdot6$$
$$=\mathbf{546}.$$

(2)　$N=\sqrt{540n}$ とおくと,
$$N^2=540n.$$

> 類題がセンター試験で出題されたよ!!

$540n$ が平方数となる n を考える．540 を素因数分解すると，

$$540 = 2^2 \cdot 3^3 \cdot 5^1$$

なので，

$$540n = (2 \cdot 3)^2 \cdot 3 \cdot 5 \cdot n$$

が平方数となる最小の n は，

$$n = 3 \cdot 5 = \mathbf{15}.$$

参考　「12 の正の約数の個数」

　12 の正の約数は，

$$\{1,\ 2,\ 3,\ 4,\ 6,\ 12\}$$

の 6 個というのは具体的に書き出すとわかりやすい．ここで 12 を素因数分解すると　$12 = 2^2 \cdot 3^1$ となる．

　12 の正の約数は，

$$1 = 2^0 \cdot 3^0,\ \ 2 = 2^1 \cdot 3^0,\ \ 3 = 2^0 \cdot 3^1,\ \ 4 = 2^2 \cdot 3^0,\ \ 6 = 2^1 \cdot 3^1,\ \ 12 = 2^2 \cdot 3^1,$$

すなわち，

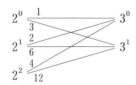

の組合せが約数の個数に等しい．

　よって

　　　　「12 の約数の個数」は，$(2+1)(1+1) = 3 \cdot 2 = 6$（個）.

　この考え方を利用して，約数の個数とその和の式は考えられている．

解いてみよう⑭　　答えは別冊 59 ページへ

(1) $\dfrac{360}{n}$ を整数にする自然数 n の個数とその n の総和を求めよ．

(2) $\sqrt{\dfrac{756}{n}}$ を自然数にするような最小の自然数 n を求めよ．

最大公約数と最小公倍数

---

(1) 108 と 120 の最大公約数 g と最小公倍数 L を求めよ.

(2) 2つの自然数 A, $B(A < B)$ が次の条件をみたすとき, (A, B) の組をすべて求めよ.

「最大公約数が 11, 最大公約数と最小公倍数の積が 726」

基本事項

・互いに素

整数 a, b の最大公約数が 1 のとき, a と b は互いに素であるという.

・最大公約数と最小公倍数

異なる 2つの自然数 A, B が互いに素な 2つの自然数 a, b を用いて,

$$A = g \cdot a, \quad B = g \cdot b$$

で表されるとき, g を A, B の最大公約数といい, gab を最小公倍数という.

---

(1)

$$
\begin{array}{r|rr}
2 & 108 & 120 \\
\hline
2 & 54 & 60 \\
\hline
3 & 27 & 30 \\
\hline
 & 9 & 10
\end{array}
$$

より, 108 と 120 の最大公約数 g は,

$$g = 12.$$

また, 最小公倍数 L は,

$$L = 12 \cdot 9 \cdot 10 = 1080.$$

> 108 の約数は,
> {1, 2, 3, 4, 6, 9, 12, 18, 27, 36, 54, 108}
> 120 の約数は,
> {1, 2, 3, 4, 5, 6, 8, 10, 12, 15, 20, 24, 30, 40, 60, 120}
> 108 と 120 の公約数は
> {1, 2, 3, 4, 6, 12}
> 確かに公約数で最大のものは 12 だね.

(2) A, B の最大公約数を g とすると,

$$
\begin{cases}
A = g \cdot a, \\
B = g \cdot b
\end{cases}
\quad (a, \ b \text{ は互いに素な自然数})
$$

とおける. 条件から,

$$
\begin{cases}
g = 11, \\
g^2 ab = 726
\end{cases}
$$

となるので,

$$ab=6.$$

$A<B$ より，$a<b$ であり，a，b は互いに素な自然数なので，
$$(a,\ b)=(1,\ 6),\ (2,\ 3).$$

よって，
$$(A,\ B)=(11\cdot1,\ 11\cdot6),\ (11\cdot2,\ 11\cdot3)$$
$$=\boldsymbol{(11,\ 66),\ (22,\ 33)}.$$

参考　「最大公約数と最小公倍数」

　108 と 120 の共通な約数をこれらの**公約数**といい，公約数の中で最大のものを**最大公約数**という．

　(1)から，$\begin{cases} 108=12\cdot9 \\ 120=12\cdot10. \end{cases}$

と表され，最大の約数が 12 とわかるので，最大公約数は 12 となる．
このように，異なる 2 つの自然数 A，B に対して，$A=g\cdot a$，
$B=g\cdot b$（a，b は互いに素な自然数）となるとき最大公約数は g となる．

　また，108 と 120 の共通な倍数をこれらの**公倍数**といい，正の公倍数の中で最小のものを**最小公倍数**という．

　（108 の倍数）$=\{12\cdot9\cdot1,\ 12\cdot9\cdot2,\ \cdots,\ 12\cdot9\cdot10,\ \cdots\}$
　（120 の倍数）$=\{12\cdot10\cdot1,\ 12\cdot10\cdot2,\ \cdots,\ 12\cdot10\cdot9,\ \cdots\}$

のように 108 と 120 の最小公倍数は $12\cdot9\cdot10$ となる．
このように，異なる 2 つの自然数 A，B に対して，$A=g\cdot a$，
$B=g\cdot b$（a，b は互いに素な自然数）となるとき最小公倍数は
$g\cdot a\cdot b$ となる．

第10章

解いてみよう⑦⑤　答えは別冊 60 ページへ

　横 84 cm，縦 90 cm の板がある．このとき，
(1)　同じ大きさのこの板を同じ向きにすき間なく敷き詰めて正方形をつくるとき，その最も小さい正方形の 1 辺の長さは何 cm か．
(2)　この板 1 枚に，同じ大きさの正方形のタイルをすき間なく敷き詰めるとき，最も大きい正方形のタイルの 1 辺の長さは何 cm か．また，そのときタイルは何枚必要になるか．

ユークリッドの互除法

ユークリッドの互除法を用いて，次の2つの数の最大公約数を求めよ．

(1) 84, 204.　　　　　　　(2) 166, 299.

(3) 399, 1083.

基本事項

以下，a, b を正の整数とし，a, b の最大公約数を (a, b) と表すことにする．a を b で割った商を q 余りを r とする．すなわち，

$$a = bq + r \quad (0 \leq r < b).$$

このとき，

(1) $r \neq 0$ のとき，$(a, b) = (b, r)$

(2) $r = 0$ のとき，$(a, b) = b$.

　これは，$r \neq 0$ のとき，a と b の最大公約数は b と r の最大公約数に等しいことを意味する．

(1) ユークリッドの互除法より，

$$204 = 84 \times 2 + 36,$$
$$84 = 36 \times 2 + 12,$$
$$36 = 12 \times 3.$$

計算練習が大切だよ！

となり，204 と 84 の最大公約数は，36 と 12 の最大公約数に等しいので，

12.

(2) ユークリッドの互除法より，

$$299 = 166 \times 1 + 133,$$
$$166 = 133 \times 1 + 33,$$
$$133 = 33 \times 4 + 1$$

数が大きいと最大公約数は見つけにくい．

となり，299 と 166 の最大公約数は，33 と 1 の最大公約数に等しいので，

1.

(3)　ユークリッドの互除法より，

$$1083 = 399 \times 2 + 285,$$
$$399 = 285 \times 1 + 114,$$
$$285 = 114 \times 2 + 57,$$
$$114 = 57 \times 2$$

> 数を小さくして最大公約数をさがそう！

となり，1083 と 399 の最大公約数は，114 と 57 の最大公約数に等しいので，

57.

参考 〈a と b の最大公約数と b と r の最大公約数〉

　a, b を正の整数とし，a を b で割った商を q，余りを r とする．a と b の最大公約数と b と r の最大公約数が等しいことを示してみよう．

　まず，a, b, r には次の式が成り立つ．

$$a = bq + r \quad (0 \leq r < b) \qquad \cdots ①$$

　a と b の最大公約数を g とすると，

$$a = g \cdot a', \quad b = g \cdot b' \quad (a', b' \text{ は互いに素な整数}).$$

と表せる．

　① から，$r = a - bq = g(a' - b'q)$．

　このとき，b' と $a' - b'q$ が互いに素なので，b と r の最大公約数も

$$g$$

となる．

> b' と $a' - b'q$ が互いに素でないとすると，
> $b' = g_1 \cdot B$, $a' - b' \cdot q = g_1 \cdot C$
> （g_1 は $g_1 > 1$ となる整数）
> これより
> $a' = b' \cdot q + g_1 \cdot C$
> 　$= g_1(B \cdot q + C)$.
> これは a', b' が互いに素に矛盾だね．

第10章

解いてみよう 76

答えは別冊 60 ページへ

　n を自然数とするとき，$5n + 34$ と $3n + 18$ の最大公約数が 6 となる 30 以下の自然数 n をすべて求めよ．

不定方程式①

次の式をみたす整数の組 (x, y) を求めよ.

(1) $3x-5y=1.$　　　(2) $71x-27y=1.$

基本事項

・2元1次不定方程式　$ax+by=c$　…(∗)

$a,\ b,\ c$ を整数，$a,\ b$ が互いに素な整数のとき，次の手順で問題を解く.

① (∗)をみたす $(x, y)=(x_1, y_1)$ を1組.

② (∗)から，(x_1, y_1) を(∗)に代入した式を引く.

③ $a(x-x_1)=-b(y-y_1)$ と $a,\ b$ が互いに素であることを利用して，整数の組 (x, y) を求める.

・整数問題の解法のコツ！

ユークリッドの互除法を用いて，方程式の解を求める.

(1) $3x-5y=1$　　　…①

① を満たす (x, y) は $(2, 1)$ なので，

$3\cdot2-5\cdot1=1$　　　…②

まずは，① をみたす (x, y) を1組みつける!!

①-② より，
$$3(x-2)-5(y-1)=0,$$
$$3(x-2)=5(y-1),$$

3 と 5 は互いに素な整数なので，
$$\begin{cases} x-2=5k, \\ y-1=3k \end{cases} \quad (k：整数)$$

$x-2$ は5の倍数，$y-1$ は3の倍数となる.

とおける.
　よって，
$$\begin{cases} x=5k+2, \\ y=3k+1. \end{cases} \quad (k：整数)$$

(2) ユークリッドの互除法を用いて，
$$71=27\cdot2+17.$$
$$27=17\cdot1+10.$$
$$17=10\cdot1+7.$$

ユークリッドの互除法はたくさん練習しよう!!

$$10 = 7 \cdot 1 + 3.$$
$$7 = 3 \cdot 2 + 1.$$

これより,

$$17 = 71 - 27 \cdot 2.$$
$$10 = 27 - 17 \cdot 1.$$
$$7 = 17 - 10 \cdot 1.$$
$$3 = 10 - 7 \cdot 1.$$
$$1 = 7 - 3 \cdot 2.$$

> $71 = 27 \cdot 2 + 17$ を
> $71 - 27 \cdot 2 = 17$ とし
> $17 = 71 - 27 \cdot 2$ とした.
> 以下も同じだよ!!

これらを用いて,

$$1 = 7 - \underset{\sim}{3} \cdot 2$$
$$= 7 - (10 - 7 \cdot 1) \cdot 2$$

> $3 = 10 - 7 \cdot 1$ を代入した!!

$$= 10(-2) + \underset{\sim}{7} \cdot 3$$
$$= 10(-2) + (17 - 10 \cdot 1) \cdot 3$$

> $7 = 17 - 10 \cdot 1$ を代入した!!

$$= 17 \cdot 3 + \underline{10}(-5)$$
$$= 17 \cdot 3 + (27 - 17 \cdot 1)(-5)$$

> $10 = 27 - 17 \cdot 1$ を代入した!!

$$= 27(-5) + \underset{\sim}{17} \cdot 8$$
$$= 27(-5) + (71 - 27 \cdot 2) \cdot 8$$

> $17 = 71 - 27 \cdot 2$ を代入した!!

$$= 71 \cdot 8 + 27(-21).$$

> この計算は大切だヨ!!
> たくさん練習しよう!

以上から,

$$71x - 27y = 1, \qquad \cdots ①$$
$$71 \cdot 8 + 27 \cdot (-21) = 1. \qquad \cdots ②$$

① − ② より,

$$71(x - 8) - 27(y - 21) = 0.$$
$$71(x - 8) = 27(y - 21).$$

> $x - 8$ は 27 の倍数,
> $y - 21$ は 71 の倍数となる.

71 と 27 は互いに素な整数なので,

$$\begin{cases} x - 8 = 27k, \\ y - 21 = 71k. \end{cases} \quad (k : 整数)$$

とおける. よって,

$$\begin{cases} x = 27k + 8, \\ y = 71k + 21. \end{cases} \quad (k : 整数)$$

第
10
章

解いてみよう⑰　答えは別冊 61 ページへ

次の式をみたす整数の組 (x, y) を求めよ.

(1) $7x + 3y = 1.$　　　　(2) $3x - 5y = 13.$

(3) $131x - 31y = 1.$

180

 不定方程式②

次の式をみたす整数の組 (x, y) を求めよ.

(1) $xy-3x-2y=-1$.　　(2) $(x+y)(x-y)=3$.

(3) $x^2+3y^2=9$.

基本事項

・**整数問題の解法のコツ！**

整数の問題を解くときには，以下の作業をすることが多い.

① 積の形に変形する.（$AB=C$）

② 条件から，値を絞る.

 解答

(1) 与式より，

$$xy-3x-2y=-1.$$
$$xy-3x-2y+6=5.$$
$$(x-2)(y-3)=5.$$

両辺に 6 を加えた!!

x, y は整数なので，$x-2$, $y-3$ も整数. よって，上の式を満たす整数 (x, y) は，

$(x-2, y-3)=(1, 5), (5, 1), (-1, -5), (-5, -1)$.

$(\boldsymbol{x}, \boldsymbol{y})=(\boldsymbol{3}, \boldsymbol{8}), (\boldsymbol{7}, \boldsymbol{4}), (\boldsymbol{1}, \boldsymbol{-2}), (\boldsymbol{-3}, \boldsymbol{2})$.

(2) x, y が整数なので，$x+y$, $x-y$ も整数. よって，

$(x+y, x-y)=(1, 3), (3, 1), (-1, -3), (-3, -1)$.

$(x+y, x-y)=(a, b)$ のとき，

$$(x, y)=\left(\frac{a+b}{2}, \frac{a-b}{2}\right).$$

これを用いて，

$(x, y)=(2, -1), (2, 1), (-2, 1), (-2, -1)$.

このうち，x, y が整数となるのは，

$(\boldsymbol{x}, \boldsymbol{y})=(\boldsymbol{2}, \boldsymbol{-1}), (\boldsymbol{2}, \boldsymbol{1}), (\boldsymbol{-2}, \boldsymbol{1}), (\boldsymbol{-2}, \boldsymbol{-1})$.

(3) $x^2 = 3(3 - y^2) \geqq 0$ より，与式をみたす整数 y は，
$$y = -1, \ 0, \ 1$$

のみ.

y の値を絞ったよ!!

$y = \pm 1$ のとき，$x^2 = 6$ より，$x = \pm\sqrt{6}$ となり不適.

$y = 0$ のとき，$x^2 = 9$ より，$x = \pm 3$.

よって，$x^2 + 3y^2 = 9$ を満たす整数の組 (x, y) は，
$$(3, \ 0), \ (-3, \ 0).$$

参考 〈「$xy + Ax + By$」型の変形〉

(1)のように，$xy + Ax + By$ の形の式変形には慣れておきたい.

この式変形をするときに大切なことは，

① xy の係数を 1 にする.

② x，y の係数 A，B に注目して，式変形を行う. すなわち，
$$\begin{aligned}
xy + Ax + By &= x(y + A) + By \\
&= x(y + A) + By + AB - AB \\
&= x(y + A) + B(y + A) - AB \\
&= (x + B)(y + A) - AB
\end{aligned}$$

のように式変形を考える.

また，
$$\begin{aligned}
xy + Ax + By &= (x + \bigcirc)(y + \triangle) - \bigcirc\triangle \\
&= (x + B)(y + A) - AB
\end{aligned}$$

のように，式変形の形を覚え，$\bigcirc$ と $\triangle$ の部分に入る値を逆算してもよい.

解いてみよう㉘ 答えは別冊61ページへ

次の式をみたす整数の組 (x, y) を求めよ.

(1) $xy - 2x + 3y = 0$.　　(2) $x^2 + y^2 = 25$.

(3) $\dfrac{2}{x} + \dfrac{3}{y} = 1$（ただし，$0 < x \leqq y$ とする）.

整数の分類

n を自然数とするとき，次の式の値が「6 の倍数である」ことを示せ．

(1) $n(n^2-1)$.

(2) $n(n+1)(2n+1)$.

基本事項

・整数の分類

すべての整数を，ある正の整数 m で割ったときの余りで分類すると，

$$mk,\ mk+1,\ mk+2,\ \cdots,\ mk+m-1$$

で表せる．

例えば，整数 n を 2 で割った余りは，0 もしくは 1 であるので，

$$n=\begin{cases}2k, \\ 2k+1\end{cases}\ (k：整数)$$

と表せる．

$n(n+1)$ は連続する 2 整数の積なので，$n,\ n+1$ のどちらか 1 つは 2 の倍数． $\cdots$ ①

また，すべての自然数 n を自然数 k を用いて，

$$n=\begin{cases}3k, \\ 3k-1,\quad とおく． \\ 3k-2\end{cases}$$

(1) $N_1=n(n^2-1)=(n-1)n(n+1)$ とおく． ←

> N_1 は ① から 2 の倍数だから，次は 3 の倍数でもあることを示す．

(i) $n=3k$ のとき，

$$N_1=(3k-1)\cdot 3k(3k+1)$$

より，N_1 は 3 の倍数．

(ii) $n=3k-1$ のとき，

$$N_1=(3k-2)(3k-1)\cdot 3k$$

より，N_1 は 3 の倍数．

(iii) $n=3k-2$ のとき，

$$N_1=(3k-3)(3k-2)(3k-1)$$

より，N_1 は 3 の倍数.

以上から，N_1 は 3 の倍数となる. また，① から N_1 は 2 の倍数でもあり，2 と 3 は互いに素な整数なので，N_1 は **6 の倍数**.

(2)　$N_2 = n(n+1)(2n+1)$ とおく. ←

> N_2 は ① から 2 の倍数だから，次は 3 の倍数でもあることを示す.

　(i)　$n = 3k$ のとき，
$$N_2 = 3k(3k+1)(6k+1)$$
　　より，N_2 は 3 の倍数.

　(ii)　$n = 3k-1$ のとき，
$$N_1 = (3k-1)3k(6k-1)$$
　　より，N_2 は 3 の倍数.

　(iii)　$n = 3k-2$ のとき，
$$N_2 = (3k-2)(3k-1)(6k-3)$$
$$= (3k-2)(3k-1)\cdot 3(2k-1)$$
　　より，N_2 は 3 の倍数.

　以上から，N_2 は 3 の倍数となる. また，① から N_2 は 2 の倍数でもあり，2 と 3 は互いに素な整数なので，N_2 は **6 の倍数**.

参考　「整数の分類」

　整数の分類は，ある正の整数 m で割った余りに注目して分類する. 余りを r とすると，余りは，
$$r = 0,\ 1,\ 2,\ \cdots,\ m-1$$
の m 通りある.

第10章

解いてみよう⑦⑨　答えは別冊 62 ページへ

　自然数 a, b, c が，$a^2 + b^2 = c^2$ をみたすとき，次のことを示せ.

(1)　c が偶数のとき，a, b はともに偶数.

(2)　a, b の少なくとも 1 つが 3 の倍数.

⑧⓪ 合同式

合同式を用いて，次の式を7で割った余りを求めよ．

(1) 13×33 (2) 1975

(3) 22^{429}

基本事項

自然数 A を正の整数 m で割った余りを α とする．すなわち，

$$A = k \cdot m + \alpha \quad (k : \text{整数})$$

これを合同式では，

$$A \equiv \alpha \pmod{m}$$

と表し，「A と α は m を法として合同である」という．

また，$A \equiv \alpha \pmod{m}$，$B \equiv \beta \pmod{m}$ が成り立つとき，合同式には以下の法則が成り立つ．

① $A \pm B \equiv \alpha \pm \beta \pmod{m}$

② $A \cdot B \equiv \alpha \cdot \beta \pmod{m}$

③ $A^n \equiv \alpha^n \pmod{m}$

解答

(1) $13 \equiv 6 \pmod 7$

$33 \equiv 5 \pmod 7$ より，

$$13 \cdot 33 \equiv 6 \cdot 5 \pmod 7$$
$$\equiv 30 \pmod 7$$
$$\equiv 2 \pmod 7.$$

よって，$13 \cdot 33 = 429$ を7で割った余りは，

2.

(2) $$10 \equiv 3 \pmod 7.$$

$$10^2 \equiv 3^2 \pmod 7$$
$$\equiv 9 \pmod 7$$
$$\equiv 2 \pmod 7.$$

合同式は $A = km + \alpha$ を意識して見るとよい．

$\begin{cases} 13 = 7 \cdot 1 + 6, \\ 33 = 7 \cdot 4 + 5. \end{cases}$
$13 \cdot 33 = (7 \cdot 1 + 6)(7 \cdot 4 + 5)$
$= 7(7 \cdot 4 + 5 + 24) + 6 \cdot 5$
$= 7 \cdot 57 + 30$
$= 7(57 + 4) + 2.$
余りに注目している！！

$$10^3 = 10^2 \cdot 10$$
$$\equiv 2 \cdot 3 \pmod 7$$
$$\equiv 6 \pmod 7.$$

これらを用いて,
$$1975 = 10^3 + 9 \cdot 10^2 + 7 \cdot 10 + 5$$
$$\equiv 6 + 2 \cdot 2 + 0 \cdot 3 + 5 \pmod 7$$
$$\equiv 15 \pmod 7$$
$$\equiv 1 \pmod 7.$$

よって, 1975 を 7 で割った余りは,
$$\mathbf{1}.$$

(3)　$22 \equiv 1 \pmod 7$ なので,
$$22^{429} \equiv 1^{429} \pmod 7$$
$$\equiv 1 \pmod 7.$$

よって, 22^{429} を 7 で割った余りは,
$$\mathbf{1}.$$

解いてみよう⑧⓪　答えは別冊 63 ページへ

　自然数 a, b, c が, $a^2 + b^2 = c^2$ をみたすとき,「合同式を用いて」次のことを示せ.

(1)　c が偶数のとき, a, b はともに偶数.

(2)　a, b の少なくとも 1 つが 3 の倍数.

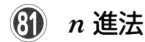 n 進法

10 を 2 進法で表すとき，$10_{(10)}=1\cdot2^3+1\cdot2^1+0\cdot2^0=1010_{(2)}$ とする．このとき，

(1) $75_{(10)}$ を 2 進法で表せ．

(2) $10111_{(2)}$ を 10 進法で表せ．

(3) $1201_{(3)}$ を 2 進法で表せ．

(4) $10121_{(3)}$ を 10 進法で表せ．

基本事項

・**2 進法**

例えば，11 の場合

$$11=8+2+1$$
$$=1\cdot2^3+0\cdot2^2+1\cdot2^1+2^0$$
$$=1011_{(2)}$$

のように，数量を 2 ずつにまとめて数えていく方法を 2 進法という．

・**3 進法**

例えば，11 の場合

$$11=9+2$$
$$=1\cdot3^2+0\cdot3^1+2\cdot3^0$$
$$=102_{(3)}$$

のように，数量を 3 ずつにまとめて数えていく方法を 3 進法という．

解答

(1) 75 を数量を 2 ずつにまとめて数えて

$$75=64+8+2+1$$
$$=2^6+2^3+2^1+2^0$$
$$=\mathbf{1001011}_{(2)}.$$

> 2 進法は 2 の累乗を用いて表す．

(2) $10111_{(2)}$ を 10 進法で表す．

$$10111_{(2)}=1\cdot2^4+0\cdot2^3+1\cdot2^2+1\cdot2^1+1\cdot2^0$$
$$=16+4+2+1$$
$$=\mathbf{23}.$$

(3) 3 進法を 10 進法に表し，その数を 2 進法で表す． $\longleftarrow$

> 3 進法は 3 の累乗を用いて表す

$$\begin{aligned} 1201_{(3)} &= 1\cdot3^3+2\cdot3^2+0\cdot3^1+1\cdot3^0 \\ &= 27+18+1 \\ &= 46 \\ &= 32+8+4+2 \\ &= 2^5+2^3+2^2+2^1 \\ &= \mathbf{101110}_{(2)}. \end{aligned}$$

(4) $10121_{(3)}$ を 10 進法で表す．

$$\begin{aligned} 10121_{(3)} &= 1\cdot3^4+0\cdot3^3+1\cdot3^2+2\cdot3^1+1\cdot3^0 \\ &= 81+9+6+1 \\ &= \mathbf{97}. \end{aligned}$$

解いてみよう㊽　　答えは別冊 64 ページへ

2 進法，3 進法で表される次式を計算せよ．

(1) $1101_{(2)}+1011_{(2)}$.

(2) $1201_{(3)}+202_{(3)}$.

第10章 テスト対策問題

1　756 の正の約数について，　　　　　　　　　　　　　　（センター試験 改）

(1)　約数の個数を求めよ．

(2)　約数の総和を求めよ．

2　次の条件をみたす自然数の組 $(a, b)(a < b)$ をすべて求めよ．

(1)　最大公約数が 13，最小公倍数が 156．

(2)　最大公約数が 17，a と b の和が 85．

3　次の式をみたす自然数の組 (x, y) を求めよ．

(1)　$126x - 11y = 1$．　　　　　　　　　　　　　　　　（センター試験）

(2)　$x^2 + 3y^2 = 21$．

(3)　$\dfrac{2}{x} + \dfrac{3}{y} = \dfrac{1}{2}$．

4　n を自然数とするとき，$n^5 - n$ が 30 の倍数であることを示せ．

5　n を自然数とするとき，次の 2 つの数が互いに素であることをユークリッドの互除法を用いて示せ．

$$7n^2 + 9n + 3, \quad 7n + 4$$

6　10 進法の 115 を n 進法で表すと $163_{(n)}$ となる自然数 n を求めよ．

答えは別冊 64〜66 ページ

ベイシス数学IA

基本例題からきちんと学べる数学

改訂版

解答・解説編

河合出版

ベイシス数学IA
基本例題からきちんと学べる数学

改訂版

解答・解説編

河合出版

第1章　数と式

①.

(1) $\left(x+\dfrac{4}{y}\right)\left(\dfrac{3}{x}+y\right)$

$=\left(x+\dfrac{4}{y}\right)\cdot\dfrac{3}{x}+\left(x+\dfrac{4}{y}\right)\cdot y$

$=x\cdot\dfrac{3}{x}+\dfrac{4}{y}\cdot\dfrac{3}{x}+xy+\dfrac{4}{y}\cdot y$

$=3+\dfrac{12}{xy}+xy+4$

$=\boldsymbol{xy+\dfrac{12}{xy}+7}.$

(2) $(\sqrt{3}+\sqrt{2})^2+(\sqrt{3}-\sqrt{2})^2$

$=(\sqrt{3})^2+2\sqrt{3}\cdot\sqrt{2}+(\sqrt{2})^2$

$\qquad+(\sqrt{3})^2-2\sqrt{3}\cdot\sqrt{2}+(\sqrt{2})^2$

$=3+2\sqrt{6}+2+3-2\sqrt{6}+2$

$=\boldsymbol{10}.$

(3) $(t^3+2)(t^3-2)$

$=(t^3)^2-2^2=t^{3\cdot2}-2^2$

$=\boldsymbol{t^6-4}.$

(4) $(3a-b+2c)^2$

$=\{3a+(-b)+2c\}^2$

$=(3a)^2+(-b)^2+(2c)^2$

$\qquad+2(3a)(-b)+2(-b)(2c)$

$\qquad+2(2c)(3a)$

$=\boldsymbol{9a^2+b^2+4c^2-6ab-4bc+12ca}.$

(p.8 の展開の公式 ⑤ を利用)

②.

(1) $(x-1)(x+1)(x+3)(x+5)$

$=(x-1)(x+5)(x+1)(x+3)$

$=(x^2+4x-5)(x^2+4x+3).$

$X=x^2+4x$ とおくと,

$(与式)=(X-5)(X+3)$

$\qquad=X^2-2X-15$

$\qquad=(x^2+4x)^2-2(x^2+4x)-15$

$\qquad=x^4+8x^3+16x^2-2x^2-8x-15$

$=x^4+8x^3+14x^2-8x-15.$

(2) $(a^2+ab+b^2)(a^2-ab+b^2)$

$\qquad\cdot(a^4-a^2b^2+b^4).$

$A=a^2+b^2$ とおくと,

$(与式)=(A+ab)(A-ab)(a^4-a^2b^2+b^4)$

$\qquad=(A^2-a^2b^2)(a^4-a^2b^2+b^4)$

$\qquad=\{(a^2+b^2)^2-a^2b^2\}(a^4-a^2b^2+b^4)$

$\qquad=(a^4+a^2b^2+b^4)(a^4-a^2b^2+b^4).$

$B=a^4+b^4$ とおくと,

$(与式)=(B+a^2b^2)(B-a^2b^2)$

$\qquad=B^2-a^4b^4=(a^4+b^4)^2-a^4b^4$

$\qquad=\boldsymbol{a^8+a^4b^4+b^8}.$

(3) $(a-1)(a+1)(a^2+a+1)(a^2-a+1)$

$=\underline{(a-1)(a^2+a+1)}\,\underline{(a+1)(a^2-a+1)}$

$=\underline{(a^3-1)}\,\underline{(a^3+1)}=(a^3)^2-1^2$

$=\boldsymbol{a^6-1}.$

③.

(1) $X=x+3$ とおくと,

$(与式)=X^2+6X+9=(X+3)^2$

$\qquad=\{(x+3)+3\}^2$

$\qquad=\boldsymbol{(x+6)^2}.$

(2) x について整理して,

$3x^2+(11y+7)x+6y^2+7y+2.$

定数項が y の2次式なので因数分解
して,

$(定数項)=6y^2+7y+2$

$\qquad=(3y+2)(2y+1).$

$(与式)=3x^2+(11y+7)x+(3y+2)(2y+1)$

$=\boldsymbol{(3x+2y+1)(x+3y+2)}.$

(3) x について整理して,

$6x^2-(9a+31)x+3a^2+29a+18.$

定数項が a の2次式なので因数分解
して,

$(定数項)=3a^2+29a+18$

$\qquad=(3a+2)(a+9).$

$(与式)=6x^2-(9a+31)x+(3a+2)(a+9)$

$$= \{2x-(a+9)\}\{3x-(3a+2)\}$$
$$= \boldsymbol{(2x-a-9)(3x-3a-2)}.$$

④.

(1)
> それぞれの文字についての次数を調べる.
> $x:2$ 次, $y:1$ 次, $z:3$ 次.
> 次数が異なるので最も次数の低い y でまとめる.

$$y(x-z)-x^2z+2xz^2-z^3$$
$$= y(x-z)-z(x^2-2xz+z^2)$$
$$= y(x-z)-z(x-z)^2$$
$$= (x-z)\{y-z(x-z)\}$$
$$= \boldsymbol{(x-z)(y-zx+z^2)}.$$

(2)
> 次数が a, b, c について同じなので, a について整理する.

$$(b+c)a^2+(b^2-c^2)a-bc(b+c)$$
$$= (b+c)\{a^2+(b-c)a-bc\}$$
$$= \boldsymbol{(b+c)(a+b)(a-c)}.$$

(3) $X=x+y$ として,
$$(与式)=5X^2-8X-4.$$
$$= (5X+2)(X-2)$$
$$= \boldsymbol{(5x+5y+2)(x+y-2)}.$$

(4)
$$(x-1)(x+5)(x+1)(x+3)-9$$
$$= (x^2+4x-5)(x^2+4x+3)-9.$$
$X=x^2+4x$ として,
$$(与式)=(X-5)(X+3)-9$$
$$= X^2-2X-15-9$$
$$= X^2-2X-24=(X+4)(X-6)$$
$$= (x^2+4x+4)(x^2+4x-6)$$
$$= \boldsymbol{(x+2)^2(x^2+4x-6)}.$$

(5)
$$(与式)=X^4+6X^2+9-X^2$$
$$= (X^2+3)^2-X^2.$$
ここで, $A=X^2+3$ とすると,
$$(与式)=A^2-X^2=(A+X)(A-X)$$
$$= \boldsymbol{(X^2+X+3)(X^2-X+3)}.$$

⑤.

(1) （解法1）
共通因数 $\dfrac{1}{2}n(n+1)$ でくくると,
$$\underset{\sim}{\dfrac{1}{2}n(n+1)\times 1}$$
$$+\dfrac{1}{3}\cdot\underset{\sim}{\dfrac{1}{2}n(n+1)(2n+1)}$$
$$= \dfrac{1}{2}n(n+1)\left\{1+\dfrac{1}{3}(2n+1)\right\}$$
$$= \dfrac{1}{2}n(n+1)\left\{\dfrac{3+(2n+1)}{3}\right\}$$
$$= \dfrac{1}{2}\cdot\dfrac{1}{3}n(n+1)(2n+4)$$
$$= \boldsymbol{\dfrac{1}{3}n(n+1)(n+2)}.$$

（解法2）
> 一度に $\dfrac{1}{6}n(n+1)$ でくくってもよい.

$$\dfrac{1}{2}n(n+1)+\dfrac{1}{6}n(n+1)(2n+1)$$
$$= \underset{\sim}{\dfrac{1}{6}n(n+1)\cdot 3}+\underset{\sim}{\dfrac{1}{6}n(n+1)(2n+1)}$$
$$= \dfrac{1}{6}n(n+1)(3+2n+1)$$
$$= \boldsymbol{\dfrac{1}{3}n(n+1)(n+2)}.$$

(2) $X=2x+3y$, $Y=2x-3y$ とおくと,
$$(2x+3y)^3-(2x-3y)^3$$
$$= X^3-Y^3=(X-Y)(X^2+XY+Y^2)$$
$$= 6y\{(2x+3y)^2+(2x+3y)\cdot(2x-3y)$$
$$+(2x-3y)^2\}$$
$$= 6y(4x^2+12xy+9y^2+4x^2$$
$$-9y^2+4x^2-12xy+9y^2)$$
$$= 6y(12x^2+9y^2)$$
$$= \boldsymbol{18y(4x^2+3y^2)}.$$

⑥.

(1)
$$\frac{2}{\sqrt{3}-1}=\frac{2}{\sqrt{3}-1}\cdot\frac{\sqrt{3}+1}{\sqrt{3}+1}$$
$$=\frac{2(\sqrt{3}+1)}{3-1}$$
$$=\sqrt{3}+1.$$

(2) $\dfrac{2+\sqrt{3}}{2-\sqrt{3}}$ の分母, 分子に $2+\sqrt{3}$

を掛けて,
$$\frac{(2+\sqrt{3})^2}{(2-\sqrt{3})(2+\sqrt{3})}$$
$$=\frac{4+4\sqrt{3}+3}{4-3}$$
$$=7+4\sqrt{3}.$$

(3) $\dfrac{1}{\sqrt{2}+\sqrt{3}+\sqrt{5}}$ の分母, 分子に

$\sqrt{2}+\sqrt{3}-\sqrt{5}$ を掛けて,
$$\frac{\sqrt{2}+\sqrt{3}-\sqrt{5}}{(\sqrt{2}+\sqrt{3}+\sqrt{5})(\sqrt{2}+\sqrt{3}-\sqrt{5})}$$
$$=\frac{\sqrt{2}+\sqrt{3}-\sqrt{5}}{(\sqrt{2}+\sqrt{3})^2-5}$$
$$=\frac{\sqrt{2}+\sqrt{3}-\sqrt{5}}{5+2\sqrt{6}-5}$$
$$=\frac{\sqrt{2}+\sqrt{3}-\sqrt{5}}{2\sqrt{6}}$$
$$=\frac{\sqrt{6}(\sqrt{2}+\sqrt{3}-\sqrt{5})}{12}$$
$$=\frac{2\sqrt{3}+3\sqrt{2}-\sqrt{30}}{12}.$$

⑦.

(1) $a=\dfrac{2}{3-\sqrt{5}}$
$$=\frac{2(3+\sqrt{5})}{(3-\sqrt{5})(3+\sqrt{5})}$$
$$=\frac{3+\sqrt{5}}{2}.$$

また, $\dfrac{1}{a}=\dfrac{3-\sqrt{5}}{2}$ より,

$$a+\frac{1}{a}=\frac{3+\sqrt{5}}{2}+\frac{3-\sqrt{5}}{2}=3.$$

(2) $a^2+\dfrac{1}{a^2}=\left(a+\dfrac{1}{a}\right)^2-2a\cdot\dfrac{1}{a}$
$$=3^2-2=7.$$

(3) $a^3+\dfrac{1}{a^3}$
$$=\left(a+\frac{1}{a}\right)^3-3a\cdot\frac{1}{a}\left(a+\frac{1}{a}\right)$$
$$=3^3-3\cdot3$$
$$=27-9=18.$$

(4) $\left(a^2+\dfrac{1}{a^2}\right)\left(a^3+\dfrac{1}{a^3}\right)$
$$=a^5+\frac{1}{a^5}+a+\frac{1}{a}\ \text{より},$$
$$a^5+\frac{1}{a^5}=\left(a^2+\frac{1}{a^2}\right)\left(a^3+\frac{1}{a^3}\right)-\left(a+\frac{1}{a}\right)$$
$$=7\cdot18-3=126-3=123.$$

⑧.

(1)(i) $x=\dfrac{1+\sqrt{3}}{2}\Leftrightarrow 2x-1=\sqrt{3}.$

両辺を 2 乗して,
$$4x^2-4x+1=3\Leftrightarrow 4x^2-4x=2.$$
$$\Leftrightarrow x^2-x=\frac{1}{2}.$$

よって,
$$x^2-x-1=\frac{1}{2}-1=-\frac{1}{2}.$$

(ii) $x^2=x+\dfrac{1}{2}$ より, $2x^2=2x+1.$

よって, $2x^2+2x=4x+1$
$$=4\cdot\frac{1+\sqrt{3}}{2}+1$$
$$=3+2\sqrt{3}.$$

(2)(i) $\dfrac{\sqrt{5}(\sqrt{5}+2)}{(\sqrt{5}-2)(\sqrt{5}+2)}=\dfrac{5+2\sqrt{5}}{5-4}$
$$=5+2\sqrt{5}.$$

ここで, $4<\sqrt{20}<5$ より,

$$9 < 5 + \sqrt{20} < 10.$$

整数部分 $a = 9$，小数部分

$$b = 5 + 2\sqrt{5} - 9 = 2\sqrt{5} - 4.$$

(ii) $a^2 + b^2 = 9^2 + (2\sqrt{5} - 4)^2$

$$= \boldsymbol{117 - 16\sqrt{5}}.$$

(iii) $\dfrac{a-3}{b} = \dfrac{9-3}{2\sqrt{5}-4}$

$$= \dfrac{6(2\sqrt{5}+4)}{(2\sqrt{5}-4)(2\sqrt{5}+4)}$$

$$= \boldsymbol{3\sqrt{5}+6}.$$

9.

(1) $\sqrt{11 - 2\sqrt{30}}$

$$= \sqrt{6 + 5 - 2\sqrt{6 \cdot 5}}$$

$$= \boldsymbol{\sqrt{6} - \sqrt{5}}.$$

(2) $\sqrt{4 - \sqrt{15}} = \sqrt{\dfrac{8 - 2\sqrt{15}}{2}}$

$$= \dfrac{\sqrt{5 + 3 - 2\sqrt{5 \cdot 3}}}{\sqrt{2}}$$

$$= \dfrac{\sqrt{5} - \sqrt{3}}{\sqrt{2}}$$

$$= \boldsymbol{\dfrac{\sqrt{10} - \sqrt{6}}{2}}.$$

(3) $\dfrac{\sqrt{2}}{\sqrt{5 + \sqrt{21}}} = \dfrac{\sqrt{2}}{\sqrt{\dfrac{10 + 2\sqrt{21}}{2}}}$

$$= \dfrac{\sqrt{2}}{\dfrac{\sqrt{7 + 3 + 2\sqrt{7 \cdot 3}}}{\sqrt{2}}}$$

$$= \dfrac{2}{\sqrt{7} + \sqrt{3}}$$

$$= \dfrac{2(\sqrt{7} - \sqrt{3})}{(\sqrt{7} + \sqrt{3})(\sqrt{7} - \sqrt{3})}$$

$$= \dfrac{2(\sqrt{7} - \sqrt{3})}{7 - 3}$$

$$= \boldsymbol{\dfrac{\sqrt{7} - \sqrt{3}}{2}}.$$

第1章 テスト対策問題

1

(1) $(3x + 7y)(2x - 3y)$

$$= 6x^2 - 9xy + 14xy - 21y^2$$

$$= \boldsymbol{6x^2 + 5xy - 21y^2}.$$

(2) $(2x + 7)(-2x + 7)$

$$= (7 + 2x)(7 - 2x)$$

$$= 7^2 - (2x)^2$$

$$= \boldsymbol{49 - 4x^2}.$$

(3) $(2a - b + 3c)^2$

$$= (2a)^2 + (-b)^2 + (3c)^2 + 2(2a)(-b)$$

$$\qquad + 2(-b)(3c) + 2 \cdot 3c \cdot 2a$$

$$= \boldsymbol{4a^2 + b^2 + 9c^2 - 4ab - 6bc + 12ca}.$$

(4) $(2x + 3)(4x^2 - 6x + 9)$

$$= 8x^3 - 12x^2 + 18x + 12x^2 - 18x + 27$$

$$= \boldsymbol{8x^3 + 27}.$$

参考 $(a + b)(a^2 - ab + b^2)$

$$= a^3 + b^3$$

を用いて，

$$(2x + 3)\{(2x)^2 - 2x \cdot 3 + (3)^2\}$$

$$= (2x)^3 + (3)^3$$

$$= 8x^3 + 27$$

としてもよい。

2

(1) $5x^2 + 26x + 5 = \boldsymbol{(5x + 1)(x + 5)}.$

$$\begin{pmatrix} 5 & & 1 & = & 1 \\ 1 & & 5 & = & \dfrac{25}{} \\ & & & & \overline{26} \end{pmatrix} +$$

(2) $(x^2 - 5x + 1)(x^2 - 5x - 3) - 21$

$X = x^2 - 5x$ とおくと，

$$(与式) = (X + 1)(X - 3) - 21$$

$$= X^2 - 2X - 24$$

$$= (X + 4)(X - 6)$$

$$= (x^2 - 5x + 4)(x^2 - 5x - 6)$$

$$= \boldsymbol{(x - 1)(x - 4)(x + 1)(x - 6)}.$$

(3) $6y^2-y-2=(2y+1)(3y-2)$

$$\begin{pmatrix} 2 & \diagup & 1 & = & 3 \\ 3 & & -2 & = & \underline{-4} \\ & & & & -1 \end{pmatrix}+$$

(与式)$=x^2+(5y-1)x+(2y+1)(3y-2)$
$\quad=(x+2y+1)(x+3y-2)$.

(4) (与式)$=6x^2+(5y+2)x+y^2-y-20$
$\quad=6x^2+(5y+2)x+(y-5)(y+4)$
$\quad=(2x+y+4)(3x+y-5)$

$$\begin{pmatrix} 2 & \diagdown\diagup & y+4=3y+12 \\ 3 & & y-5=\underline{2y-10} \\ & & 5y+2 \end{pmatrix}$$

3

$a=\dfrac{1+\sqrt{13}}{2}$, $b=\dfrac{1-\sqrt{13}}{2}$ より,

$\quad a+b=1$, $a-b=\sqrt{13}$,

$\quad ab=\dfrac{1-13}{4}=-3$.

(1) $ab^2+a^2b=ab(a+b)$
$\quad\quad\quad\quad=-3\cdot1$
$\quad\quad\quad\quad=-3$.

(2) $a^2+b^2=(a+b)^2-2ab$
$\quad\quad\quad=1^2-2\cdot(-3)$
$\quad\quad\quad=7$.

(3) $a^3+b^3=(a+b)^3-3ab(a+b)$
$\quad\quad\quad=1^3-3\cdot(-3)\cdot1$
$\quad\quad\quad=10$.

参考 $a^3+b^3=(a+b)(a^2-ab+b^2)$
$\quad\quad\quad\quad=1\cdot(7+3)$
$\quad\quad\quad\quad=10$
としてもよい.

(4) $a^4-b^4=(a^2+b^2)(a^2-b^2)$
$\quad\quad\quad=(a^2+b^2)(a+b)(a-b)$
$\quad\quad\quad=7\cdot1\cdot\sqrt{13}$
$\quad\quad\quad=7\sqrt{13}$.

4

$\alpha=\dfrac{3-\sqrt{5}}{2}$ より,

$\dfrac{1}{\alpha}=\dfrac{2}{3-\sqrt{5}}\cdot\dfrac{(3+\sqrt{5})}{(3+\sqrt{5})}$

$\quad=\dfrac{2(3+\sqrt{5})}{9-5}$

$\quad=\dfrac{3+\sqrt{5}}{2}$.

これより,

$\alpha+\dfrac{1}{\alpha}=\dfrac{3-\sqrt{5}}{2}+\dfrac{3+\sqrt{5}}{2}$

$\quad=3$.

(1) $\alpha^2+\dfrac{1}{\alpha^2}=\left(\alpha+\dfrac{1}{\alpha}\right)^2-2\alpha\cdot\dfrac{1}{\alpha}$

$\quad=3^2-2\cdot1$

$\quad=7$.

(2) $\alpha^3+\dfrac{1}{\alpha^3}=\left(\alpha+\dfrac{1}{\alpha}\right)\left(\alpha^2+\dfrac{1}{\alpha^2}\right)-\left(\alpha+\dfrac{1}{\alpha}\right)$

$\quad=3\cdot7-3$

$\quad=18$.

参考

$\alpha^3+\dfrac{1}{\alpha^3}=\left(\alpha+\dfrac{1}{\alpha}\right)\left(\alpha^2-\alpha\cdot\dfrac{1}{\alpha}+\dfrac{1}{\alpha^2}\right)$

$\quad=3(7-1)$

$\quad=18$

としてもよい.

$\alpha^3+\dfrac{1}{\alpha^3}=\left(\alpha+\dfrac{1}{\alpha}\right)^3-3\alpha\cdot\dfrac{1}{\alpha}\left(\alpha+\dfrac{1}{\alpha}\right)$

$\quad=3^3-3\cdot1\cdot3$

$\quad=18$

としてもよい.

(3) $\alpha=\dfrac{3-\sqrt{5}}{2}$ より,

$2\alpha-3=-\sqrt{5}$.

$(2\alpha-3)^2=5$.

$4\alpha^2-12\alpha+9=5$.

$\alpha^2-3\alpha+1=0$.

$\quad\quad\alpha^2=3\alpha-1$

これより,

$$2\alpha^2+3=2(3\alpha-1)+3$$
$$=6\alpha+1$$
$$=6\cdot\frac{3-\sqrt{5}}{2}+1$$
$$=\mathbf{10-3\sqrt{5}}.$$

(4) $\alpha^2=3\alpha-1$ より,

$$\alpha^3=\alpha\cdot\alpha^2$$
$$=\alpha(3\alpha-1)$$
$$=3\alpha^2-\alpha$$
$$=3(3\alpha-1)-\alpha$$
$$=8\alpha-3.$$

これらを用いて,

$$\alpha^3+2\alpha^2+4\alpha+4$$
$$=8\alpha-3+2(3\alpha-1)+4\alpha+4$$
$$=18\alpha-1$$
$$=18\cdot\frac{3-\sqrt{5}}{2}-1$$
$$=\mathbf{26-9\sqrt{5}}.$$

5

(1)(i) (与式)$=\dfrac{5}{\sqrt{3}}+\dfrac{3}{\sqrt{6}}-\dfrac{7}{2\sqrt{3}}$

$$=\frac{5\sqrt{3}}{3}+\frac{3\sqrt{6}}{6}-\frac{7\sqrt{3}}{6}$$
$$=\frac{10\sqrt{3}}{6}-\frac{7\sqrt{3}}{6}+\frac{\sqrt{6}}{2}$$
$$=\frac{3\sqrt{3}}{6}+\frac{\sqrt{6}}{2}$$
$$=\mathbf{\frac{\sqrt{3}}{2}+\frac{\sqrt{6}}{2}}.$$

(ii) $\dfrac{\sqrt{7}+\sqrt{5}}{\sqrt{7}-\sqrt{5}}$

$$=\frac{(\sqrt{7}+\sqrt{5})^2}{(\sqrt{7}-\sqrt{5})(\sqrt{7}+\sqrt{5})}$$
$$=\frac{7+5+2\sqrt{35}}{7-5}=\frac{12+2\sqrt{35}}{2}$$
$$=6+\sqrt{35}.$$

$$\frac{\sqrt{7}-\sqrt{5}}{\sqrt{7}+\sqrt{5}}$$
$$=\frac{(\sqrt{7}-\sqrt{5})^2}{(\sqrt{7}+\sqrt{5})(\sqrt{7}-\sqrt{5})}$$
$$=\frac{7+5-2\sqrt{35}}{7-5}=\frac{12-2\sqrt{35}}{2}$$
$$=6-\sqrt{35}.$$

よって,

$$(与式)=(6+\sqrt{35})+(6-\sqrt{35})$$
$$=\mathbf{12}.$$

(iii) $\dfrac{\sqrt{2}}{1+\sqrt{2}+\sqrt{3}}$ の分母, 分子に

$(1+\sqrt{2})-\sqrt{3}$, $\dfrac{\sqrt{2}}{1-\sqrt{2}+\sqrt{3}}$ の分母,

分子に $(1-\sqrt{2})-\sqrt{3}$ を掛けて,

$$(与式)=\frac{\sqrt{2}\{(1+\sqrt{2})-\sqrt{3}\}}{\{(1+\sqrt{2})+\sqrt{3}\}\{(1+\sqrt{2})-\sqrt{3}\}}$$
$$+\frac{\sqrt{2}\{(1-\sqrt{2})-\sqrt{3}\}}{\{(1-\sqrt{2})+\sqrt{3}\}\{(1-\sqrt{2})-\sqrt{3}\}}$$
$$=\frac{\sqrt{2}(1+\sqrt{2}-\sqrt{3})}{(1+\sqrt{2})^2-3}+\frac{\sqrt{2}(1-\sqrt{2}-\sqrt{3})}{(1-\sqrt{2})^2-3}$$
$$=\frac{\sqrt{2}(1+\sqrt{2}-\sqrt{3})}{2\sqrt{2}}+\frac{\sqrt{2}(1-\sqrt{2}-\sqrt{3})}{-2\sqrt{2}}$$
$$=\frac{1+\sqrt{2}-\sqrt{3}}{2}-\frac{1-\sqrt{2}-\sqrt{3}}{2}$$
$$=\mathbf{\sqrt{2}}.$$

(2)(i) $x=\sqrt{2}+1$, $y=\sqrt{2}-1$ より,

$$\begin{cases}x+y=\mathbf{2\sqrt{2}},\\ xy=(\sqrt{2}+1)(\sqrt{2}-1)=\mathbf{1}.\end{cases}$$

(ii) $\dfrac{x}{y}+\dfrac{y}{x}=\dfrac{x^2+y^2}{xy}$

$$=\frac{(x+y)^2-2xy}{xy}$$
$$=\frac{(2\sqrt{2})^2-2\cdot1}{1}=8-2=6 \quad より,$$
$$\sqrt{\frac{5}{2}-\sqrt{\frac{x}{y}+\frac{y}{x}}}=\sqrt{\frac{5}{2}-\sqrt{6}}$$

$$= \sqrt{\frac{5-2\sqrt{6}}{2}} = \frac{\sqrt{(3+2)-2\sqrt{3\cdot2}}}{\sqrt{2}}$$

$$= \frac{\sqrt{3}-\sqrt{2}}{\sqrt{2}} = \frac{\sqrt{6}-2}{2}.$$

第2章　方程式と不等式

10.

(1)(i) $x \geqq -1$ のとき，
$$y = 2|x+1|-3 = 2x-1.$$
$x < -1$ のとき，
$$y = 2|x+1|-3 = -2x-5.$$

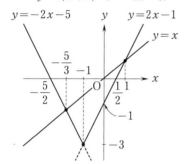

(ii) $x \geqq -1$ のとき，$2x-1=x$ を解くと，
$$x = 1.$$
$x < -1$ のとき，$-2x-5=x$ を解くと，
$$x = -\frac{5}{3}.$$
よって，求める交点の座標は，
$$(1, 1), \left(-\frac{5}{3}, -\frac{5}{3}\right).$$

(2) $y = |x+1|-2|x-3|$ …Ⓐ
とする。

㋐ $x < -1$ のとき，
Ⓐ $\Leftrightarrow y = -x-1+2x-6.$
∴ $y = x-7.$

㋑ $-1 \leqq x < 3$ のとき，

Ⓐ $\Leftrightarrow y = x+1+2(x-3).$
∴ $y = 3x-5.$

㋒ $x \geqq 3$ のとき，
Ⓐ $\Leftrightarrow y = x+1-2(x-3).$
∴ $y = -x+7.$

よって，$y = |x+1|-2|x-3|$ のグラフを書くと，

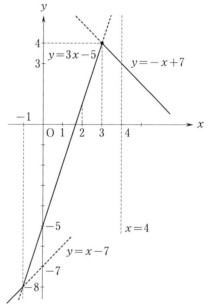

よってグラフより，$0 \leqq x \leqq 4$ において，

$x=3$ のとき，最大値 4，
$x=0$ のとき，最小値 -5
をとる。

11.

(1) $0.7x-1 = 0.5x+2 \Leftrightarrow 0.2x = 3.$
∴ $x = \frac{3}{0.2} = 15.$

(2) $-2x+y = 3x-2y+3 = 7x+5y+1$
$\Leftrightarrow \begin{cases} -2x+y = 3x-2y+3, \\ 3x-2y+3 = 7x+5y+1 \end{cases}$

$\Leftrightarrow \begin{cases} 5x-3y+3=0, & \cdots ① \\ 4x+7y-2=0. & \cdots ② \end{cases}$

①×7+②×3 を計算して，

$$47x+15=0.$$

$$\therefore \quad x=-\frac{15}{47}.$$

① に $x=-\dfrac{15}{47}$ を代入して，

$$\therefore \quad y=\frac{22}{47}.$$

$$\therefore \quad (x,\ y)=\left(-\frac{15}{47},\ \frac{22}{47}\right).$$

(3) $\begin{cases} a+b+c=-1, \\ \dfrac{9}{4}a+\dfrac{3}{2}b+c=-1, \\ \dfrac{121}{16}a+\dfrac{33}{8}b+\dfrac{9}{4}c=-1 \end{cases}$

$\Leftrightarrow \begin{cases} a+b+c=-1, & \cdots ① \\ 9a+6b+4c=-4, & \cdots ② \\ 121a+66b+36c=-16. & \cdots ③ \end{cases}$

（c を消去するために）②−①×4，

③−②×9 を計算して，

$\begin{cases} 5a+2b=0, \\ 40a+12b=20 \end{cases}$

$\Leftrightarrow \begin{cases} 5a+2b=0, & \cdots ④ \\ 10a+3b=5. & \cdots ⑤ \end{cases}$

④×2−⑤ を計算して，$b=-5$.

④ より，$a=2$.

① より，$c=2$.

$$\therefore \quad (a,\ b,\ c)=(2,\ -5,\ 2).$$

⑫.

(1) $a<x<b \cdots ①,\ c<y<d \cdots ②.$

(ⅰ) ① より，$a<x$ 　　　$\cdots ㋐$

② より，$y<d$.

$$\therefore \quad -d<-y \quad \cdots ㋑$$

㋐，㋑ より，

$$a-d<x-y \quad \cdots ③$$

① より，$x<b$ 　　　$\cdots ㋒$

② より，$c<y$

$$\therefore \quad -y<-c \quad \cdots ㋓$$

㋒，㋓ より，

$$x-y<b-c \quad \cdots ④$$

③，④ より，

$$a-d<x-y<b-c. \quad （証明終り）$$

(ⅱ) 各文字は正なので ② より，

$$\frac{1}{d}<\frac{1}{y}<\frac{1}{c}. \quad \cdots ⑥$$

① の辺々を正の値 y で割ると，

$$\underset{\text{Ⓔ}}{\frac{a}{y}}<\frac{x}{y}<\underset{\text{Ⓕ}}{\frac{b}{y}}. \quad \cdots ⑦$$

⑥ に a を掛けて，

$$\underset{\text{Ⓖ}}{\frac{a}{d}}<\frac{a}{y}<\frac{a}{c}.$$

Ⓔ，Ⓖ より，$\dfrac{a}{d}<\dfrac{a}{y}<\dfrac{x}{y}$.

$$\therefore \quad \frac{a}{d}<\frac{x}{y}. \quad \cdots ⑧$$

⑥ に b を掛けて，

$$\frac{b}{d}<\frac{b}{y}<\underset{\text{Ⓗ}}{\frac{b}{c}}.$$

Ⓕ，Ⓗ より，$\dfrac{x}{y}<\dfrac{b}{y}<\dfrac{b}{c}$.

$$\therefore \quad \frac{x}{y}<\frac{b}{c}. \quad \cdots ⑨$$

⑧，⑨ より，

$$\frac{a}{d}<\frac{x}{y}<\frac{b}{c}. \quad （証明終り）$$

(2) $7\leqq\dfrac{2x-7}{3}\leqq8.$

$$21\leqq2x-7\leqq24.$$

$$28\leqq2x\leqq31.$$

$$14\leqq x\leqq15+\frac{1}{2}.$$

これをみたす整数は，

$$x=14,\ 15.$$

10

13.

(1)(i) $\begin{cases} \dfrac{2x+3}{7} \leqq \dfrac{x+5}{5}, & \cdots ① \\ 4(x-3)-5 < 3x+7. & \cdots ② \end{cases}$

① より, $x \leqq \dfrac{20}{3}$. $\cdots ①'$

② より, $x < 24$. $\cdots ②'$

①, ② の解は, $①'$, $②'$ の共通部分より,

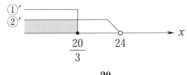

$$x \leqq \dfrac{20}{3}.$$

(ii) $-x+5 < 3x+1 \leqq x+4$

$\Leftrightarrow \begin{cases} -x+5 < 3x+1, & \cdots ① \\ 3x+1 \leqq x+4. & \cdots ② \end{cases}$

① より, $x > 1$. $\cdots ①'$

② より, $x \leqq \dfrac{3}{2}$. $\cdots ②'$

①, ② の解は, $①'$, $②'$ の共通部分より,

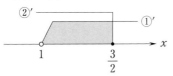

$$\therefore\quad 1 < x \leqq \dfrac{3}{2}.$$

(2) $\begin{cases} 2x-a < 3x, & \cdots ① \\ \dfrac{1}{3}-4x > \dfrac{1}{2}x+2. & \cdots ② \end{cases}$

① より, $x > -a$. $\cdots ①'$

② より, $x < -\dfrac{10}{27}$. $\cdots ②'$

①, ② の解, すなわち, $①'$, $②'$ の共通部分に整数が1つしかないためには,

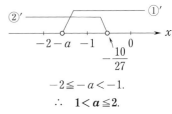

$$-2 \leqq -a < -1.$$
$$\therefore\quad 1 < a \leqq 2.$$

14.

(1) $|x-2|=3$.
$$x-2 = \pm 3.$$
$$x = 5, \ -1.$$

(2)
$$|x-2| = \begin{cases} x-2 & (x \geqq 2), \\ -(x-2) & (x < 2). \end{cases}$$
$$|x+3| = \begin{cases} x+3 & (x \geqq -3), \\ -(x+3) & (x < -3). \end{cases}$$
$$|x-2|+|x+3|=9. \qquad \cdots ①$$

(i) $x < -3$ のとき, ① から,
$$-(x-2)-(x+3)=9.$$
$$-2x=10.$$
$$x=-5.$$
$x < -3$ より $x=-5$.

(ii) $-3 \leqq x < 2$ のとき, ① から,
$$-(x-2)+(x+3)=9.$$
$$5=9$$
となり不適.

(iii) $x \geqq 2$ のとき, ① から,
$$(x-2)+(x+3)=9.$$
$$2x=8.$$
$$x=4.$$
$x \geqq 2$ より $x=4$.

(i)〜(iii) より,
$$x=-5, \ 4.$$

15.

(1) $|2x+1| \leqq 3$.
$$-3 \leqq 2x+1 \leqq 3.$$
$$-4 \leqq 2x \leqq 2.$$

$-2 \leqq x \leqq 1.$

(2) $|x-3|>7.$

$x-3<-7, \ 7<x-3.$

$\boldsymbol{x<-4}, \ \boldsymbol{10<x}.$

(3) $|x-2|+|x+3| \leqq 9.$ $\cdots$ ①

(i) $x<-3$ のとき，① から，

$-(x-2)-(x+3) \leqq 9.$

$-2x \leqq 10.$

$x \geqq -5.$

$x<-3$ より，

$-5 \leqq x<-3.$

(ii) $-3 \leqq x<2$ のとき，① から，

$-(x-2)+x+3 \leqq 9.$

$5 \leqq 9.$

となり適するので，

$-3 \leqq x<2.$

(iii) $x \geqq 2$ のとき，① から，

$x-2+x+3 \leqq 9.$

$2x \leqq 8.$

$x \leqq 4.$

$x \geqq 2$ より，$2 \leqq x \leqq 4.$

(i)〜(iii) より，

$-5 \leqq x \leqq 4.$

(4)

$|x+2| = \begin{cases} x+2 & (x \geqq -2), \\ -(x+2) & (x<-2). \end{cases}$

$|x-4| = \begin{cases} x-4 & (x \geqq 4), \\ -(x-4) & (x<4). \end{cases}$

$|x+2|-2|x-4|>-16.$ $\cdots$ ②

(i) $x<-2$ のとき，② から，

$-(x+2)+2(x-4)>-16.$

$x>-6.$

$x<-2$ より，$-6<x<-2.$

(ii) $-2 \leqq x<4$ のとき，② から，

$(x+2)+2(x-4)>-16.$

$3x-6>-16.$

$3x>-10.$

$x>-\dfrac{10}{3}.$

$-2 \leqq x<4$ より，

$-2 \leqq x<4.$

(iii) $x \geqq 4$ のとき，② から，

$x+2-2(x-4)>-16.$

$x<26.$

$x \geqq 4$ より，

$4 \leqq x<26.$

(i)〜(iii) より，

$\boldsymbol{-6<x<26}.$

第2章 テスト対策問題

1

(1)(i) $x \geqq 2$ のとき，

（与式）$\Leftrightarrow x^2-x=x-2+1$

$\Leftrightarrow (x-1)^2=0.$

$\therefore \ x=1.$

いま，$x \geqq 2$ より $x=1$ は不適.

(ii) $x<2$ のとき，

（与式）$\Leftrightarrow x^2-x=-x+2+1.$

$x^2=3.$

$x=\pm\sqrt{3}.$

いま $x<2$ より，

$x=\pm\sqrt{3}.$

(i)，(ii) より，$\boldsymbol{x=\pm\sqrt{3}}.$

(2)(i) $x \geqq 1$ のとき，

（与式）$\Leftrightarrow x^2+2(x-1)=5$

$\Leftrightarrow x^2+2x-7=0.$

$x=-1\pm2\sqrt{2}.$

ここで，$2<2\sqrt{2}$ より，

$1<-1+2\sqrt{2}$ なので

$$x = -1 + 2\sqrt{2}.$$

(ii) $x < 1$ のとき,

$$\begin{aligned}(与式) &\Leftrightarrow x^2 + 2(-x+1) = 5\\&\Leftrightarrow x^2 - 2x - 3 = 0\\&\Leftrightarrow (x-3)(x+1) = 0.\end{aligned}$$

いま, $x < 1$ より,

$$x = -1.$$

(i), (ii) より $\boldsymbol{x = -1 + 2\sqrt{2}, \ -1}.$

2

(1) $-2|4x+3| > x + \dfrac{2}{3}$ …① とする.

(i) $4x + 3 \geqq 0$, すなわち, $x \geqq -\dfrac{3}{4}$

のとき,

$$① \Leftrightarrow -2(4x+3) > x + \dfrac{2}{3}.$$

$$\therefore \ x < -\dfrac{20}{27}(=-0.74\cdots).$$

いま, $x \geqq -\dfrac{3}{4}(=-0.75)$ より,

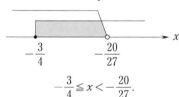

$$-\dfrac{3}{4} \leqq x < -\dfrac{20}{27}.$$

(ii) $4x+3 < 0$, すなわち, $x < -\dfrac{3}{4}$

のとき,

$$① \Leftrightarrow 2(4x+3) > x + \dfrac{2}{3}.$$

$$x > -\dfrac{16}{21}(=-0.76\cdots).$$

いま, $x < -\dfrac{3}{4}(=-0.75\cdots)$ より,

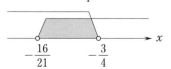

$$-\dfrac{16}{21} < x < -\dfrac{3}{4}.$$

(i), (ii) より,

$$-\dfrac{16}{21} < \boldsymbol{x} < -\dfrac{20}{27}.$$

(2) $|x-2| + |x-5| \leqq 5.$ …②

(i) $x < 2$ のとき,

$$\begin{aligned}② &\Leftrightarrow -(x-2)-(x-5) \leqq 5\\&\Leftrightarrow x \geqq 1.\end{aligned}$$

いま $x < 2$ より,

$$1 \leqq x < 2.$$

(ii) $2 \leqq x < 5$ のとき,

$$\begin{aligned}② &\Leftrightarrow (x-2)-(x-5) \leqq 5\\&\Leftrightarrow -2 \leqq 0 \ となり,\end{aligned}$$

不等式は成り立つので,

$$2 \leqq x < 5.$$

(iii) $x \geqq 5$ のとき,

$$\begin{aligned}② &\Leftrightarrow (x-2)+(x-5) \leqq 5\\&\Leftrightarrow x \leqq 6.\end{aligned}$$

いま, $x \geqq 5$ より,

$$5 \leqq x \leqq 6.$$

よって, (i)〜(iii) より,

$$1 \leqq \boldsymbol{x} \leqq 6.$$

3

① から,

$$\begin{cases} \dfrac{-x+2}{2} < 2-x, \\ 2-x \leqq -a+3 \end{cases}$$

$$\Leftrightarrow \begin{cases} -x+2 < 4-2x, \\ a-1 \leqq x \end{cases}$$

$$\Leftrightarrow \begin{cases} x < 2, \\ a-1 \leqq x. \end{cases}$$

$a < 3$ より, $a-1 < 2$ なので ① をみたす x は,

$$\boldsymbol{a-1 \leqq x < 2}.$$

(2) ① をみたす整数 x が存在しないのは,

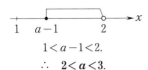

$$1 < a-1 < 2.$$
$$\therefore \quad 2 < a < 3.$$

第3章 **命 題**

⑯.

(1)(ⅰ) **真**.

a, b は奇数だから整数 k, l を用いて,
$$a = 2k+1, \ b = 2l+1$$
と表せる.

2乗して加えると,
$$a^2 + b^2 = 4k^2 + 4l^2 + 4k + 4l + 2$$
$$= 2(2k^2 + 2l^2 + 2k + 2l + 1)$$
は偶数である.

(ⅱ) **偽**.

反例：$(a, \ b) = (2, \ 4)$.

$$\left(\begin{array}{l} a^2 + b^2 \text{ が偶数なので整数 } m \\ \text{を用いて} \\ \quad a^2 + b^2 = 2m \\ \Longleftrightarrow (a+b)^2 - 2ab = 2m \\ \Longleftrightarrow (a+b)^2 = 2(m+ab) \text{ より} \\ a+b \text{ は偶数, このとき } a, \ b \\ \text{はともに偶数またはともに奇数.} \end{array}\right)$$

(2)(ⅰ) **真**.

$$\left(\begin{array}{ll} \quad a > b, & \cdots ① \\ \quad c > d. & \cdots ② \\ ② \text{ から,} & \\ \quad -d > -c. & \cdots ③ \\ ①, \ ③ \text{ から,} & \\ \quad a-d > b-c. & \end{array}\right)$$

(ⅱ) **偽**.

反例：$(a, \ b, \ c, \ d) = (4, \ 2, \ -1, \ -3)$.

$$\left(\begin{array}{l} bd < 0 \text{ のとき, } \dfrac{a}{b} > \dfrac{c}{d} \text{ の両} \\ \text{辺に } bd(<0) \text{ を掛けて,} \\ \quad ad < bc. \end{array}\right)$$

⑰.

(1) $|c| \leqq 2$ をみたす c の集合を P, $c \leqq 2$ をみたす c の集合を Q とする.

$$P : -2 \leqq c \leqq 2, \quad Q : c \leqq 2.$$

よって, P が Q に含まれているので, **真**.

(2) $|c| \leqq 2$ をみたす c の集合を P, $c^2 - 2 \leqq 0$ をみたす c の集合を Q とすると, $P : -2 \leqq c \leqq 2$, $Q : -\sqrt{2} \leqq c \leqq \sqrt{2}$.

よって, P は Q に含まれていないので, **偽**.

$$\text{反例：} c = \frac{2 + \sqrt{2}}{2}$$

($c = \sqrt{2}$ と $c = 2$ の中点など).

(3) $|c| \leqq 2$ をみたす c の集合を P, $cx^2 + 4x + c = 0$ が実数解を持たないような c の集合を Q とする.

$$P : -2 \leqq c \leqq 2.$$

Q について, x の2次方程式 $cx^2 + 4x + c = 0$ $\cdots$① は実数解を持たないので, $c \neq 0$ かつ,

(① の判別式)$/4 = 4 - c^2 < 0$.

$$\therefore \quad c < -2, \ 2 < c.$$

14

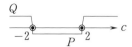

よって，P は Q に含まれていないので偽.

$$反例：c=1.$$

⑱.

(1) 逆：「m が 2 の倍数ならば，m は 4 の倍数」．

裏：「m が 4 の倍数でないならば，m は 2 の倍数でない」．

対偶：「m が 2 の倍数でないならば，m は 4 の倍数でない」．

対偶の真偽：真.

(2) 逆：「$x^2>y^2$ ならば，$x>y$」．

裏：「$x \leqq y$ ならば，$x^2 \leqq y^2$」．

対偶：「$x^2 \leqq y^2$ ならば，$x \leqq y$」．

対偶の真偽：偽.

$$反例：x=-1, \ y=-2.$$

(3) 逆：「m または n が 6 の倍数ならば mn は 6 の倍数」．

裏：「mn が 6 の倍数でないならば，m も n も 6 の倍数でない」．

対偶：「m も n も 6 の倍数でないならば，mn は 6 の倍数でない」．

対偶の真偽：偽.

$$反例：m=3, \ n=2.$$

⑲.

k, l, m を自然数とし，命題 p, q, r, s により定まる集合を P, Q, R, S とすると，

$P=\{1, 6, 11, 16, 21, \cdots\}$,

$Q=\{1, 11, 21, 31, 41, \cdots\}$,

$R=\{1, 3, 5, 7, 9, 11, 13, 15, 17, 19, \cdots\}$,

$S=\{3, 5, 7, 11, 13, 17, 19, \cdots\}$.

(1) 「$P \cap R$」

$=\{1, 11, 21, 31, 41, \cdots\}=Q$

「$P \cap R$」と Q の集合の関係は以下のようになる.

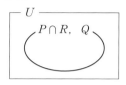

よって，「p かつ r」は q であるための 必要十分 条件である.

(2) S と R の集合の関係は以下のようになる.

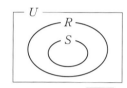

s は r であるための 十分 条件である.

(3) (1)から，$Q=$「$P \cap R$」なので，「$P \cap S$」と「$Q \cap S$」の集合の関係は以下のようになる.

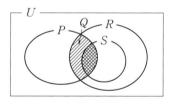

「p かつ s」は「q かつ s」であるための 必要十分 条件である.

第3章 テスト対策問題

1

(1) 逆：「a が 3 の倍数ならば，a^3 は 3 の倍数」．

裏：「a^3 が 3 の倍数でなければ，a

は3の倍数でない」,

　　対偶：「a が3の倍数でなければ,
a^3 は3の倍数でない」.

(2)　対偶の命題を用いる.

　　a が3の倍数でないとき,

$$a = 3k \pm 1 \ (k：整数)$$

と表せる. このとき,

$$a^3 = (3k \pm 1)^3$$
$$= 3(9k^3 \pm 9k^2 + 3k) \pm 1$$

となり, a^3 は3の倍数でない. 対偶が
真なので, 元の命題は**真**.

2

(1)　「$p + q = 0$ ならば $p = 0$ または
$q = 0$」は偽.

　　　　反例 ：$p = 3$, $q = -3$.

　　「$p = 0$ または $q = 0$ ならば,
$p + q = 0$」は偽.

　　　　反例 ：$p = 0$, $q = 3$.

　　よって, 必要条件でも十分条件でも
ない. $\boxed{\times}$.

(2)　「$(p + q + 1)^2 + (q - 1)^2 = 0$ ならば,
$p = -2$ かつ $q = 1$」は真.

$$\left(\begin{cases} p + q + 1 = 0, \\ q - 1 = 0 \end{cases} を解いて \begin{cases} p = -2, \\ q = 1. \end{cases}\right)$$

　　「$p = -2$ かつ $q = 1$ ならば,
$(p + q + 1)^2 + (q - 1)^2 = 0$」は真.

　　よって, $\boxed{必要十分}$ 条件.

(3)　「r または s が無理数ならば,
$r^2 - 2s$ は無理数」は偽.

　　　　反例 ：$r = \sqrt{3}$, $s = 1$.

　　「$r^2 - 2s$ が無理数ならば, r また
は s が無理数」は真.

$$\left(\begin{array}{l} 対偶 \\ 「r が有理数かつ s が有理数なら \\ ば, r^2 - 2s は有理数」が真より \end{array}\right)$$

　　よって, $\boxed{必要}$ 条件.

3

　　$a \geqq 2$, $n \geqq 2$. 条件 p, q, r をみた
す集合を P, Q, R とする.

(1)
$$P = \{16 \cdot 1 + 1, \ 16 \cdot 2 + 1, \ 16 \cdot 3 + 1, \ \cdots\}.$$
$$Q = \{12 \cdot 1 + 1, \ 12 \cdot 2 + 1, \ 12 \cdot 3 + 1, \ \cdots\}.$$

　　P と Q の集合の関係は,

となるので, p は q の $\boxed{\times}$ 条件.

(2)　$a = 2$ のとき,
$$R = \{2 \cdot 1 + 1, \ 2 \cdot 2 + 1, \ 2 \cdot 3 + 1, \ \cdots\}.$$

　　(i)　Q と R の集合の関係は,

　　よって, q は r の $\boxed{十分}$ 条件.

　　(ii)　「$\overline{p} \rightleftarrows \overline{r}$」は対偶である
　　　「$r \rightleftarrows p$」と真偽が一致する.

　　　R と P の集合の関係は,

となるので, r は p の必要条件.

　　よって,
$\overline{p}$ は $\overline{r}$ であるための $\boxed{必要}$ 条件.

(3)　「p かつ q」は

　　　n は 48 で割ると 1 余る数.

　　r が「p かつ q」の必要条件となる
とき, a は 48 の約数であればよい.

　　48 の正の約数の個数は,

$$48 = 2^4 \cdot 3 \ より,$$

$$(1+4)(1+1)=10 \ (個).$$

よって，2以上の約数は，1を除いた

$$10-1=9 \ (個).$$

第4章　2次関数

⑳.

(1) $-2x^2+2\sqrt{2}\,x+2$

$\quad =-2(x^2-\sqrt{2}\,x)+2$

$\quad =-2\left\{\left(x-\dfrac{\sqrt{2}}{2}\right)^2-\dfrac{1}{2}\right\}+2$

$\quad =-2\left(x-\dfrac{\sqrt{2}}{2}\right)^2+3.$

(2) $\dfrac{2}{5}x^2-4\sqrt{3}\,x-3$

$\quad =\dfrac{2}{5}(x^2-10\sqrt{3}\,x)-3$

$\quad =\dfrac{2}{5}\{(x-5\sqrt{3}\,)^2-75\}-3$

$\quad =\dfrac{2}{5}(x-5\sqrt{3}\,)^2-33.$

(3) $-3x^2+5kx+2k$

$\quad =-3\left(x^2-\dfrac{5}{3}kx\right)+2k$

$\quad =-3\left\{\left(x-\dfrac{5}{6}k\right)^2-\dfrac{25}{36}k^2\right\}+2k$

$\quad =-3\left(x-\dfrac{5}{6}k\right)^2+\dfrac{25}{12}k^2+2k.$

(4) （与式）$=\{x-(2a-1)\}^2-(2a-1)^2$
$\qquad\qquad +4a^2-a+3$
$\qquad =\{x-(2a-1)\}^2+3a+2.$

(5) （与式）$=a(x^2-2ax)+3a^3-5$
$\qquad\qquad =a\{(x-a)^2-a^2\}+3a^3-5$
$\qquad\qquad =a(x-a)^2+2a^3-5.$

㉑.

(1) 平方完成をして，

$$y=-\dfrac{3}{5}(x^2-10x)-9$$

$$=-\dfrac{3}{5}\{(x-5)^2-25\}-9$$

$$=-\dfrac{3}{5}(x-5)^2+6.$$

頂点　**(5, 6).**

x^2 の係数について $-\dfrac{3}{5}<0$ より，上に凸の放物線．

x 軸との交点は $y=0$ として，

$$-\dfrac{3}{5}x^2+6x-9=0. \ 解の公式より，$$

$$x=5\pm\sqrt{10}.$$

y 軸との交点は $x=0$ として，

$y=-9$ よりグラフは〈図1〉．

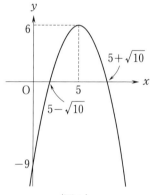

〈図1〉

(2) 平方完成をして，

$$y=-\left(x-\dfrac{2a-5}{2}\right)^2-a^2+6. \quad \cdots ①$$

よって，**頂点** $\left(\dfrac{2a-5}{2},\ -a^2+6\right).$

また，x^2 の係数 $-1<0$ より，上に凸の放物線．

(ⅰ) $a=3$ のとき，

$\quad ① \Leftrightarrow y=-\left(x-\dfrac{1}{2}\right)^2-3.$

$\quad$ 頂点 $\left(\dfrac{1}{2},\ -3\right).$

y 軸との交点は $x=0$ として,
$$y=-\frac{13}{4}.$$
グラフは〈図 2〉.

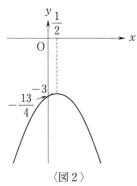

〈図 2〉

(ii)　$a=0$ のとき,

①　$\Leftrightarrow y=-\left(x+\dfrac{5}{2}\right)^2+6.$

頂点 $\left(-\dfrac{5}{2},\ 6\right)$.

y 軸との交点は $x=0$ として,
$$y=-\frac{1}{4}.$$
x 軸との交点は $y=0$ として,
$$0=-\left(x+\frac{5}{2}\right)^2+6.$$
$$\left(x+\frac{5}{2}\right)^2=6.$$
$$\therefore\quad x=-\frac{5}{2}\pm\sqrt{6}.$$
グラフは〈図 3〉.

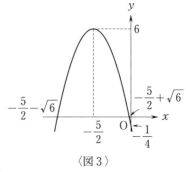

〈図 3〉

㉒.

(1)　平行移動する前の放物線の方程式
と $y=2x^2$ の x^2 の係数は等しい.

　$y=2x^2$ の頂点 $(0,\ 0)$ を x 軸方向に
-1, y 軸方向に 3 だけ平行移動して,
求める放物線の頂点は $(-1,\ 3)$ より,
求める放物線の方程式は,
$$y=2(x+1)^2+3.$$
$$\therefore\quad \boldsymbol{y=2x^2+4x+5}.$$

(2)(i)
$$y=(x-a)^2-a^2+b$$
より, ① の頂点は,
点 $(a,\ -a^2+b)$.
$$y=(x-b)^2-b^2+a$$
より, ② の頂点は,
点 $(b,\ -b^2+a)$.

　① のグラフを x 軸方向に p, y 軸
方向に q 平行移動したとすると, ②
の頂点に等しいので,
$$\begin{cases} a+p=b, \\ -a^2+b+q=-b^2+a. \end{cases}$$
$$\therefore\quad \begin{cases} \boldsymbol{p=b-a}, \\ \boldsymbol{q=a^2-b^2+a-b}. \end{cases}$$

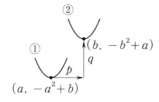

(ii) $p=1$, $q=1$ のとき,

$$\begin{cases} 1 = b - a, & \cdots ③ \\ 1 = (a-b)(a+b+1). & \cdots ④ \end{cases}$$

③ を ④ に代入して,

$$a + b + 1 = -1. \quad \cdots ⑤$$

③, ⑤ より,

$$\boldsymbol{a = -\dfrac{3}{2}, \quad b = -\dfrac{1}{2}}.$$

㉓.

(1) $y = -2x^2 + 4ax + a^2 - 4$ は,

$y = -2(x-a)^2 + 3a^2 - 4$ と変形できるので,

$$頂点 \ (a, \ 3a^2 - 4).$$

x 軸に関して対称移動すると頂点は, $(a, \ -3a^2 + 4)$ となるので2曲線の頂点の距離 d は,

$$d = 2|3a^2 - 4| = 16.$$
$$|3a^2 - 4| = 8.$$
$$3a^2 - 4 = \pm 8.$$

(i) $3a^2 - 4 = 8$ のとき,

$$3a^2 = 12.$$
$$a^2 = 4.$$

$a > 0$ より,

$$a = 2.$$

(ii) $3a^2 - 4 = -8$ のとき,

$3a^2 = -4$ となり不適.

よって, (i), (ii) より,

$$\boldsymbol{a = 2}.$$

(2)(i) C_1 は,

$$y = \dfrac{1}{2}(x+4)^2 - 1 \ より,$$

頂点 $(-4, \ -1)$.

これを x 軸方向に -1, y 軸方向に 2 だけ平行移動すると, 頂点 $(-5, \ 1)$ の下に凸の放物線になる. また, これを y 軸に関して対称移動すると頂点 $(5, \ 1)$ の下に凸の放物線となるので,

$$C_2 : y = \dfrac{1}{2}(x-5)^2 + 1.$$

$$\therefore \ \boldsymbol{y = \dfrac{1}{2}x^2 - 5x + \dfrac{27}{2}}.$$

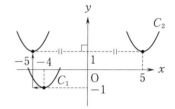

(ii) C_2 を $y = 3$ に関し対称移動すると頂点は $(5, \ 5)$ となり, 上に凸の放物線になるので,

$$C_3 : y = -\dfrac{1}{2}(x-5)^2 + 5.$$

$$\therefore \ \boldsymbol{y = -\dfrac{1}{2}x^2 + 5x - \dfrac{15}{2}}.$$

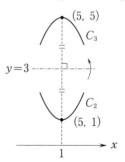

㉔.

(1) $y = 3x^2 + 3x - \dfrac{1}{4}$

$$= 3\left(x + \dfrac{1}{2}\right)^2 - 1.$$

頂点 $\left(-\dfrac{1}{2}, -1\right)$.

このグラフを原点に関し対称移動してできる放物線の方程式は，

$$y = -3\left(x - \dfrac{1}{2}\right)^2 + 1.$$

これを x 軸方向に -1，y 軸方向に 3 平行移動したものが，もとの放物線であるから，

$$y = -3\left(x + \dfrac{1}{2}\right)^2 + 4.$$

$$\therefore \quad \boldsymbol{y = -3x^2 - 3x + \dfrac{13}{4}}.$$

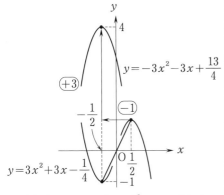

(2)(i)　$C_1 : y = (x+2)^2 - 9$ の頂点は $(-2, -9)$.

C_1 を x 軸に関し対称移動してできる放物線の方程式は，

$$y = -(x+2)^2 + 9.$$

これを x 軸方向に -2，y 軸方向に -7 だけ平行移動すると頂点は $(-4, 2)$ に移るので，

$$C_2 : y = -(x+4)^2 + 2.$$

$$\therefore \quad \boldsymbol{y = -x^2 - 8x - 14}.$$

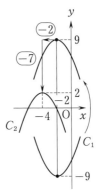

(ii)　C_3 の頂点を (p, q) とすると，C_3 の頂点と C_2 の頂点の中点が $(-1, 3)$ より，

$$\begin{cases} -1 = \dfrac{p-4}{2}, \\ 3 = \dfrac{q+2}{2}. \end{cases} \quad \therefore \quad \begin{cases} p = 2, \\ q = 4. \end{cases}$$

よって，C_3 は頂点 $(2, 4)$ で，下に凸の放物線より，

$$C_3 : y = (x-2)^2 + 4.$$

$$\boldsymbol{y = x^2 - 4x + 8}.$$

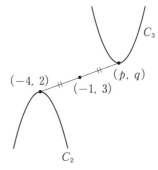

(1)　$y = x^2 + px + q$ は原点を通るので $x = 0$，$y = 0$ を代入して，$q = 0$.

このとき，

$$y = x^2 + px = \left(x + \dfrac{p}{2}\right)^2 - \dfrac{p^2}{4}$$

の頂点 $\left(-\dfrac{p}{2},\ -\dfrac{p^2}{4}\right)$ が直線

$y=-\dfrac{1}{2}x-3$ 上にあるので,

$$-\dfrac{p^2}{4}=\dfrac{p}{2}-3.\qquad\therefore\quad p=-4,\ 3.$$

よって,求める方程式は,

$$\boldsymbol{y=x^2-4x,\quad y=x^2+3x.}$$

(2) 求める放物線は 2 点

$(-3,\ 0),\ (1,\ 0)$ を通るので,

$y=a(x+3)(x-1)$ とおける.

これが点 $(2,\ -20)$ を通るので

$x=2,\ y=-20$ を代入して,

$$-20=a\cdot5\cdot1.\qquad\therefore\quad a=-4.$$

よって,求める方程式は,

$$y=-4(x+3)(x-1).$$

$$\therefore\quad \boldsymbol{y=-4x^2-8x+12.}$$

(3) $y=ax^2+bx+c$ が点 $(1,\ -2)$

を通るので

$$-2=a+b+c.\qquad\cdots ①$$

また,$y=ax^2+bx+c$ を x 軸方向

に 2,y 軸方向に -1 だけ平行移動し

た放物線の頂点が $(5,\ -19)$ より

$y=ax^2+bx+c$ の頂点は,

$(3,\ -18)$ なので,

$$y=a(x-3)^2-18$$

$$\Leftrightarrow\ y=ax^2-6ax+9a-18.$$

これと $y=ax^2+bx+c$ は同じ放物

線より,係数を比較して,

$$\begin{cases}b=-6a, & \cdots ②\\ c=9a-18. & \cdots ③\end{cases}$$

よって,①,②,③ より,

$$a=4,\ b=-24,\ c=18.$$

よって,

$$\boldsymbol{y=4x^2-24x+18.}$$

㉖.

(1) 平方完成して,

$$y=-(x+2)^2+2.$$

頂点 $(-2,\ 2)$,上に凸の放物線を

$-3\leqq x\leqq0$ で考えて,〈図 1〉より,

$x=-2$ のとき最大値 2,

$x=0$ のとき最小値 -2.

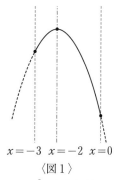

$x=-3\ \ x=-2\ \ x=0$

〈図 1〉

(2)(i) $y=-x^2+4$ より軸:$x=0$.

よって,グラフは $x=0$ に関して

対称なグラフ.点 B の x 座標は点

A と等しいので $x=t$ として,

$$y=-t^2+4.$$

$$\therefore\quad \mathbf{B}(t,\ -t^2+4).$$

点 C,点 D は直線 $x=0$ に関

して点 B,点 A をそれぞれ対称移

動したものであるから,

点 $\mathbf{C}(-t,\ -t^2+4),$

点 $\mathbf{D}(-t,\ 0).$

(ii) 長方形 ABCD の 4 辺の長さの

和を $l(t)$ とする.

$$\mathrm{AD}=\mathrm{BC}=-2t,$$

$$\mathrm{AB}=\mathrm{DC}=-t^2+4\ \text{より},$$

$$l(t)=2(-2t-t^2+4)$$

$$=-2(t+1)^2+10.$$

よって,$y=l(t)$ は頂点

$(-1,\ 10)$,上に凸の放物線.

$-2<t<0$ で考えて〈図 2〉より,

$l(t)$ の最大値は,

$t=-1$ のとき，最大値 **10**.

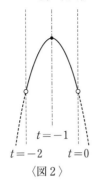

〈図 2 〉

㉗.

(1) $f(x)=2(x-a)^2-2a^2+a+1$
より，頂点 $(a, -2a^2+a+1)$,
軸：$x=a$ の，下に凸の放物線を
$0\leqq x\leqq 4$ において考える.

　a についての場合分けにより最小値
m を求める.

㋐　**$a<0$ のとき,**
　$x=0$ で最小値,
　$m=f(0)=a+1$.

$x=0\ \ x=4$

㋑　**$0\leqq a\leqq 4$ のとき,**
　$x=a$ で最小値
　$m=f(a)$
　　$=-2a^2+a+1$.

$x=0\ \ x=4$

㋒　**$a>4$ のとき,**
　$x=4$ で最小値
　$m=f(4)$
　　$=-15a+33$.

$x=0\ \ x=4$

(2)(i) $y=-(x-a)^2+a^2$ より，
　　頂点 (a, a^2).

(ii) $a<0$ のとき，$x=a$
　$x=0$ で最大値
　をとる.
　$M=0$.

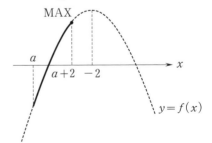

$x=0$
$x=2$

(iii)㋐　$a<0$ のとき, (ii) より
　$M=0$ なので不適.

㋑　$0\leqq a\leqq 2$ のとき, $M=a^2=3$
　とすると,
　　　　$a=\pm\sqrt{3}$.
　$0\leqq a\leqq 2$ より,
　　　　$a=\sqrt{3}$.

㋒　$a>2$ のとき $M=4a-4=3$
　とすると,

　$a=\dfrac{7}{4}$. いま $a>2$ より不適.

　㋐, ㋑, ㋒ より, $a=\sqrt{3}$.

㉘.

$$f(x)=-(x+2)^2+2$$

(1)(i) $a+2<-2$, すなわち, $a<-4$
　のとき,

MAX

a
$a+2$　-2

$y=f(x)$

$M=f(a+2)=-(a+4)^2+2$.

(ii) $a\leqq-2\leqq a+2$, すなわち,
　$-4\leqq a\leqq-2$ のとき

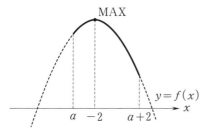

$$M(a)=f(-2)=2.$$

(iii) $-2<a$ のとき

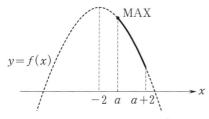

$$M(a)=f(a)=-(a+2)^2+2.$$

(2)(i) $a+1\leqq-2$, すなわち, $a\leqq-3$ のとき,

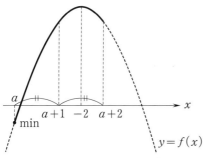

$$m(a)=f(a)=-(a+2)^2+2.$$

(ii) $a+1>-2$, すなわち, $a>-3$ のとき

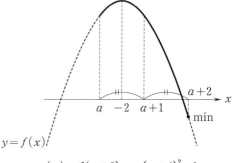

$$m(a)=f(a+2)=-(a+4)^2+2.$$

㉙.

(1) $x^2-x+3k=0$ の判別式を D_1 とすると, $D_1=1-4\cdot3k=1-12k$ より,

㋐ $D_1=1-12k>0$, すなわち,

$$k<\frac{1}{12} \text{ のとき, 実数解 2 個,}$$

㋑ $D_1=1-12k=0$, すなわち,

$$k=\frac{1}{12} \text{ のとき, 実数解 1 個,}$$

㋒ $D_1=1-12k<0$, すなわち,

$$k>\frac{1}{12} \text{ のとき, 実数解 0 個.}$$

(2) $2x^2+4x+2k-1=0$ の判別式を D_2 とするとき, 放物線

$$y=2x^2+4x+2k-1$$

が x 軸と共有点を持つのは,

$$D_2=4^2-4\cdot2\cdot(2k-1)\geqq0,$$

すなわち, $k\leqq\dfrac{3}{2}$ のとき.

(3) 2 つの方程式より, y を消去して,

$$x^2-5x+7=x+4k-3.$$
$$x^2-6x-4k+10=0. \quad \cdots ①$$

①の判別式を D_3 とすると, 与えられた放物線と直線が接するとき,

$$D_3=0.$$
$$D_3=6^2-4(-4k+10)=0.$$
$$\therefore \quad k=\frac{1}{4}.$$

このとき ① より，
$$x^2-6x+9=0$$
$$\Leftrightarrow (x-3)^2=0.$$
$$\therefore \quad x=3.$$

よって，
$$\begin{cases} y=x^2-5x+7, \\ y=x-2 \end{cases}$$

の接点は **(3, 1)**.

㉚.

(1)　$-x^2+\dfrac{4}{3}x+5=2$ より，

$$x^2-\dfrac{4}{3}x-3=0.$$

$3x^2-4x-9=0$ に解の公式を用いて，

$$x=\dfrac{-(-2)\pm\sqrt{(-2)^2-3\cdot(-9)}}{3}$$

$$=\dfrac{2\pm\sqrt{31}}{3}.$$

(2)　$x=\dfrac{-(-\sqrt{2})\pm\sqrt{(-\sqrt{2})^2-1\cdot1}}{1}$

$$=\sqrt{2}\pm1.$$

(3)　$x=\dfrac{-(2+\sqrt{3})\pm\sqrt{(2+\sqrt{3})^2-4(-2+\sqrt{3})}}{2\cdot1}$

$$=\dfrac{-2-\sqrt{3}\pm\sqrt{15}}{2}.$$

㉛.

$$2x^2-8kx+9=0. \qquad \cdots①$$

(1)　① の判別式を D とすると，

$$D/4=(-4k)^2-2\cdot9$$
$$=16k^2-18.$$

(ⅰ)　$D/4>0$，すなわち，

$$16k^2-18>0.$$
$$8k^2-9>0$$
$$(2\sqrt{2}\,k+3)(2\sqrt{2}\,k-3)>0.$$

$$k<-\dfrac{3}{2\sqrt{2}},\ \dfrac{3}{2\sqrt{2}}<k.$$

このとき，実数解は **2個**.

(ⅱ)　$D/4=0$，すなわち，

$$k=\pm\dfrac{3}{2\sqrt{2}}\ \text{のとき}$$

実数解は **1個**.

(ⅲ)　$D/4<0$ すなわち

$$-\dfrac{3}{2\sqrt{2}}<k<\dfrac{3}{2\sqrt{2}}$$

のとき実数解はないので実数解は **0個**.

(2)　① が重解を持つとき，

$D/4=0$，すなわち，

$$k=\pm\dfrac{3}{2\sqrt{2}}=\pm\dfrac{3\sqrt{2}}{4}.$$

このとき重解は，

$$x=\dfrac{-(-8k)}{2\cdot2}=2k$$

$$=\pm\dfrac{3\sqrt{2}}{2}.$$

参考　これは，

$ax^2+bx+c=0$ の解の公式から，

$$x=\dfrac{-b\pm\sqrt{D}}{2a}$$
$$(D=b^2-4ac)$$

となることと，重解のとき $D=0$ となることを考えあわせて重解が，

$$x=\dfrac{-b}{2a}$$

となることを利用したものである.

㉜.

(1)(ⅰ)　$2x^2-5x+2\geqq0.$
$$(2x-1)(x-2)\geqq0.$$

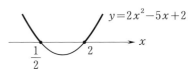

$$x\leqq\dfrac{1}{2},\ 2\leqq x.$$

(ii) $x^2-2x-1 \leqq 0$.

$x^2-2x-1=0$ の解は，

$x=1\pm\sqrt{2}$ なので，

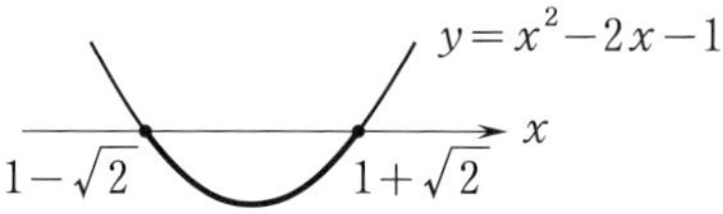

$$\mathbf{1-\sqrt{2} \leqq x \leqq 1+\sqrt{2}}.$$

(iii) $-2x^2+3x+5>0$.

$-(2x-5)(x+1)>0$.

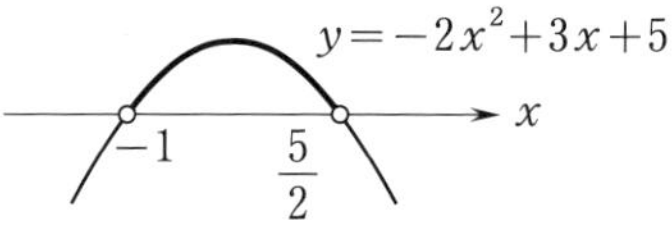

$$\mathbf{-1<x<\frac{5}{2}}.$$

参考　両辺に -1 を掛けて，

$2x^2-3x-5<0$.

$(2x-5)(x+1)<0$.

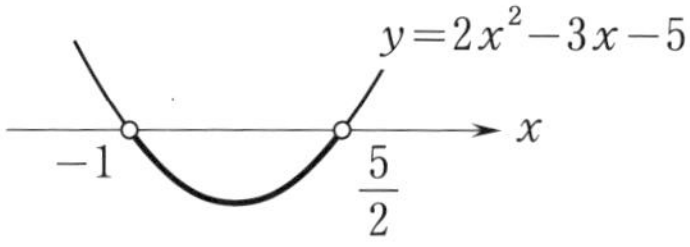

$-1<x<\frac{5}{2}$ としてもよい．

(iv) $x^2-4x+4 \leqq 0$.

$(x-2)^2 \leqq 0$.

これを満たす x は，

$x=2$ のみ．

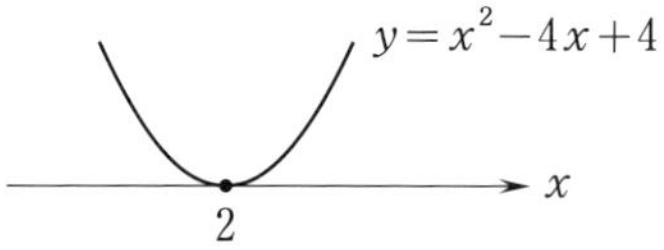

(v) $-x^2+4x-6 \geqq 0$.

$y=-x^2+4x-6$

$=-(x-2)^2-2$ のグラフを用いて，

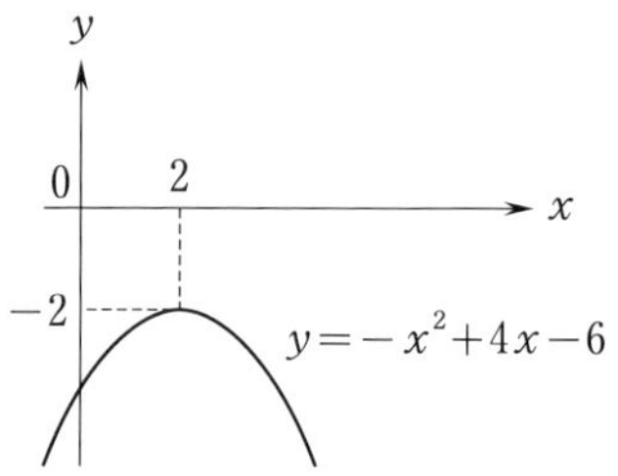

より，$-x^2+4x-6 \geqq 0$ となる **x は存在しない．**

(vi) $x^2-6x+10>0$ について

$y=x^2-6x+10$ として

$y=(x-3)^2+1$ のグラフを用いて，

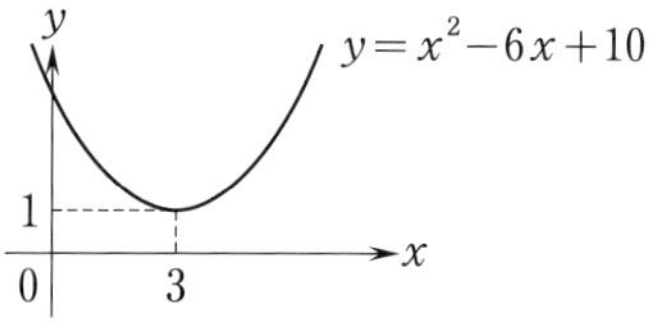

より，$x^2-6x+10>0$ を満たす x は，

すべての実数．

(2) ① $\Leftrightarrow$ $(x+4)(x-2)>0$

$\Leftrightarrow$ $x<-4,\ 2<x$.　　…①′

(i) ㋐ $2a+1<1$，すなわち，$a<0$ のとき，

② $\Leftrightarrow$ $2a+1<x<1$.　　…②′

①′，②′ が共通部分を持てばよい．

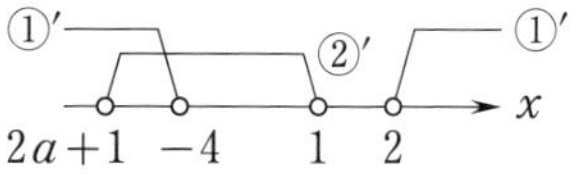

$2a+1<-4$.　　$\therefore$　$a<-\frac{5}{2}$.

(これは $a<0$ をみたす)

㋑ $2a+1>1$，すなわち，$a>0$ のとき，

② $\Leftrightarrow$ $1<x<2a+1$.　…②″

①′, ②″ が共通部分を持てばよい.

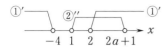

$2 < 2a+1.$　　$\therefore \quad a > \dfrac{1}{2}.$

（これは $a>0$ をみたす）

㋒　$2a+1=1$, すなわち, $a=0$ のとき,

　②をみたす実数 x はないので,
①, ②をともにみたす実数 x はない.

㋐, ㋑, ㋒ より,

$$a < -\dfrac{5}{2}, \ \dfrac{1}{2} < a.$$

(ii)　①, ②をともにみたす x の整数の値がただ1つ存在するためには

㋐　$a<0$ のとき,

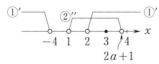

$-6 \leqq 2a+1 < -5$ であればよい.

このとき, $-\dfrac{7}{2} \leqq a < -3$.

㋑　$a>0$ のとき,

$3 < 2a+1 \leqq 4$ であればよい.

このとき, $1 < a \leqq \dfrac{3}{2}$.

㋐, ㋑ より,

$$-\dfrac{7}{2} \leqq a < -3, \ 1 < a \leqq \dfrac{3}{2}.$$

第4章　テスト対策問題

1

$$C : y = -2x^2 + 4x + 3$$
$$= -2(x-1)^2 + 5$$

より, C は頂点の座標が

$$(1, \ 5)$$

の上に凸なグラフである.

(1)　C を x 軸に関して対称移動した放物線 C_1 は, 頂点の座標が $(1, \ -5)$ の下に凸なグラフより, C_1 の方程式は

$$C_1 : y = 2(x-1)^2 - 5$$
$$= 2x^2 - 4x - 3.$$

(2)　C_2 の頂点は C_1 の頂点 $(1, \ -5)$ を x 軸方向に p, y 軸方向に q だけ平行移動したものなので C_2 の頂点の座標は,

$$(p+1, \ q-5).$$

(3)　C_2 を原点対称移動すると頂点の座標が $(-p-1, \ -q+5)$ の上に凸なグラフになり, これが C と一致するとき

$$\begin{cases} -p-1=1, \\ -q+5=5. \end{cases}$$

このとき,

$$p = -2, \ q = 0.$$

2

(1)　頂点の座標が $(2, 1)$ なので求める放物線を

$$y = a(x-2)^2 + 1$$

とおく.

　これが $(4, 9)$ を通るので,

$$9 = 4a + 1.$$

　$a=2$ なので, 求める放物線の方程式は,

$$y = 2(x-2)^2 + 1.$$

(2)　軸が $x=-1$ なので求める放物線

の方程式を $y=a(x+1)^2+q$ とおく.

これが2点 $(1,\ -8)$, $(-2,\ -3)$ を通るので,

$$\begin{cases} -8=4a+q, \\ -3=a+q. \end{cases}$$

これを解いて

$$a=-\frac{5}{3},\quad q=-\frac{4}{3}.$$

求める放物線の方程式は

$$y=-\frac{5}{3}(x+1)^2-\frac{4}{3}.$$

(3) 2点 $(1,\ 3)$, $(-3,\ 3)$ の y 座標が同じなので,この2点を結ぶ線分の中点が $(-1,\ 3)$ より,$x=-1$ が軸となる.

これより,求める放物線の方程式を $y=a(x+1)^2+q$ とおく.

これが2点 $(1,\ 3)$, $(3,\ 15)$ を通るので,

$$\begin{cases} 3=4a+q, \\ 15=16a+q. \end{cases}$$

これより

$$a=1,\quad q=-1.$$

求める放物線の方程式は,

$$y=(x+1)^2-1.$$

3

$$\begin{aligned} y&=f(x) \\ &=2x^2-4(a+1)x+10a+1 \\ &=2\{x-(a+1)\}^2-2(a+1)^2+10a+1 \\ &=2\{x-(a+1)\}^2-2a^2+6a-1 \end{aligned}$$

とおく.

これより

軸の方程式 $x=a+1$,

頂点の座標 $(a+1,\ -2a^2+6a-1)$.

(1)(i) $a+1\leqq1$, すなわち, $a\leqq0$ のとき,

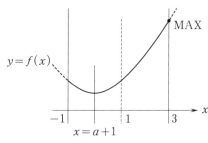

$$M=f(3)=-2a+7.$$

(ii) $a+1>1$, すなわち, $a>0$ のとき,

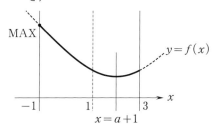

$$M=f(-1)=14a+7.$$

(2)(i) $a+1<-1$, すなわち, $a<-2$ のとき,

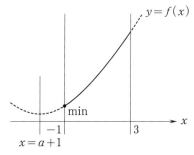

$$m=f(-1)=14a+7.$$

(ii) $-1\leqq a+1\leqq3$, すなわち, $-2\leqq a\leqq2$ のとき,

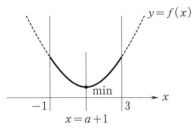

$$m = f(a+1) = -2a^2 + 6a - 1.$$

(iii)　$a+1 > 3$, すなわち, $a > 2$ のとき,

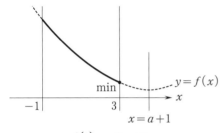

$$m = f(3) = -2a + 7.$$

(3)(i)　$a < -2$ のとき,

$$m = 14a + 7 = \frac{7}{9}.$$

$$2a + 1 = \frac{1}{9}.$$

$$a = -\frac{4}{9}.$$

$a < -2$ に不適.

(ii)　$-2 \leqq a \leqq 2$ のとき,

$$m = -2a^2 + 6a - 1 = \frac{7}{9}.$$

$$9a^2 - 27a + 8 = 0.$$

$$(3a - 1)(3a - 8) = 0.$$

$-2 \leqq a \leqq 2$ より, $a = \frac{1}{3}$.

(iii)　$a \geqq 2$ のとき,

$$m = -2a + 7 = \frac{7}{9}.$$

$$a = \frac{28}{9}.$$

これは $a > 2$ をみたす.

よって, $m = \frac{7}{9}$ となる a は,

$$a = \frac{1}{3}, \ \frac{28}{9}.$$

4

(1)　$y = -\dfrac{1}{2}(x-1)^2 + 2$ より頂点

$(1, 2)$, 上に凸の放物線.

$-1 \leqq x \leqq t+1$ で考えて,

(i)　最大値について,

㋐　$-1 < t+1 < 1$, すなわち,

$-2 < t < 0$ のとき, $x = t+1$ で

最大値 $-\dfrac{1}{2}t^2 + 2$.

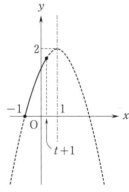

㋑　$t+1 \geqq 1$, すなわち, $t \geqq 0$ の

とき, $x = 1$ で最大値 2.

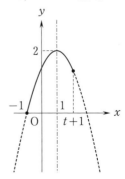

(ii) 最小値について,

　㋐　$-1 < t+1 < 3$, すなわち,

　　$-2 < t < 2$ のとき, $x = -1$ で

　　最小値 0.

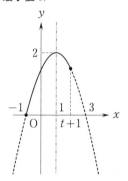

　㋑　$t+1 \geqq 3$, すなわち, $t \geqq 2$ の

　　とき, $x = t+1$ で最小値

　　$-\dfrac{1}{2}t^2 + 2$.

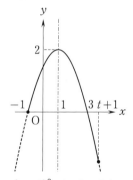

(2)　$y = (x+1)^2 - 1 - 2a$ より,

頂点 $(-1, -1-2a)$, 下に凸の放物

線.

　㋐　$a + \dfrac{1}{2} < -1$, すなわち,

　　$a < -\dfrac{3}{2}$ のとき,

　　$x = a$ で最大値 $M = a^2$.

　㋑　$a + \dfrac{1}{2} \geqq -1$, すなわち,

$a \geqq -\dfrac{3}{2}$ のとき,

　$x = a+1$ で最大値

　　$M = a^2 + 2a + 3$.

よって,

$$M = \begin{cases} a^2 & \left(a < -\dfrac{3}{2}\right), \\ (a+1)^2 + 2 & \left(a \geqq -\dfrac{3}{2}\right) \end{cases}$$

をグラフにすると下図のようになる.

　よって, M の最小値 2

　　（$a = -1$ のとき）.

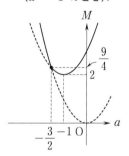

第5章　図形と計量

㉝.

(1)　三角形 OAB は直角三角形で,

　　$\angle AOB = 45°$ より,

$$\sin 45° = \frac{AB}{OB}.$$

　　$\therefore$　$AB = OB \sin 45° = \dfrac{60}{\sqrt{2}} = 30\sqrt{2}$.

　よって, AB の長さは,

　　$30\sqrt{2}$ m

　である.

(2)　地点 B から A′ を見上げる角が

　　$30°$ より,

$$\tan 30° = \frac{AA'}{AB}.$$

$\therefore$　$AA' = AB \tan 30°$

$= 30\sqrt{2} \cdot \dfrac{1}{\sqrt{3}} = 10\sqrt{6}$.

よって, 鉄塔の高さは **$10\sqrt{6}$ m** である.

㉞.

(1) (与式) $= \dfrac{1}{2} \cdot \left(-\dfrac{1}{\sqrt{2}}\right) - \sqrt{3} \cdot \dfrac{\sqrt{3}}{2}$

$= -\dfrac{\sqrt{2} + 6}{4}$.

(2) (与式) $= \dfrac{1}{\sqrt{2}} \cdot \left(-\dfrac{\sqrt{3}}{2}\right) - \dfrac{1}{\sqrt{2}} \cdot \dfrac{1}{2}$

$= -\dfrac{\sqrt{6} + \sqrt{2}}{4}$.

(3) (与式) $= \sqrt{2} \cdot \dfrac{1}{\sqrt{2}} - \dfrac{1}{4} \cdot (-1) \cdot \dfrac{1}{\dfrac{1}{\sqrt{3}}}$

$= 1 + \dfrac{\sqrt{3}}{4}$.

(4) (与式) $= \dfrac{-1-\sqrt{3}}{1+(-1)\sqrt{3}} = \dfrac{-1-\sqrt{3}}{1-\sqrt{3}}$

$= \dfrac{\sqrt{3}+1}{\sqrt{3}-1}$

$= \dfrac{4+2\sqrt{3}}{2}$

$= 2 + \sqrt{3}$.

㉟.

(1) $\dfrac{\cos\theta - \sin\theta}{\cos\theta + \sin\theta} = 2\sqrt{2} - 3$ より,

$\cos\theta - \sin\theta = (2\sqrt{2} - 3)(\cos\theta + \sin\theta)$.

$2\sqrt{2}(\sqrt{2} - 1)\cos\theta = 2(\sqrt{2} - 1)\sin\theta$.

$\sqrt{2}\cos\theta = \sin\theta$.

$\therefore$　$\tan\theta = \dfrac{\sin\theta}{\cos\theta} = \sqrt{2}$.

$\dfrac{1}{\cos^2\theta} = 1 + \tan^2\theta = 1 + (\sqrt{2})^2 = 3$.

$\therefore$　$\cos^2\theta = \dfrac{1}{3}$.

いま $0° < \theta < 90°$ より $\cos\theta > 0$ なので,

$\cos\theta = \dfrac{1}{\sqrt{3}}$.

$\tan\theta = \dfrac{\sin\theta}{\cos\theta}$ より,

$\sin\theta = \tan\theta\cos\theta = \sqrt{2} \cdot \dfrac{1}{\sqrt{3}} = \dfrac{\sqrt{6}}{3}$.

別解　左辺の分母分子を $\cos\theta\,(>0)$ で割ると,

$\dfrac{1 - \dfrac{\sin\theta}{\cos\theta}}{1 + \dfrac{\sin\theta}{\cos\theta}} = \dfrac{1 - \tan\theta}{1 + \tan\theta} = 2\sqrt{2} - 3$.

$\therefore$　$1 - \tan\theta = (2\sqrt{2} - 3)(1 + \tan\theta)$.

$\therefore$　$4 - 2\sqrt{2} = (2\sqrt{2} - 2)\tan\theta$.

$\therefore$　$\tan\theta = \sqrt{2}$.

(2) $\tan^2\theta + (1 - \tan^4\theta)(1 - \sin^2\theta)$

$= \tan^2\theta + (1 - \tan^2\theta)(1 + \tan^2\theta)(1 - \sin^2\theta)$

$= \tan^2\theta + (1 - \tan^2\theta) \cdot \dfrac{1}{\cos^2\theta} \cdot \cos^2\theta$

$= 1$.

(3) 与式から, $1 - \cos^2\theta = \cos\theta$.

ここで $\cos\theta = t$ とすると,

$t^2 + t - 1 = 0$.

解の公式より,

$\cos\theta = t = \dfrac{-1 \pm \sqrt{5}}{2}$.

また, $0° \leq \theta \leq 180°$ より,

$-1 \leq \cos\theta \leq 1$ なので,

$\cos\theta = \dfrac{-1 + \sqrt{5}}{2}$.

$\therefore$　$\dfrac{1}{1 + \sin\theta} + \dfrac{1}{1 - \sin\theta}$

$= \dfrac{2}{1 - \sin^2\theta} = \dfrac{2}{\cos^2\theta}$

$$=2 \cdot \left(\frac{2}{\sqrt{5}-1}\right)^2$$

$$=2 \cdot \left\{\frac{2(\sqrt{5}+1)}{(\sqrt{5}-1)(\sqrt{5}+1)}\right\}^2$$

$$=2 \cdot \frac{(\sqrt{5}+1)^2}{4}$$

$$=3+\sqrt{5}.$$

㊱.

(1)(i) $\sin 70° = \cos 20°,$

$\cos 70° = \sin 20°,$

$\sin 160° = \sin 20°,$

$\cos 160° = -\cos 20°$ より,

(与式) $= (\cos 20° + \sin 20°)^2$
$\qquad + (\sin 20° - \cos 20°)^2 = 2.$

(ii) (与式) $= \sin\theta - \cos\theta + \cos\theta - \sin\theta$
$\qquad = 0.$

(iii) $\cos(90° + \theta)$

$= \cos\{180° - (90° - \theta)\}$

$= -\cos(90° - \theta) = -\sin\theta,$

$\sin(90° + \theta)$

$= \sin\{180° - (90° - \theta)\}$

$= \sin(90° - \theta) = \cos\theta$ より,

(与式) $= -\sin\theta\sin\theta - \cos\theta\cos\theta = -1.$

(iv) (与式) $= \sin\theta\sin\theta + \cos\theta\cos\theta$
$\qquad + \dfrac{1}{\tan\theta} \cdot \tan\theta = 2.$

(2) $A + B + C = 180°$ より,

$$\frac{B+C}{2} = 90° - \frac{A}{2}.$$

$$\tan\frac{A}{2}\tan\frac{B+C}{2}$$

$$= \tan\frac{A}{2}\tan\left(90° - \frac{A}{2}\right)$$

$$= \tan\frac{A}{2} \cdot \frac{1}{\tan\dfrac{A}{2}} = 1.$$

(証明終り)

㊲.

(1)(i) $2\sin^2\theta + \sqrt{3}\cos\theta - 2 = 0.$

$2(1 - \cos^2\theta) + \sqrt{3}\cos\theta - 2 = 0.$

$-2\cos\theta\left(\cos\theta - \dfrac{\sqrt{3}}{2}\right) = 0.$

$\cos\theta = 0, \quad \dfrac{\sqrt{3}}{2}.$

$0° \leqq \theta \leqq 180°$ なので,

$$\theta = 30°, \quad 90°.$$

(ii) $\tan^2\theta + \sqrt{3} = (1 + \sqrt{3})\tan\theta.$

$\tan^2\theta - (1 + \sqrt{3})\tan\theta + \sqrt{3} = 0.$

$(\tan\theta - 1)(\tan\theta - \sqrt{3}) = 0.$

$\tan\theta = 1, \quad \sqrt{3}.$

$0° \leqq \theta \leqq 180°$ なので,

$$\theta = 45°, \quad 60°.$$

(2) $0° \leqq \theta \leqq 90°$ のとき, $0° \leqq 2\theta \leqq 180°.$

$(3\tan 2\theta - \sqrt{3})(\tan 2\theta - 1) = 0$ より,

$$\tan 2\theta = \frac{1}{\sqrt{3}}, \quad 1.$$

$\therefore \quad 2\theta = 30°, \quad 45°.$

$\therefore \quad \boldsymbol{\theta = 15°, \quad 22.5°.}$

㊳.

(1) $2(1 - \sin^2\theta) > 3\sin\theta.$

$2\sin^2\theta + 3\sin\theta - 2 < 0.$

$(2\sin\theta - 1)(\sin\theta + 2) < 0.$

$0° \leqq \theta \leqq 180°$ より, $\sin\theta + 2 > 0$ なので,

$$2\sin\theta - 1 < 0.$$

$$\sin\theta < \frac{1}{2}.$$

$0° \leqq \theta \leqq 180°$ より,

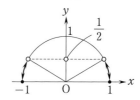

$$0° \leqq \theta < 30°, \quad 150° < \theta \leqq 180°.$$

(2) $2\cos^2\theta + \cos\theta - 1 < 0.$

$(2\cos\theta - 1)(\cos\theta + 1) < 0.$

$$-1 < \cos\theta < \frac{1}{2}.$$

$0° \leqq \theta \leqq 180°$ より,

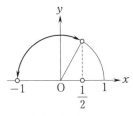

$$60° < \theta < 180°.$$

㊴.

(1) 三角形 ABC に正弦定理を用いて,

$$\frac{2\sqrt{3}}{\sin 60°} = 2R.$$

$$\therefore \quad R = \frac{\sqrt{3}}{\left(\frac{\sqrt{3}}{2}\right)} = 2.$$

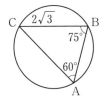

$\angle ACB = \{180° - (75° + 60°)\} = 45°.$

三角形 ABC に正弦定理を用いて,

$$\frac{AB}{\sin 45°} = 2 \cdot 2.$$

$$\therefore \quad AB = 4 \cdot \frac{1}{\sqrt{2}} = 2\sqrt{2}.$$

(2)

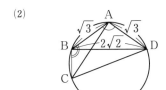

$0° < \angle BAD < 180°$ より,

$\sin\angle BAD > 0$ なので,

$$\sin\angle BAD = \sqrt{1 - \cos^2\angle BAD}$$
$$= \sqrt{1 - \left(-\frac{1}{3}\right)^2}$$
$$= \frac{2\sqrt{2}}{3}.$$

三角形 ABD に正弦定理を用いて,

$$\frac{2\sqrt{2}}{\sin\angle BAD} = 2R.$$

$$\therefore \quad R = \frac{2\sqrt{2}}{2 \cdot \frac{2\sqrt{2}}{3}} = \frac{3}{2}.$$

また, $0° < \angle ABC < 180°$ より,

$\sin\angle ABC > 0$ なので,

$$\sin\angle ABC = \sqrt{1 - \cos^2\angle ABC}$$
$$= \sqrt{1 - \left(-\frac{\sqrt{3}}{3}\right)^2}$$
$$= \sqrt{\frac{2}{3}} = \frac{\sqrt{6}}{3}.$$

三角形 ABC に正弦定理を用いて,

$$\frac{AC}{\sin\angle ABC} = 2 \cdot \frac{3}{2}.$$

$$\therefore \quad AC = 3 \times \frac{\sqrt{6}}{3} = \sqrt{6}.$$

㊵.

(1)

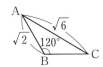

三角形 ABC に余弦定理を用いて,

$(\sqrt{6})^2 = (\sqrt{2})^2 + BC^2 - 2 \cdot \sqrt{2} \, BC \cdot \cos 120°.$

$6 = 2 + BC^2 - 2\sqrt{2}\, BC\left(-\dfrac{1}{2}\right).$

$BC^2 + \sqrt{2}\, BC - 4 = 0.$

$(BC + 2\sqrt{2})(BC - \sqrt{2}) = 0.$

$BC > 0$ なので,

$$BC = \sqrt{2}.$$

(2)(ⅰ) $(a+b):(b+c):(c+a)$

$= 14:13:15$ より, 正の実数 k を用いて,

$$\begin{cases} a+b = 14k, \\ b+c = 13k, \\ c+a = 15k \end{cases} \Leftrightarrow \begin{cases} a = 8k, \\ b = 6k, \\ c = 7k. \end{cases}$$

$\therefore\ a:b:c = 8:6:7.$

(ⅱ) $a = 8k,\ b = 6k,\ c = 7k$ として,

三角形 ABC に余弦定理を用いて,

$$\cos B = \dfrac{(8k)^2 + (7k)^2 - (6k)^2}{2 \cdot 8k \cdot 7k}$$

$$= \dfrac{77k^2}{2 \cdot 8 \cdot 7 \cdot k^2} = \dfrac{11}{16}.$$

 41.

(1)(ⅰ)

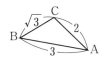

三角形 ABC に余弦定理を用いて,

$$\cos \angle BAC = \dfrac{2^2 + 3^2 - (\sqrt{3})^2}{2 \cdot 2 \cdot 3} = \dfrac{5}{6}.$$

(ⅱ) $0° < \angle BAC < 180°$ より,

$\sin \angle BAC > 0$ なので,

$\sin \angle BAC = \sqrt{1 - \cos^2 \angle BAC}$

$$= \sqrt{1 - \left(\dfrac{5}{6}\right)^2} = \dfrac{\sqrt{11}}{6}.$$

よって,

(三角形 ABC の面積)

$$= \dfrac{1}{2} \cdot AC \cdot AB \cdot \sin \angle BAC$$

$$= \dfrac{1}{2} \cdot 2 \cdot 3 \cdot \dfrac{\sqrt{11}}{6} = \dfrac{\sqrt{11}}{2}.$$

(2) 正 n 角形の n 個の頂点と円の中心を結ぶ線分どうしのなす角は $\dfrac{360°}{n}$.

隣り合う 2 つの頂点 A, B と中心 O_n でできる三角形を〈図1〉のように表す.

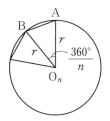

〈図1〉

$O_n A = O_n B = r$ の二等辺三角形より,

$$\sin \dfrac{180°}{n} = \dfrac{\dfrac{AB}{2}}{r}.$$

よって, 正 n 角形の 1 辺の長さは,

$$AB = 2r \sin \dfrac{180°}{n}.$$

また, 三角形 $O_n AB$ の面積 S は,

$$S = \dfrac{1}{2} r^2 \sin \dfrac{360°}{n}$$

であるから，正 n 角形の面積 S_n は，

$$S_n = n \cdot S = \frac{n}{2} r^2 \sin \frac{360°}{n}.$$

㊷.

(1) AB＝1，AD＝2，直角三角形 ABD に三平方の定理を用いて， BD＝$\sqrt{5}$.

BF＝1，FG＝2，直角三角形 BFG に三平方の定理を用いて，BG＝$\sqrt{5}$.

CG＝1，CD＝1，直角三角形 CDG に三平方の定理を用いて，DG＝$\sqrt{2}$.

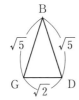

三角形 BDG に余弦定理を用いて，

$$\cos \angle DBG = \frac{(\sqrt{5})^2 + (\sqrt{5})^2 - (\sqrt{2})^2}{2 \cdot \sqrt{5} \cdot \sqrt{5}}$$
$$= \frac{4}{5}.$$

$0° < \angle DBG < 180°$ より，

$$\sin \angle DBG > 0.$$
$$\therefore \quad \sin \angle DBG = \sqrt{1 - \cos^2 \angle DBG}$$
$$= \sqrt{1 - \left(\frac{4}{5}\right)^2} = \frac{3}{5}.$$

よって，

(三角形 BDG の面積)
$$= \frac{1}{2} BD \cdot BG \cdot \sin \angle DBG$$
$$= \frac{1}{2} \sqrt{5} \cdot \sqrt{5} \cdot \frac{3}{5} = \frac{3}{2}.$$

(2) 底面を CDG，高さを BC＝2 とする.

(三角形 CDG の面積)
$$= \frac{1}{2} \cdot 1 \cdot 1 = \frac{1}{2} \quad \text{より}$$

(三角すい BCDG の体積)
$$= \frac{1}{3} \cdot 2 \cdot \frac{1}{2} = \frac{1}{3}.$$

(3) 点 C から三角形 BDG に下ろした垂線の長さを h とする.

このとき，三角すい BCDG の底面を三角形 BDG とすると

(三角すい BCDG の体積)
$$= \frac{1}{3} \times (\text{三角形 BDG の面積}) \times h.$$

$$\frac{1}{3} = \frac{1}{3} \cdot \frac{3}{2} \cdot h. \qquad \therefore \quad h = \frac{2}{3}.$$

㊸.

(1) $60° \leqq \theta \leqq 120°$ のとき，

$$-\frac{1}{2} \leqq \cos \theta \leqq \frac{1}{2}$$

なので，

$$-\frac{1}{2} \leqq t \leqq \frac{1}{2}.$$

(2) $\sin^2 \theta = 1 - \cos^2 \theta$ を用いて，

$$f(\theta) = 3(1 - \cos^2 \theta) - \cos \theta - 3$$
$$= -3 \cos^2 \theta - \cos \theta.$$

ここで，$t = \cos \theta$ として，

$$f(\theta) = -3t^2 - t.$$

(3) (1), (2) から，

$$f(\theta) = -3t^2 - t$$
$$= -3\left(t^2 + \frac{1}{3} t\right)$$
$$= -3\left(t + \frac{1}{6}\right)^2 + \frac{1}{12}$$
$$= g(t)$$

とおく.

$-\frac{1}{2} \leqq t \leqq \frac{1}{2}$ なので，

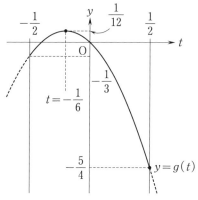

上図から，

最大値 M は，$t=-\dfrac{1}{6}$ のとき，

$$M=g\left(-\dfrac{1}{6}\right)=\dfrac{1}{12}.$$

最小値 m は，$t=\cos\theta=\dfrac{1}{2}$，

すなわち，$\theta=60°$ のとき，

$$m=g\left(\dfrac{1}{2}\right)=-\dfrac{5}{4}.$$

第5章 テスト対策問題

1

(1) $\sin 60°\cos 120°-\tan 150°$

$$=\dfrac{\sqrt{3}}{2}\cdot\left(-\dfrac{1}{2}\right)-\left(-\dfrac{1}{\sqrt{3}}\right)$$

$$=\dfrac{-\sqrt{3}}{4}+\dfrac{\sqrt{3}}{3}$$

$$=\dfrac{\sqrt{3}}{12}.$$

(2) $\sin 30°\cos 45°+\cos 30°\sin 45°$

$$=\dfrac{1}{2}\cdot\dfrac{\sqrt{2}}{2}+\dfrac{\sqrt{3}}{2}\cdot\dfrac{\sqrt{2}}{2}$$

$$=\dfrac{\sqrt{2}+\sqrt{6}}{4}.$$

(3) $\dfrac{\tan 150°-\tan 45°}{1+\tan 150°\cdot\tan 45°}$

$$=\dfrac{-\dfrac{\sqrt{3}}{3}-1}{1+\left(-\dfrac{\sqrt{3}}{3}\right)\cdot 1}$$

$$=\dfrac{-\sqrt{3}-3}{3-\sqrt{3}}$$

$$=\dfrac{-(3+\sqrt{3})}{(3-\sqrt{3})}\times\dfrac{(3+\sqrt{3})}{(3+\sqrt{3})}$$

$$=-\dfrac{9+3+6\sqrt{3}}{6}$$

$$=-(2+\sqrt{3}).$$

2

(1) $2\sin\theta+\dfrac{1}{\sin\theta}=3.$　　…①

ただし，$\sin\theta\neq 0$.

① に $\sin\theta$ を掛けて，

$$2\sin^2\theta+1=3\sin\theta.$$

$$(2\sin\theta-1)(\sin\theta-1)=0.$$

$0°\leqq\theta\leqq 180°$，および，$\sin\theta\neq 0$ より，

$$0<\sin\theta\leqq 1$$

であるから，

$$\sin\theta=1,\ \dfrac{1}{2}.$$

$$\therefore\ \boldsymbol{\theta=30°,\ 90°,\ 150°.}$$

(2) $(2\cos\theta-1)(\cos\theta+1)=0.$

$0°\leqq\theta\leqq 180°$ において，

$-1\leqq\cos\theta\leqq 1$ より，

$$\cos\theta=\dfrac{1}{2},\ -1.$$

$$\therefore\ \boldsymbol{\theta=60°,\ 180°.}$$

3

(1) $\sin\theta-\cos\theta=\dfrac{1}{\sqrt{3}}$ の両辺を2乗

して，

$$\sin^2\theta-2\sin\theta\cos\theta+\cos^2\theta=\dfrac{1}{3}.$$

よって,
$$\sin\theta\cos\theta=\frac{1}{3}.$$

また,
$$\tan\theta+\frac{1}{\tan\theta}=\frac{\sin\theta}{\cos\theta}+\frac{\cos\theta}{\sin\theta}$$
$$=\frac{\sin^2\theta+\cos^2\theta}{\sin\theta\cos\theta}$$
$$=\frac{1}{\sin\theta\cos\theta}$$
$$=3.$$

(2) $\tan\theta+\dfrac{1}{\tan\theta}=3$ の両辺に $\tan\theta$ を掛けて,
$$\tan^2\theta+1=3\tan\theta.$$
$$\tan^2\theta-3\tan\theta+1=0.$$
$$\tan\theta=\frac{3\pm\sqrt{5}}{2}.$$
$$\sin\theta-\cos\theta>0,$$
$$\sin\theta\cos\theta>0$$
より, $45°<\theta<90°$ なので, $\tan\theta>1$.
よって,
$$\tan\theta=\frac{3+\sqrt{5}}{2}.$$

(3) $\sin^3\theta-\cos^3\theta$
$$=(\sin\theta-\cos\theta)(\sin^2\theta+\sin\theta\cos\theta+\cos^2\theta)$$
$$=\frac{1}{\sqrt{3}}\left(1+\frac{1}{3}\right)$$
$$=\frac{4\sqrt{3}}{9}.$$

4

(1)

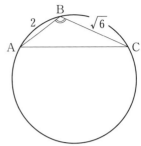

$\angle\text{ABC}$ は鈍角なので,
$$\cos\angle\text{ABC}=-\sqrt{1-\sin^2\angle\text{ABC}}$$
$$=-\sqrt{1-\frac{1}{3}}$$
$$=-\frac{\sqrt{6}}{3}.$$

三角形 ABC に余弦定理を用いて,
$$\text{AC}^2=2^2+(\sqrt{6})^2-2\cdot2\cdot\sqrt{6}\cdot\cos\angle\text{ABC}$$
$$=4+6-2\cdot2\sqrt{6}\cdot\left(-\frac{\sqrt{6}}{3}\right)$$
$$=18.$$
$$\text{AC}=3\sqrt{2}.$$

(2) 三角形 ABC の外接円の半径を R とする. 三角形 ABC に正弦定理を用いて,
$$\frac{3\sqrt{2}}{\sin\angle\text{ABC}}=\frac{\sqrt{6}}{\sin\angle\text{CAB}}=2R.$$
これより
$$R=\frac{3\sqrt{2}}{2\sin\angle\text{ABC}}$$
$$=\frac{3\sqrt{2}}{2\cdot\frac{1}{\sqrt{3}}}$$
$$=\frac{3\sqrt{6}}{2}.$$
$$\sin\angle\text{CAB}=\frac{\sqrt{6}}{2R}$$

$$= \frac{\sqrt{6}}{2 \cdot \frac{3\sqrt{6}}{2}}$$

$$= \frac{1}{3}.$$

5

木の根元を R, 高さを h とすると, 点 P から木を見上げる仰角 45° より

$$\mathrm{PR} = h.$$

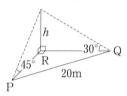

点 Q から木を見上げる仰角 30° より,

$$\mathrm{QR} = \sqrt{3}\,h.$$

三角形 PQR に三平方の定理を用いて $h^2 + 3h^2 = 20^2$. ∴ $h = 10$.

よって, 木の高さは **10(m)**.

第6章 データ分析

44.

(1) けんすいの回数を小さい順に並べると,

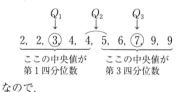

なので,

$$(中央値) = Q_2 = \frac{4+5}{2} = \mathbf{4.5},$$

$$Q_1 = \mathbf{3},$$

$$Q_3 = \mathbf{7}.$$

これより, 箱ひげ図は以下のようになる.

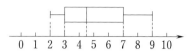

(2) 携帯電話を使用した7日間のデータを小さい順に並べると,

$$\underbrace{8, \overset{Q_1}{\textcircled{10}}, 12,}_{\substack{\text{ここの中央値が} \\ \text{第1四分位数}}} \overset{Q_2}{\textcircled{18}}, \underbrace{19, \overset{Q_3}{\textcircled{32}}, 40}_{\substack{\text{ここの中央値が} \\ \text{第3四分位数}}}$$

なので,

$$(中央値) = Q_2 = \mathbf{18},$$

$$Q_1 = \mathbf{10},$$

$$Q_3 = \mathbf{32}.$$

これより, 箱ひげ図は以下のようになる.

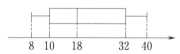

45.

11 個のデータの第1四分位数を Q_1, 第3四分位数を Q_3 とすると, $Q_1 = 18$, $Q_3 = 26$ から

$$Q_1 - 1.5(Q_3 - Q_1) = 6,$$
$$Q_3 + 1.5(Q_3 - Q_1) = 38$$

となり, 外れ値の基準は 6 以下, 38 以上になるので, 6 と 44 が外れ値になる. よって, 外れ値の個数は

2個.

46.

(1) 10 人の腕立て伏せの回数の平均を $\overline{x}$ とすると,

$$\overline{x} = \frac{17+19+21+28+18+27+25+20+11+14}{10}$$

$$= \frac{200}{10}$$

$$= \mathbf{20} \ (回).$$

(2) 分散，標準偏差を下の表で計算する．

生徒番号	回数 (x)	$x-\overline{x}$	$(x-\overline{x})^2$
1	17	-3	9
2	19	-1	1
3	21	1	1
4	28	8	64
5	18	-2	4
6	27	7	49
7	25	5	25
8	20	0	0
9	11	-9	81
10	14	-6	36
合計	200		270

よって分散 s^2，標準偏差 s は

$$s^2 = \frac{270}{10}$$
$$= \mathbf{27}.$$
$$s = \sqrt{27}$$
$$= \mathbf{3\sqrt{3}}.$$

㊼.

(1) 数学と理科の平均を $\overline{x}$，$\overline{y}$ とすると，

$$\overline{x} = \frac{3+3+4+5+3+6}{6} = \frac{24}{6} = \mathbf{4},$$
$$\overline{y} = \frac{2+5+4+8+3+8}{6} = \frac{30}{6} = \mathbf{5}.$$

分散，共分散を計算するために以下の表を使用する．

生徒	x	y	$x-\overline{x}$	$y-\overline{y}$	$(x-\overline{x})^2$	$(y-\overline{y})^2$	$(x-\overline{x})(y-\overline{y})$
①	3	2	-1	-3	1	9	3
②	3	5	-1	0	1	0	0
③	4	4	0	-1	0	1	0
④	5	8	1	3	1	9	3
⑤	3	3	-1	-2	1	4	2
⑥	6	8	2	3	4	9	6
合計	24	30			8	32	14

数学と理科の分散をそれぞれ $s_x{}^2$，$s_y{}^2$ とする．

$$s_x{}^2 = \frac{8}{6} = \frac{\mathbf{4}}{\mathbf{3}}.$$
$$s_y{}^2 = \frac{32}{6} = \frac{\mathbf{16}}{\mathbf{3}}.$$

(2) 共分散 s_{xy} は，

$$s_{xy} = \frac{14}{6} = \frac{\mathbf{7}}{\mathbf{3}}.$$

数学と英語の相関係数 r は，

$$r = \frac{s_{xy}}{s_x \cdot s_y}$$
$$= \frac{\dfrac{7}{3}}{\sqrt{\dfrac{4}{3}} \cdot \sqrt{\dfrac{16}{3}}}$$
$$= \frac{7}{8}$$
$$= \mathbf{0.875}.$$

㊽.

(1) 21 回以上表が出た回数は
$2+1+1=4$（回）であり，実験の回数に対する相対度数は $\dfrac{4}{200} = 0.02$．これは基準となる確率 0.05 よりも小さいので，主張 B の仮説は正しくない．よって，主張 A が正しいとなるので，蛍光ペン N の方が好まれると**判断できる**．

(2) 19 回以上表が出た回数は

$10+6+2+1+1=20$ 回であり，実験の回数に対する相対度数は $\dfrac{20}{200}=0.10$.

これは基準となる確率 0.05 よりも大きいので，主張Bの仮説は正しくないとは判断できない．よって，蛍光ペンNの方が好まれるとは**判断できない**.

第6章 テスト対策問題

1

(1) データを小さい順に並べて，

$3, 5, \overset{\frown}{9, 10}, 12, \overset{\frown}{16, 17}, 19, \overset{\frown}{22, 25}, 26, 28$

（中央値）$=Q_2=\dfrac{16+17}{2}=\mathbf{16.5}$.

第1四分位数 Q_1 は3番目と4番目の平均値より，

$$Q_1=\dfrac{9+10}{2}=\mathbf{9.5}.$$

第3四分位数は9番目と10番目の平均値より，

$$Q_3=\dfrac{22+25}{2}=\mathbf{23.5}.$$

また，最小値が3，最大値が28なので箱ひげ図は下図のようになる．

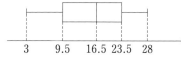

(2) 平均値は次のようになる．

$$\dfrac{3+5+10+12+17+22+25+28+26+19+16+9}{12}$$
$$=\dfrac{192}{12}$$
$$=\mathbf{16}\ (\text{℃}).$$

2

(1) 変量 x の総和を X とすると，
$X=29+28+26+22+21+20+19+18+15+12$

$=210$.

変量 x の平均値 $\overline{x}$ は，

$$\overline{x}=\dfrac{210}{10}=\mathbf{21}\ (\text{時間}).$$

変量 y の総和を Y とすると，

$Y=13+9+8+15+22+14+20+30+25+24$
$=180$.

変量 y の平均値 $\overline{y}$ は，

$$\overline{y}=\dfrac{180}{10}=\mathbf{18}\ (\text{時間}).$$

(2) 表をうめると次のようになる．

生徒	x	y	$x-\overline{x}$	$y-\overline{y}$	$(x-\overline{x})^2$	$(y-\overline{y})^2$	$(x-\overline{x})(y-\overline{y})$
①	29	13	8	-5	64	25	-40
②	28	9	7	-9	49	81	-63
③	26	8	5	-10	25	100	-50
④	22	15	1	-3	1	9	-3
⑤	21	22	0	4	0	16	0
⑥	20	14	-1	-4	1	16	4
⑦	19	20	-2	2	4	4	-4
⑧	18	30	-3	12	9	144	-36
⑨	15	25	-6	7	36	49	-42
⑩	12	24	-9	6	81	36	-54
合計	210	180			270	480	-288

変量 x, y の分散を $s_x{}^2$, $s_y{}^2$ とすると，

$$s_x{}^2=\dfrac{270}{10}=\mathbf{27}.$$

$$s_y{}^2=\dfrac{480}{10}=\mathbf{48}.$$

このとき，x, y の標準偏差 s_x, s_y は，
$$s_x=\sqrt{27}=3\sqrt{3},$$
$$s_y=\sqrt{48}=4\sqrt{3}.$$

共分散 s_{xy} とすると，

$$s_{xy}=\dfrac{-288}{10}=\mathbf{-28.8}.$$

これらを用いて，相関係数 r は，

$$r = \frac{s_{xy}}{s_x \cdot s_y} = \frac{-28.8}{3\sqrt{3} \cdot 4\sqrt{3}}$$
$$= -0.8.$$

第7章　場合の数

㊾.

(1) 約分できる分数は分子が1から100までのうち2の倍数または5の倍数であるものである. 1から100までの整数のうち2の倍数である数の集合をA, 5の倍数である数の集合をBとすると, これは, $A \cup B$に属する数である.

(i) 2の倍数の個数$n(A)$は100を2で割ると商が50で余りが0となることより,
$$n(A) = 50.$$

(ii) 5の倍数の個数$n(B)$は100を5で割ると商が20で余りが0となることより,
$$n(B) = 20.$$

(iii) 2の倍数かつ5の倍数である数の個数$n(A \cap B)$, すなわち10の倍数の個数は100を10で割ると商が10で余りが0となることより,
$$n(A \cap B) = 10.$$

(i)〜(iii)より,
$$n(A \cup B) = n(A) + n(B) - n(A \cap B)$$
$$= 50 + 20 - 10 = \mathbf{60}\,(\text{個}).$$

(2) 100から300までの整数のうち3の倍数である数の集合をA, 5の倍数である数の集合をBとする.

(i) 1から99までの整数で3の倍数の個数は99を3で割ると商が33

で余りが0より, 33個.

1から300までの整数で3の倍数の個数は300を3で割ると商が100で余りが0より, 100個ある.

$$\overbrace{1, 2, 3, 4, \cdots, \underbrace{98, 99}_{\text{3の倍数：33個}}, 100, 101, \cdots, 299, 300}^{\text{3の倍数：100個}}$$

よって, 100から300までの整数のうち3の倍数の個数$n(A)$は,
$$n(A) = 100 - 33 = \mathbf{67}\,(\text{個}).$$

(ii) (i)と同様に1から99までの整数で5の倍数の個数は19個.

1から300までの整数で5の倍数の個数は60個.

$$\overbrace{1, 2, 3, 4, 5, \cdots, \underbrace{99}_{\text{5の倍数：19個}}, 100, 101, \cdots, 299, 300}^{\text{5の倍数：60個}}$$

よって, 100から300までの整数のうち5の倍数の個数$n(B)$は,
$$n(B) = 60 - 19 = \mathbf{41}\,(\text{個}).$$

(iii) 3の倍数かつ5の倍数は15の倍数より,

㋐ 1から99までの整数で15の倍数の個数は99を15で割ると商が6で余りが9より6個.

㋑ 1から300までの整数で15の倍数の個数は300を15で割ると商が20で余り0より20個.

$$\overbrace{1, 2, 3, \cdots, \underbrace{99}_{\text{15の倍数：6個}}, 100, 101, \cdots, 299, 300}^{\text{15の倍数：20個}}$$

よって, 100から300までの整数で15の倍数の個数$n(A \cap B)$は, $n(A \cap B) = 20 - 6 = 14\,(\text{個}).$

以上より，3の倍数または5の倍数であるものの個数 $n(A\cup B)$ は，
$$n(A\cup B)=n(A)+n(B)-n(A\cap B).$$
$$=67+41-14=\textbf{94 (個)}.$$

㊿.

(1) 異なる6文字を一列に並べる順列を考えて，
$$6\times5\times4\times3\times2\times1=\textbf{720 (通り)}.$$

(2) 辞書式に並べて，SENDAI は何番目か考える。

  ㋐ 左端に E, N, D, A, I の5通りがくれば，残りの5文字の並び方は何がきてもよいので，
$$5\times5\times4\times3\times2\times1=600\ (通り).$$

E, N, D, A, I の   残りの5文字について，
5通り $5\times4\times3\times2\times1$ 通り

  ㋑ 左端に S がくるとき，左から2番目には，A, D のいずれかがくれば，残りの4文字はどう並んでもよいので，
$$2\times4\times3\times2\times1=48\ (通り).$$

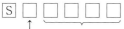

D, A の 残りの4文字について，
2通り $4\times3\times2\times1$ 通り

  ㋒ 左端に S, 左から2番目に E がくるとき左から3番目には D, A, I のいずれかがくれば残りの3文字はどう並んでもよいので
$$3\times3\times2\times1=18\ (通り).$$

D, A, I の 残りの3文字の
3通り $3\times2\times1$ 通り

  ㋓ 左端から，S, E, N ときたと

き，左から4番目は A がくれば，残りの文字はどう並んでもよいので，$1\times2\times1=2$ (通り)．

A の   残りの2文字の
1通り 2×1 通り

  ㋔ 左端からS, E, N, D ときたとき，左から5番目は A のみなので最後の文字は I の1通りのみ。

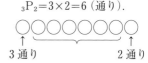

A－I…1通り

よって，㋐〜㋔より SENDAI は，
$$600+48+18+2+1=\textbf{669 (番目)}.$$

51.

(1) 男女8人を一列に並べる順列なので，${}_8P_8=8!=\textbf{40320 (通り)}.$

(2) 両端に女子がくるのは，左端に a, b, c の3通り，

右端に，左端以外の2通り，すなわち，両端に女子がくるのは3人から2人選んで並べる順列
$${}_3P_2=3\times2=6\ (通り).$$

○○○○○○○○
↑　　　　　　↑
3通り　　　　2通り

残る6人を一列に並べる順列を考えて6!通り。

よって，両端に女子がくる並び方は，
$$6\times6!=\textbf{4320 (通り)}.$$

(3) A, a をまず1つのかたまり (A, a) とする。(A, a), B, C, D, E, b, c の7つの順列を考え，7!(通り)。

この7!通りのそれぞれに対し，A－a と a－A の2通りの並び方があるので，$2\times7!=\textbf{10080 (通り)}.$

(4) (女子が隣り合わない ⟶)まず，

女子以外の男子5人を並べて5!（通り）.

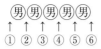

男 男 男 男 男
↑ ↑ ↑ ↑ ↑ ↑
① ② ③ ④ ⑤ ⑥

女子3人を男子の左右①～⑥のうち3か所に並べればよい.

この女子3人の並べ方は，

${}_6P_3=6\times5\times4$ 通りなので女子が隣り合わない並べ方は，

$5!\times{}_6P_3=5!\times6\times5\times4=$**14400（通り）**.

(52).

⑴　青球を上で固定し，残りの6個の球の並べ方を考えればよい.

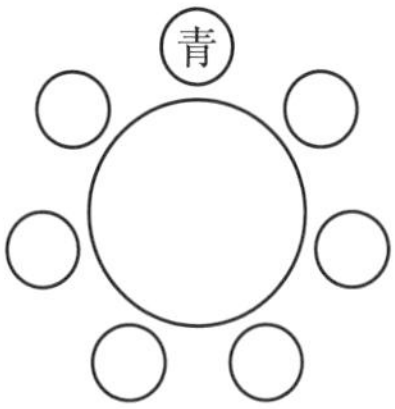

残りの6個は白球が4個，赤球が2個であるから，青球以外の場所に並べる並び方を考えて，

$$\frac{6!}{4!2!}=\mathbf{15}\ \textbf{（通り）}.$$

⑵　ネックレスでは，円形に並べたものをひっくり返せるので，以下の2つは同じものとしてカウントすることになる.（○は白球を表す）

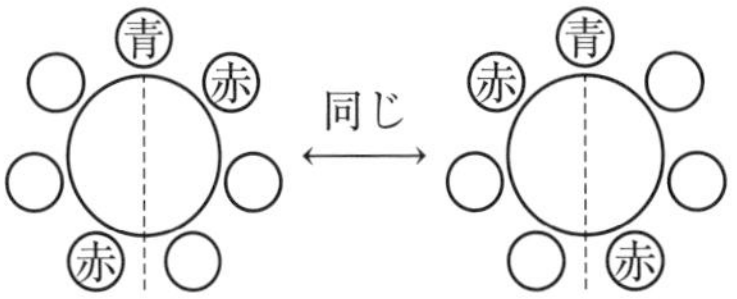

上の2つは，⑴では異なる並べ方として考えるのが，ネックレスでは同じと考える.

以上のことから，⑴の15通りを対称なものと非対称なものに分けて考える.

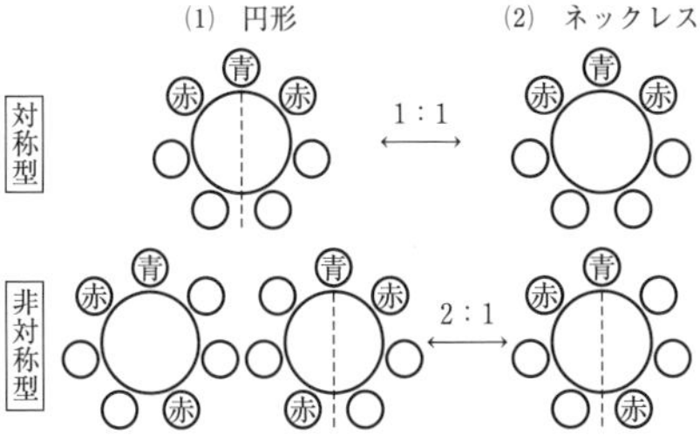

（○は白球を表す）

⑴で，対称なものは3通りあるので，非対称なものは $15-3=12$ 通りある.

よって，ネックレスの作り方は

$$3+\frac{12}{2}=3+6=\mathbf{9}\ \textbf{（通り）}.$$

(53).

⑴　部屋A，B，Cの8人の入り方は，8人の人を①，②…⑧と番号をつけると，

①はA，B，Cの3通りの入り方があり，

②もA，B，Cの3通りの入り方があり，

⋮

⑧もA，B，Cの3通りの入り方がある.

よって，8人のA，B，Cの入り方は全部で，

$$3^8=\mathbf{6561}\ \textbf{（通り）}.$$

⑵　2部屋空き部屋となるのは8人全員が1部屋のみに入ることで，

8人が { Aのみに入る / Bのみに入る / Cのみに入る } の**3通り**.

⑶　A，Bのみに入り，いずれにも少なくとも1人は入るとき，8人のA，

Bへの分かれ方は 2^8 通り.

この 2^8 通りのうちAのみに入ってしまうのが1通り，Bのみに入ってしまうのが1通りなのでA，Bに少なくとも1人は入る入り方は，

$$2^8-2=256-2=254\ (\text{通り}).$$

同様にB, Cのみ，C，Aのみに入るときも254通り.

よって，ちょうど1部屋空き部屋になるのは，

$$3\times254=\mathbf{762}\ (\textbf{通り}).$$

(4) (1)の6561通りには，(2)の2部屋空き部屋の場合，(3)の1部屋空き部屋の場合が含まれているので求める入れ方は，

$$6561-(762+3)=\mathbf{5796}\ (\textbf{通り}).$$

(54).

(1) 10個の球から4個を選ぶ組合せは，

$${}_{10}C_4=\frac{10\cdot9\cdot8\cdot7}{4\cdot3\cdot2\cdot1}=\mathbf{210}\ (\textbf{通り}).$$

(2) 4個の白球から2個を選ぶ組合せは，

$${}_4C_2=\frac{4\cdot3}{2\cdot1}=6\ (\text{通り}).$$

それぞれに対して，6個の赤球から2個を選ぶ選び方はそれぞれ，

$${}_6C_2=\frac{6\cdot5}{2\cdot1}=15\ (\text{通り}).$$

あるので，選び方は，

$$6\cdot15=\mathbf{90}\ (\textbf{通り}).$$

(3) 余事象は，「白球が選ばれない」，すなわち，「4個ともすべて赤球」である．選ぶ4個がすべて赤であるのは，

$${}_6C_4=\frac{6\cdot5\cdot4\cdot3}{4\cdot3\cdot2\cdot1}=15\ (\text{通り})$$

なので，少なくとも1個の白球が選ばれるのは，

$$210-15=\mathbf{195}\ (\textbf{通り}).$$

(55).

(1) 12人から5人を選び，残り7人から4人を選べばよいので，

$$\begin{aligned}&{}_{12}C_5\times{}_7C_4\times1\\&=\frac{12\cdot11\cdot10\cdot9\cdot8}{5\cdot4\cdot3\cdot2\cdot1}\times\frac{7\cdot6\cdot5\cdot4}{4\cdot3\cdot2\cdot1}\times1\\&=\mathbf{27720}\ (\textbf{通り}).\end{aligned}$$

(2) 男子を A，B，C，D に2人ずつ分ける分け方は，

A に男子2人選ぶ組合せ：${}_8C_2$ 通り，
B に男子2人選ぶ組合せ：${}_6C_2$ 通り，
C に男子2人選ぶ組合せ：${}_4C_2$ 通り，
D に男子2人選ぶ組合せ：${}_2C_2$ 通り.

女子を A，B，C，D に1人ずつ分ける分け方は，

$$4!\ \text{通り}.$$

よって，男子2人，女子1人の3人で作られる4つのグループ A，B，C，D の作り方は，

$$\begin{aligned}&{}_8C_2\times{}_6C_2\times{}_4C_2\times{}_2C_2\times4!\\&=\mathbf{60480}\ (\textbf{通り}).\end{aligned}$$

(3) 男子2人，女子1人の3人で作られる4つのグループの作り方1通りに対して，(2)では $4!=24$ (通り) ある．求める場合の数を M 通りとすると M と(2)の答え60480通りは1：24の比になるので，

$$M:60480=1:24.$$

$$\therefore\quad M=\frac{60480}{24}=\mathbf{2520}\ (\textbf{通り}).$$

(56).

$$\text{YAMANAMI}\longrightarrow\begin{array}{l}\text{Y}\\\text{A, A, A}\\\text{M, M}\\\text{N}\\\text{I}\end{array}$$

と分けることができる.

(1) 8文字のうち，Aが3文字，Mが2文字あるので，$\dfrac{8!}{3!2!}=3360$（通り）.

(2) (A, A, A) と1つのかたまりとしてY, ◯, M, M, N, I の並び方を考えて

$$\dfrac{6!}{2!}=360\text{（通り）}.$$

(3) (M, M) と1つのかたまりとしてY, A, A, A, ◯, N, I の並び方を考えて

$$\dfrac{7!}{3!}=840\text{（通り）}.$$

(4) 母音：A, A, A, I.
子音：Y, M, M, N.
母音と子音の並び方は，次の2通り.

母子母子母子母子

子母子母子母子母

母音を並べる並べ方は，

$$\dfrac{4!}{3!}=4\text{（通り）}.$$

子音の並び方は，$\dfrac{4!}{2!}=12$（通り）.

よって，求める場合の数は，

$$4\times2\times12=96\text{（通り）}.$$

第7章　テスト対策問題

1

(1) 異なる6個の文字を一列に並べる順列として考えて，

$$6!=6\cdot5\cdot4\cdot3\cdot2\cdot1$$
$$=720\text{（通り）}.$$

(2) 初めにAがくる文字列は，残りの異なる5文字を一列に並べる順列として考えて，

A◯◯◯◯◯
5!（通り）

$$5!=5\cdot4\cdot3\cdot2\cdot1$$
$$=120\text{（通り）}.$$

次に，異なる6文字A, N, O, R, T, U を辞書順に並べると，

初めの文字がAのとき，120通りあるので，初めの文字がN, Oのときも120通り.

このとき，360通りあるので，330番目の文字の初めの文字はOである.

初めの文字がO, 2文字目がAのとき，

O, A, ◯◯◯◯
4! 通り

4!=24 通りある.

同様に，2文字目がN, Rのときも24通りずつあるので，合計して，

$$24\times3=72\text{ 通り}$$

これらから，

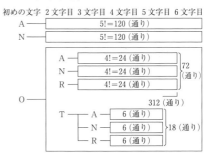

$$120\times3=360\text{ 番目}$$

のように330番目の文字列を調べる.

よって，330番目は，

OTRUNA.

(3) (2)と同様にして考える.

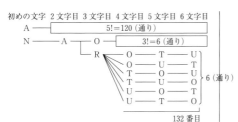

初めの文字 2文字目 3文字目 4文字目 5文字目 6文字目

以上より，132番目は，

NARUTO.

2

(1)
$$x+y+z=10,$$
$$x\geqq0,\ y\geqq0,\ z\geqq0$$

をみたす整数 $(x,\ y,\ z)$ の組の個数は以下の枠の中に○を10個，Ⅹを2個入れる入れ方と1：1に対応する．

1	2	3	4	5	6	7	8	9	10	11	12

　左のⅩの左側にある○の個数を x とし，2つのⅩの間にある○の個数を y，右のⅩの右側にある○の個数を z とする．

　例えば

1	2	3	4	5	6	7	8	9	10	11	12
○	○	○	Ⅹ	○	Ⅹ	○	○	○	○	○	○

は，$(x,\ y,\ z)=(3,\ 1,\ 6)$ と1対1に対応する．よって，求める組の個数は，

$$_{12}C_2=\frac{12\cdot11}{2\cdot1}=66\ （通り）.$$

(2)
$$x+y+z=10,$$
$$x>0,\ y>0,\ z>0$$

をみたす整数 $(x,\ y,\ z)$ の組の個数は，10個の○の間の9ヶ所に，2個のⅩを入れる入れ方に1対1に対応する．

○○○○○○○○○○
∧∧∧∧∧∧∧∧∧
1 2 3 4 5 6 7 8 9

　例えば，2と5にⅩを入れると，

○○Ⅹ○○○Ⅹ○○○○○

となり，$(x,\ y,\ z)=(2,\ 3,\ 5)$ に対応する．よって，求める組の個数は，

$$_9C_2=\frac{9\cdot8}{2\cdot1}=36\ （通り）.$$

参考 $x,\ y,\ z$ は，
$$x>0,\ y>0,\ z>0$$
をみたす整数なので，
$$x\geqq1,\ y\geqq1,\ z\geqq1.$$
　ここで
$$X=x-1,\ Y=y-1,\ Z=z-1$$
とおくと，
$$x-1+y-1+z-1=10-3\ より,$$
$$X+Y+Z=7.$$
$$X\geqq0,\ Y\geqq0,\ Z\geqq0$$
として(1)と同様に7個の○と2個のⅩを下の枠に入れる入れ方を考える．

1	2	3	4	5	6	7	8	9

　例えば，

1	2	3	4	5	6	7	8	9
○	○	○	Ⅹ	○	Ⅹ	○	○	○

は $(X,\ Y,\ Z)=(3,\ 1,\ 3)$ に対応するので，$(x-1,\ y-1,\ z-1)=(3,\ 1,\ 3)$ となり $(x,\ y,\ z)=(4,\ 2,\ 4)$ に対応する．

　よって，求める組の個数は，

$$_9C_2=\frac{9\cdot8}{2\cdot1}=36\ （通り）.$$

(3) $x,\ y,\ z$ は，
$$x\geqq1,\ y\geqq0,\ z>0$$
をみたす整数なので
$$x\geqq1,\ y\geqq0,\ z\geqq1.$$
　ここで，
$$X=x-1,\ Z=z-1$$
とおくと，

$(x-1)+y+(z-1)=10-2$ より，

$$X+y+Z=8,$$
$$X \geqq 0, \ y \geqq 0, \ Z \geqq 0.$$

(1)と同様にして8個の○と2個の‖を下の枠に入れる入れ方を考える．

1	2	3	4	5	6	7	8	9	10

よって，求める組の個数は，

$$_{10}C_2 = \frac{10 \cdot 9}{2 \cdot 1} = 45 \ （通り）.$$

(X, y, Z) と (x, y, z) は1対1に対応するので，求める組の個数は，

45通り.

3

(1) 右への一区画分の移動を →，上への一区画分の移動を ↑ で表す．AからBへ移動する最短経路は，5個の → と4個の ↑ を一列に並べる同じものを含む順列と1対1に対応する．

よって，

$$\frac{9!}{4!5!} = \frac{9 \cdot 8 \cdot 7 \cdot 6}{4 \cdot 3 \cdot 2 \cdot 1}$$
$$= \textbf{126 （通り）}.$$

(2) AからBへの最短経路のうち点Cを通るものは，AからCへの最短経路が，

$$\frac{3!}{2!1!} = 3 \ （通り）.$$

あり，CからBへの最短経路が，

$$\frac{6!}{3!3!} = \frac{6 \cdot 5 \cdot 4}{3 \cdot 2 \cdot 1} = 20 \ （通り）$$

あるので，点Cを通る最短経路は，

$$3 \times 20 = \textbf{60 （通り）}.$$

(3) Cを通る最短経路の集合を C，
   Dを通る最短経路の集合を D，
C, D の場合の数を $n(C)$, $n(D)$ で表す．全体集合を U とすると，それぞれの集合の関係は次のベン図で表せる．

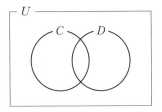

CもDも通らない場合の数は，

$$n(\overline{C} \cap \overline{D}) = n(\overline{C \cup D})$$
$$= n(U) - n(C \cup D), \ \cdots ①$$
$$n(C \cup D) = n(C) + n(D) - n(C \cap D).$$
$$\cdots ②$$

(1)より，　　　　$n(U) = 126.$
(2)より，　　　　$n(C) = 60.$

点Dを通る最短経路は，

$$n(D) = \frac{5!}{2!3!} \times \frac{4!}{2!2!} = 60 \ （通り）.$$

点CもDも通るのは，

$$n(C \cap D) = \frac{3!}{2!1!} \times \frac{2!}{1!1!} \times \frac{4!}{2!2!}$$
$$= 36 \ （通り）.$$

よって，②から，

$$n(C \cup D) = 60 + 60 - 36$$
$$= 84 \ （通り）.$$

①から，求める場合の数は，

$$n(\overline{C} \cap \overline{D}) = 126 - 84$$
$$= \textbf{42 （通り）}.$$

4

(1) 6人の円順列より，

$$(6-1)! = 5! = \textbf{120 （通り）}.$$

(2) Aを固定してAとaを向かい合せる．

残りの4人は残りの4席に座ればよいので，

$$_4P_4 = 4! = \textbf{24 （通り）}.$$

(3) 生徒どうしが隣り合わないので，生徒以外の先生3人をまず円形に並べて，

$(3-1)!=2!=2$（通り）.

次に生徒3人を①〜③の3か所に並べて，$_3P_3=3!=6$（通り）.

よって，生徒どうしが隣り合わない並べ方は $2×6=\mathbf{12}$（通り）.

第8章 確 率

57.

(1) 3個のサイコロA，B，Cを（同時に）振るときの目の出方は全体で，
$$6^3=216（通り）.$$

異なる数の目の出方はサイコロAの出方6通りに対しサイコロBの目は，サイコロAの目以外の5通り，サイコロCの目は，サイコロA，Bの目以外の4通りなので，
$$6×5×4=120（通り）.$$

よって，3個とも異なる数の目の出る確率は，$\dfrac{120}{216}=\dfrac{5}{9}$.

(2) 目の数を次の3つに分類する.
$P=\{1,\ 4\}\cdots 3$で割って1余る
$Q=\{2,\ 5\}\cdots 3$で割って2余る
$R=\{3,\ 6\}\cdots 3$で割り切れる

出る目の数の和が3の倍数となるのは，次の4つの場合がある.

（ⅰ）A，B，Cの目がすべて集合 P の要素$\cdots 2^3=8$（通り）.

（ⅱ）A，B，Cの目がすべて集合 Q の要素$\cdots 2^3=8$（通り）.

（ⅲ）A，B，Cの目がすべて集合 R の要素$\cdots 2^3=8$（通り）.

（ⅳ）A，B，Cの目が，$P,\ Q,\ R$ から1つずつとられる$\cdots 3!\cdot2^3=48$（通り）.

よって，出る目の数の和が3の倍数となる確率は，$\dfrac{8×3+48}{216}=\dfrac{72}{216}=\dfrac{1}{3}$.

(3) 出る目の数の最大値が3以下となるのはA，B，Cがどれも $\boxed{1}$，$\boxed{2}$，$\boxed{3}$ しか出ない場合である.

出る目の数の最大値が3以下となるサイコロの目の出方は，$3^3=27$（通り）.

よって，出る目の数の最大値が3以下となる確率は $\dfrac{27}{216}=\dfrac{1}{8}$.

58.

(1) 出る目の数の積が偶数となるのは，サイコロA，B，Cのうち少なくとも1つが偶数のときである. このとき，余事象は「サイコロA，B，Cの目がすべて奇数」なのでサイコロA，B，Cの目がすべて奇数である確率 $\dfrac{3^3}{6^3}=\dfrac{1}{8}$ を全事象の確率1より引いて，出る目の数の積が偶数となる確率は，
$$1-\dfrac{1}{8}=\dfrac{7}{8}.$$

(2) 3つのサイコロの出る目の数の最大値を X とする. 例えば，$(a,\ b,\ c)=(2,\ 4,\ 3)$ なら，$X=4$.

$X\leq 3$					
$X=1$	$X=2$	$X=3$	$X=4$	$X=5$	$X=6$

$X\leq 4$

最大値が4以下となるのは，サイコロの数が3個とも4以下となる場合であるから，その確率は，

$$P(X \leqq 4)=\frac{4^3}{6^3}=\frac{64}{216}.$$

最大値が3以下となるのは，サイコロの目の数が3個とも3以下となる場合であるから，その確率は，

$$P(X \leqq 3)=\frac{3^3}{6^3}=\frac{27}{216}.$$

よって，求める確率は

$$P(X=4)=P(X \leqq 4)-P(X \leqq 3)$$
$$=\frac{64}{216}-\frac{27}{216}=\boldsymbol{\frac{37}{216}}.$$

(59).

(1)　Y が偶数となるのは，サイコロを3回振り，「少なくとも1回偶数が出る」ときなので，余事象は「1回も偶数が出ない」すなわち「3回とも奇数」である．

$$P(「3回とも奇数」)=\left(\frac{1}{2}\right)^3=\frac{1}{8}$$

なので，Y が偶数になる確率は，

$$1-\frac{1}{8}=\boldsymbol{\frac{7}{8}}.$$

(2)　Y が2の倍数でも3の倍数でもないのは，サイコロを3回振ったとき，すべて，1，5の目が出るときなので，

$$\left(\frac{2}{6}\right)^3=\boldsymbol{\frac{1}{27}}.$$

(3)　Y が

2の倍数である事象を A，

3の倍数である事象を B

とする．

このとき，(1)から，

$P(2の倍数)=P(A)=\frac{7}{8}$ なので，

$$P(2の倍数でない)=P(\overline{A})=\frac{1}{8}.$$

(2)から，

$P(2の倍数でも3の倍数でもない)$

$$=P(\overline{A}\cap\overline{B})=\frac{1}{27}.$$

Y が6の倍数となるのは，「2の倍数」かつ「3の倍数」，すなわち，$A\cap B$ のときになるので，求める確率は，

$$P(A\cap B)=1-P(\overline{A\cap B}). \quad \cdots ①$$

また，

$$P(\overline{A\cap B})=P(\overline{A}\cup\overline{B})$$
$$=P(\overline{A})+P(\overline{B})-P(\overline{A}\cap\overline{B}).$$

ここで，$P(\overline{B})$，すなわち，Y が3の倍数にならない確率を考える．サイコロを3回振った時の目がすべて1，2，4，5となればよいので，

$$P(\overline{B})=\left(\frac{4}{6}\right)^3=\frac{8}{27}.$$

以上から，

$$P(\overline{A\cap B})=P(\overline{A}\cup\overline{B})$$
$$=P(\overline{A})+P(\overline{B})-P(\overline{A}\cap\overline{B})$$
$$=\frac{1}{8}+\frac{8}{27}-\frac{1}{27}$$
$$=\frac{83}{216}.$$

①から，

$$P(A\cap B)=1-P(\overline{A\cap B})$$
$$=1-\frac{83}{216}$$
$$=\boldsymbol{\frac{133}{216}}.$$

(60).

表の出る事象を㋔，その確率を P(オ)，裏の出る事象を㋒，その確率を P(ウ) で表す．

このとき，$P(オ)=\frac{2}{3}$，$P(ウ)=\frac{1}{3}$.

また硬貨を投げた回数を＃1，＃2，… で表す．

(1) 硬貨を2回投げて，表裏の順で出る確率は，$\underset{ (オ) }{\#1}\ \underset{ (ウ) }{\#2}$ より，

$$P(オ)\cdot P(ウ)=\frac{2}{3}\cdot\frac{1}{3}=\frac{2}{9}.$$

(2) 硬貨を6回投げるとき，表表裏裏表表の順に出る確率は

$\underset{ (オ) }{\#1}\ \underset{ (オ) }{\#2}\ \underset{ (ウ) }{\#3}\ \underset{ (ウ) }{\#4}\ \underset{ (オ) }{\#5}\ \underset{ (オ) }{\#6}$ より，

$$P(オ)\cdot P(オ)\cdot P(ウ)\cdot P(ウ)\cdot P(オ)\cdot P(オ)$$
$$=\left(\frac{2}{3}\right)\left(\frac{2}{3}\right)\left(\frac{1}{3}\right)\left(\frac{1}{3}\right)\left(\frac{2}{3}\right)\left(\frac{2}{3}\right)$$
$$=\left(\frac{2}{3}\right)^{4}\cdot\left(\frac{1}{3}\right)^{2}=\frac{16}{729}.$$

(3) 硬貨を6回投げるとき，表裏裏裏表表の順に出る確率は，

$\underset{ (オ) }{\#1}\ \underset{ (ウ) }{\#2}\ \underset{ (ウ) }{\#3}\ \underset{ (ウ) }{\#4}\ \underset{ (オ) }{\#5}\ \underset{ (オ) }{\#6}$ より，

$$P(オ)\cdot P(ウ)\cdot P(ウ)\cdot P(ウ)\cdot P(オ)\cdot P(オ)$$
$$=\frac{2}{3}\cdot\frac{1}{3}\cdot\frac{1}{3}\cdot\frac{1}{3}\cdot\frac{2}{3}\cdot\frac{2}{3}=\left(\frac{2}{3}\right)^{3}\cdot\left(\frac{1}{3}\right)^{3}$$
$$=\frac{8}{729}.$$

61.

	確率
赤球：P の位置→$+2$	$\dfrac{1}{3}$
青球：P の位置←-1	$\dfrac{2}{3}$

赤球を取り出す事象を A，赤球を取り出した回数を a，青球を取り出す事象を B，青球を取り出した回数を b とする．

(1) 4回の試行で座標2となるのは，
$$\begin{cases} a+b=4, \\ 2a-b=2. \end{cases}$$
これを解くと $a=2$，$b=2$．

よって4回の試行で A が2回，B

が2回起こればよいので，
$$_{4}C_{2}\left(\frac{1}{3}\right)^{2}\cdot\left(\frac{2}{3}\right)^{2}=\frac{8}{27}.$$

(2) 6回の試行で原点に戻るのは
$$\begin{cases} a+b=6, \\ 2a-b=0. \end{cases}$$
これらを解くと，$a=2$，$b=4$．

よって，6回の試行で A が2回，B が4回起こればよいので，
$$_{6}C_{2}\left(\frac{1}{3}\right)^{2}\cdot\left(\frac{2}{3}\right)^{4}=\frac{80}{243}.$$

62.

これは「当たりくじが出たという条件のもとで，Bが当たりくじを引く」という，条件付き確率である．よって，当たりくじが出たという事象を A，Bが当たりくじを引くという事象を B とすると，

$$P_{A}(B)=\frac{P(A\cap B)}{P(A)}$$

を求めることになる．

当たりくじが出るのは，次の3つの場合がある．

(i) Aが当たりくじを引く，

(ii) Aがはずれ，Bが当たりくじを引く，

(iii) A，Bがはずれ，Cが当たりくじを引く．

(i)〜(iii) の確率はそれぞれ，

(i) $\dfrac{1}{10}$,

(ii) $\dfrac{9}{10}\cdot\dfrac{1}{9}=\dfrac{1}{10}$,

(iii) $\dfrac{9}{10}\cdot\dfrac{8}{9}\cdot\dfrac{1}{8}=\dfrac{1}{10}$.

また，Bが当たる確率は，(ii) の $\dfrac{1}{10}$ なので，求める確率は，

$$\frac{\dfrac{1}{10}}{\dfrac{1}{10}+\dfrac{1}{10}+\dfrac{1}{10}}=\frac{1}{3}.$$

⑥⑶.

9 個の玉から 4 個の玉を取り出す方法は全部で

$$_9\mathrm{C}_4=\frac{9\cdot8\cdot7\cdot6}{4\cdot3\cdot2\cdot1}=9\cdot7\cdot2=126\ (通り)$$

あり,これらはすべて同様に確からしい.また,取り出した赤玉と白玉の個数をそれぞれ $X,\ Y$ とする.

(1) 白玉が 3 個取り出されるとき,赤玉と白玉の取り出される個数は $(X,\ Y)=(1,\ 3)$ となる.よって,求める確率は,

$$\frac{_5\mathrm{C}_1\cdot_4\mathrm{C}_3}{126}=\frac{5\cdot4}{9\cdot7\cdot2}=\frac{10}{63}.$$

(2) 赤玉が 2 個取り出されるとき,赤玉と白玉の取り出される個数は $(X,\ Y)=(2,\ 2)$ となる.よって,求める確率は,

$$\frac{_5\mathrm{C}_2\cdot_4\mathrm{C}_2}{126}=\frac{10\cdot6}{9\cdot7\cdot2}=\frac{10}{21}.$$

(3) X のとり得る値は $X=0,\ 1,\ 2,$ $3,\ 4.$ $k=0,\ 1,\ 2,\ 3,\ 4$ とし,$X=k$ となる確率を $P(X=k)$ とする.(1),(2) より,

$$P(X=1)=\frac{_5\mathrm{C}_1\cdot_4\mathrm{C}_3}{126}=\frac{5\cdot4}{9\cdot7\cdot2}=\frac{20}{126}.$$

$$P(X=2)=\frac{_5\mathrm{C}_2\cdot_4\mathrm{C}_2}{126}=\frac{10\cdot6}{9\cdot7\cdot2}=\frac{60}{126}.$$

同様にして,

$$P(X=3)=\frac{_5\mathrm{C}_3\cdot_4\mathrm{C}_1}{126}=\frac{10\cdot4}{9\cdot7\cdot2}=\frac{40}{126}.$$

$$P(X=4)=\frac{_5\mathrm{C}_4\cdot_4\mathrm{C}_0}{126}=\frac{5\cdot1}{9\cdot7\cdot2}=\frac{5}{126}.$$

よって,求める期待値は,

$$0\cdot P(X=0)+1\cdot\frac{20}{126}+2\cdot\frac{60}{126}+3\cdot\frac{40}{126}+4\cdot\frac{5}{126}$$

$$=\frac{10+60+60+10}{63}=\frac{140}{7\cdot9}=\frac{20}{9}.$$

第 8 章 テスト対策問題

1

1 から 6 の数を 4 で割った余りで分類すると,

余り 0 … 4
余り 1 … 1,5
余り 2 … 2,6
余り 3 … 3

点 Q がサイコロを振り移動する辺数は,上の余りの数に等しく,余り 0 のとき,移動しないのと同じになる.

(1) サイコロを 1 回振ったとき,Q が A に戻るのは,4 の目が出るときなので,

$$\frac{1}{6}.$$

(2) 1 回目,2 回目に出たサイコロの目の数を 4 で割った余りを $a,\ b$ とする.

サイコロを 2 回振って Q が A に戻るのは $a+b$ を 4 で割った余りが 0 のときなので,

$(a,\ b)=(0,\ 0),\ (1,\ 3),\ (2,\ 2),\ (3,\ 1)$

のときのみ.よって求める確率は,

$$\frac{1}{6}\cdot\frac{1}{6}+\frac{2}{6}\cdot\frac{1}{6}+\frac{2}{6}\cdot\frac{2}{6}+\frac{1}{6}\cdot\frac{2}{6}$$

$$=\frac{9}{36}=\frac{1}{4}.$$

(3) 1 回目に A に戻る事象を S,
2 回目に A に戻る事象を T
とすると

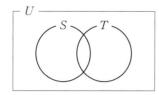

$P(S \cap T) = P(1\text{回目にA} \cap 2\text{回目にA})$

$\qquad = \dfrac{1}{6} \cdot \dfrac{1}{6}$

$\qquad = \dfrac{1}{36}.$

$P(S \cup T) = P(S) + P(T) - P(S \cap T)$

$\qquad = \dfrac{1}{6} + \dfrac{9}{36} - \dfrac{1}{36}$

$\qquad = \dfrac{14}{36}.$

よって，サイコロを2回振ったときに一度もAに戻らない確率は

$P(\overline{S} \cap \overline{T}) = P(\overline{S \cup T})$

$\qquad = 1 - P(S \cup T)$

$\qquad = 1 - \dfrac{14}{36}$

$\qquad = \dfrac{22}{36}$

$\qquad = \dfrac{11}{18}.$

2

3人A，B，Cでジャンケンをするとき，3人の手の出し方は，
$3^3 = 27$（通り）あり，これらが起こることは同様に確からしい．

(1) 1回で勝者が1人に決まるのは，3人の手の出し方が

（パー，パー，チョキ），

（チョキ，チョキ，グー），

（グー，グー，パー）

のいずれかで，それぞれに対して勝者がA，B，Cになる3通りがあるので，

$3 \times 3 = 9$（通り）.

よって，1回で勝者が1人に決まる確率は，

$$\dfrac{9}{27} = \dfrac{1}{3}.$$

(2) 1回のジャンケンで3人から1人勝者が決まるのを3人→1人として表す．

(1)より

$$P(3\text{人} \rightarrow 1\text{人}) = \dfrac{1}{3}.$$

3人→3人，すなわち，あいこになるのは3人が（グ，グ，グ），（チョ，チョ，チョ），（パ，パ，パ）の3通りと（グ，チョ，パ）の入れ替えの3!通りがあるので，

$3 + 3! = 9$（通り）.

よって，

$$P(3\text{人} \rightarrow 3\text{人}) = \dfrac{9}{27} = \dfrac{1}{3}.$$

3人→2人となるのは余事象を考えて，

$P(3\text{人}\rightarrow2\text{人})=1-\{(P(3\text{人}\rightarrow3\text{人})+P(3\text{人}\rightarrow1\text{人}))\}$

$\qquad = \dfrac{1}{3}.$

また，2人→2人，すなわち，あいこになるのは手の出し方 $3^2 = 9$ 通りのうち2人が（グ，グ），（チョ，チョ），（パ，パ）のように同じ手を出す3通りのときである．

よって，

$$P(2\text{人} \rightarrow 2\text{人}) = \dfrac{3}{9} = \dfrac{1}{3}.$$

2人→1人となるのは，余事象を考えて，

$$P(2\text{人} \rightarrow 1\text{人}) = 1 - P(2\text{人} \rightarrow 2\text{人})$$

$$=\frac{2}{3}.$$

2回で勝者が1人に決まるのは,

1回目　　2回目　　確率

3人 ⟶ 3人 ⟶ 1人 : $\frac{1}{3}\cdot\frac{1}{3}$

3人 ⟶ 2人 ⟶ 1人 : $\frac{1}{3}\cdot\frac{2}{3}$

よって, 求める確率は,

$$\frac{1}{9}+\frac{2}{9}=\boldsymbol{\frac{1}{3}}.$$

(3) 3回ジャンケンをして勝者が1人に決まるのは, 次の場合

1回目　　2回目　　3回目　　　確率

3人 ⟶ 3人 ⟶ 3人 ⟶ 1人 : $\frac{1}{3}\cdot\frac{1}{3}\cdot\frac{1}{3}$

3人 ⟶ 3人 ⟶ 2人 ⟶ 1人 : $\frac{1}{3}\cdot\frac{1}{3}\cdot\frac{2}{3}$

3人 ⟶ 2人 ⟶ 2人 ⟶ 1人 : $\frac{1}{3}\cdot\frac{1}{3}\cdot\frac{2}{3}$

よって, 3回ジャンケンをして勝者が1人に決まる確率は,

$$\frac{1}{27}+\frac{2}{27}+\frac{2}{27}=\boldsymbol{\frac{5}{27}}.$$

よって, 3回ジャンケンをしても勝者が1人に決まらない確率は, (1), (2)も考え合せて,

$$1-\left(\frac{1}{3}+\frac{1}{3}+\frac{5}{27}\right)$$
$$=1-\frac{23}{27}$$
$$=\boldsymbol{\frac{4}{27}}.$$

3

(1) 6枚のカードから3枚を取る取り方の総数は,

$$_6C_3=20 \text{（通り）}$$

あり, これらが起こることは同様に確からしい.

$X=2$ となるのは $\boxed{1}$, $\boxed{2}$ の2枚と $\boxed{3}\sim\boxed{6}$ の4枚から1枚が出る場合だから, 求める確率 $P(X=2)$ は,

$$P(X=2)=\frac{1\cdot_4C_1}{20}=\frac{4}{20}=\boldsymbol{\frac{1}{5}}.$$

(2) $X=3$ となるのは,

1番小さいカードが $\boxed{1}$, $\boxed{2}$ の2枚のうち1枚を取るので, その取り方は $_2C_1$ 通りある.

1番大きいカードは $\boxed{4}$, $\boxed{5}$, $\boxed{6}$ の3枚のうちの1枚を取るので, その取り方は $_3C_1$ 通りある.

これらと $\boxed{3}$ を取り出せばよいから, 求める確率 $P(X=3)$ は,

$$P(X=3)=\frac{_2C_1\cdot_3C_1}{20}=\frac{6}{20}=\boldsymbol{\frac{3}{10}}.$$

(3) $X=5$ となるのは,

1番小さいカードが $\boxed{1}\sim\boxed{4}$ の4枚のうちの1枚を取るので, その取り方は $_4C_1$ 通りある.

1番大きいカードは $\boxed{6}$ の1枚を取るので, その取り方は1通りである.

これらと $\boxed{5}$ を取り出せばよいから, 求める確率 $P(X=5)$ は,

$$P(X=5)=\frac{_4C_1\cdot1}{20}=\frac{4}{20}=\boldsymbol{\frac{1}{5}}.$$

(4) X のとりえる値は $X=2$, 3, 4, 5 のいずれかである. (1), (2), (3)より, $X=4$ となる確率 $P(X=4)$ は,

$$P(X=4)$$
$$=1-P(X=2)-P(X=3)-P(X=5)$$
$$=1-\frac{1}{5}-\frac{3}{10}-\frac{1}{5}$$

$$= \frac{3}{10}.$$

よって，求める期待値は，

$$2 \cdot \frac{1}{5} + 3 \cdot \frac{3}{10} + 4 \cdot \frac{3}{10} + 5 \cdot \frac{1}{5}$$

$$= \frac{35}{10} = \frac{7}{2}.$$

4

硬貨を投げる回数を #1，#2，#3，…と表す．

(1) 硬貨を6回投げるとき A が原点にあるのは，6回の試行のうち3回が表，3回が裏が出るとき．

$$\begin{array}{c} \overset{A}{\bullet} \\ \hline -3\,-2\,-1\;\;0\;\;1\;\;2\;\;3 \end{array} \quad x$$

6回の試行のうち表が3回，裏が3回出る出方は $_6C_3$ 通り．よって，6回で A が原点にある確率は

$$_6C_3 \left(\frac{2}{3}\right)^3 \left(\frac{1}{3}\right)^3 = \frac{160}{729}.$$

(2) 点 A が2回目に原点にあるのは #1，#2で表が1回，裏が1回出るときなので，その確率は，

$$_2C_1 \left(\frac{2}{3}\right)\left(\frac{1}{3}\right).$$

さらに6回目に原点にあるのは，#3，#4，#5，#6の計4回の試行で表が2回，裏が2回出るときであり，その確率は，

$$_4C_2 \left(\frac{2}{3}\right)^2 \left(\frac{1}{3}\right)^2.$$

よって，点 A が2回目に原点に戻り，かつ6回目に原点にある確率は，

$$_2C_1 \left(\frac{2}{3}\right)^1\left(\frac{1}{3}\right)^1 \times {}_4C_2\left(\frac{2}{3}\right)^2\left(\frac{1}{3}\right)^2 = \frac{32}{243}.$$

第9章　図形の性質

64.

(1) 頂点 Q と重心 G を結ぶ直線と線分 PR との交点を点 T とする．

$$QG : GT = 2 : 1.$$

また，PR∥MN より，

$$QN : NR = QG : GT = 2 : 1.$$

$$\therefore \quad \mathbf{QR : QN = 3 : 2}.$$

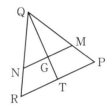

(2) PR∥MN より，

$$\mathbf{PR : MN = QR : QN = 3 : 2}.$$

(3) NM : GM = 2 : 1 より，

$$PR : MN : MG = 3 : 2 : 1.$$

$$\therefore \quad PR : GM = 3 : 1.$$

$$\therefore \quad MG = \frac{1}{3}PR = \frac{1}{3} \cdot 9 = \mathbf{3}.$$

(4) 三角形 PQR の面積を S とする．PR : PT = 2 : 1，QT : QG = 3 : 2 より，三角形 PQG の面積 S_1 は

$$S_1 = S \cdot \frac{1}{2} \cdot \frac{2}{3} = \frac{1}{3}S.$$

ここで，

$$S = \frac{1}{2} \cdot 9 \cdot 9 \cdot \sin 60° = \frac{81\sqrt{3}}{4}$$

であるから，

$$S_1 = \frac{1}{3} \cdot \frac{81\sqrt{3}}{4} = \frac{27\sqrt{3}}{4}.$$

(5) QM : MP = 2 : 1 より，

$$QP : MP = 3 : 1.$$

よって，三角形 PMG の面積を S_2 とすると，

$$S_2 = \frac{1}{3}S_1 = \frac{9\sqrt{3}}{4}.$$

65.

(1)(i)　I は内心だから,

$$\angle BAD = \angle CAD.$$

よって,

$$BD:DC = AB:AC = 3:5$$

だから,

$$DC = BC \cdot \frac{5}{8} = 6 \cdot \frac{5}{8} = \frac{15}{4}.$$

(ii)　I は内心だから,

$$\angle ACI = \angle DCI.$$

よって,

$$AI:ID = CA:CD$$
$$= 5:\frac{15}{4} = 4:3.$$

(2)(i)　三角形 ABC に余弦定理を用いて,

$$BC^2$$
$$= AB^2 + AC^2 - 2AB \cdot AC \cos\angle BAC$$
$$= 3^2 + 2^2 - 2 \cdot 3 \cdot 2 \cos 60°$$
$$= 7.$$
$$\therefore \quad BC = \sqrt{7}.$$

(ii)　三角形 ABC の面積を S とすると,

$$S = \frac{1}{2} \cdot AB \cdot AC \cdot \sin\angle BAC$$
$$= \frac{1}{2} \cdot 3 \cdot 2 \cdot \sin 60° = \frac{3\sqrt{3}}{2}.$$

(iii)　内接円の半径を r とすると,

$$(S =) \frac{3\sqrt{3}}{2} = \frac{1}{2}r(2 + 3 + \sqrt{7}).$$
$$\therefore \quad r = \frac{5\sqrt{3} - \sqrt{21}}{6}.$$

66.

(1)(i)

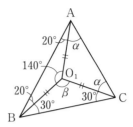

三角形 ABC の内角の和は 180° より,

$$2\alpha + 20° \cdot 2 + 30° \cdot 2 = 180°.$$
$$\therefore \quad \alpha = 40°.$$
$$\beta = 180° - 30° \cdot 2 = 120°.$$

(ii)

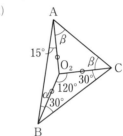

O_2 は外心だから,

$$O_2A = O_2B.$$

よって,

$$\alpha = \angle O_2BA = \angle O_2AB$$
$$= 15°.$$

三角形 ABC の内角の和が 180° より,

$$15° \cdot 2 + 30° \cdot 2 + 2\beta = 180°.$$
$$\therefore \quad \beta = 45°.$$

(2)

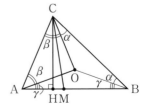

O は三角形 ABC の外心であるから,

$$\begin{cases} \angle\text{OCB}=\angle\text{OBC}(=\alpha), \\ \angle\text{OAB}=\angle\text{OBA}(=\gamma), \\ \angle\text{OAC}=\angle\text{OCA}(=\beta). \end{cases}$$

図のように α, β, γ を定める.

三角形 ABC の内角の和は $180°$ より,

$$2\alpha+2\beta+2\gamma=180°.$$

$$\therefore \quad \alpha+\beta+\gamma=90°.$$

三角形 ACH に注目して,

$$\angle\text{ACH}=90°-(\beta+\gamma)=\alpha=\angle\text{OCB}.$$

$$\cdots\text{①}$$

また, $\angle\text{ACB}$ の角の二等分線と辺 AB との交点を M とすると,

$$\angle\text{ACM}=\angle\text{BCM}. \qquad \cdots\text{②}$$

①, ②より, $\angle\text{HCM}=\angle\text{OCM}$ となり $\angle\text{ACB}$ の二等分線は $\angle\text{OCH}$ を二等分する.

(証明終り)

㊆.

(1)

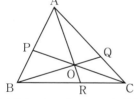

三角形 ABC にチェバの定理を用いて,

$$\frac{\text{BR}}{\text{RC}}\cdot\frac{\text{CQ}}{\text{QA}}\cdot\frac{\text{AP}}{\text{PB}}=1$$

$$\frac{3}{2}\cdot\frac{\text{CQ}}{\text{QA}}\cdot\frac{3}{2}=1$$

$$\frac{\text{CQ}}{\text{QA}}=\frac{4}{9}$$

よって,

$\text{AQ}:\text{QC}=9:4.$

(2) 三角形 ABR と直線 PC にメネラウスの定理を用いて,

$$\frac{\text{BC}}{\text{CR}}\cdot\frac{\text{RO}}{\text{OA}}\cdot\frac{\text{AP}}{\text{PB}}=1$$

$$\frac{5}{2}\cdot\frac{\text{RO}}{\text{OA}}\cdot\frac{3}{2}=1$$

$$\frac{\text{RO}}{\text{OA}}=\frac{4}{15}$$

よって,

$\text{AO}:\text{OR}=15:4.$

(3) 三角形 ABC の面積を S, 三角形 OAP の面積を S_1, 三角形 OCR の面積を S_2 とすると,

$$S_1=\triangle\text{ABC}\cdot\frac{3}{5}\cdot\frac{15}{19}\cdot\frac{3}{5}=\frac{27}{5\cdot19}S,$$

$$S_2=\triangle\text{ABC}\cdot\frac{2}{5}\cdot\frac{4}{19}=\frac{8}{5\cdot19}S.$$

よって,

$$S_1:S_2=\frac{27}{5\cdot19}S:\frac{8}{5\cdot19}S=\mathbf{27:8.}$$

㊅.

(1) 円 C_1, C_2, C_3 の半径を r_1, r_2, r_3 とする. 図より,

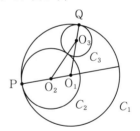

$$\text{O}_1\text{O}_3=r_1-r_3=7, \qquad \cdots\text{①}$$

$$\text{O}_2\text{O}_3=r_2+r_3=9. \qquad \cdots\text{②}$$

また,

$$r_1=10. \qquad \cdots\text{③}$$

①, ②, ③より, $r_2=6$, $r_3=3$.

$$\therefore \quad \text{O}_1\text{O}_2=r_1-r_2=10-6=\mathbf{4.}$$

(2)

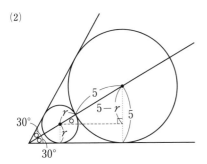

$$\sin 30° = \frac{5-r}{5+r} \quad \text{より,} \quad \frac{1}{2} = \frac{5-r}{5+r}.$$
$$\therefore \quad r = \frac{5}{3}.$$

㉖.

(1) ∠APD = 120° より,
$$∠CPD = 180° - 120° = 60°.$$
弧 BC に対する円周角より,
$$∠PDC = ∠BAC = 50°.$$
三角形 CDP の内角の和は 180° より,
$$α + 60° + 50° = 180°.$$
$$\therefore \quad \boldsymbol{α = 70°}.$$
弧 AD に対する円周角より,
$$∠ABD = ∠ACD = 70°.$$
いま, AC は直径なので,
$$∠ABC = 90°.$$
$$\therefore \quad \boldsymbol{β} = ∠ABC - ∠ABD = 90° - 70° = \boldsymbol{20°}.$$

(2) いま, AD∥EC より,
$$∠DAC = ∠ECA. \quad \cdots ①$$
また, BC∥FD より,
$$∠CBD = ∠FDB. \quad \cdots ②$$
弧 CD に対する円周角より,
$$∠DAC = ∠CBD. \quad \cdots ③$$
①, ②, ③ より ∠ECA = ∠FDB.
すなわち, ∠ECF = ∠EDF.
よって, 円周角の定理の逆より, 4 点 C, D, E, F は同一円周上にある.
（証明終り）

㉗.

(1) 四角形 ABCD は円に内接するから, ∠PDC = 65° より,
$$\boldsymbol{β = 65°}.$$
$$∠PCD = 180° - (35° + 65°) = 80° \text{ より,}$$
$$\boldsymbol{α = 80°}.$$

(2) AC = AD より,
$$∠ACD = ∠ADC. \quad \cdots ①$$
四角形 AEDC は円に内接するので,
$$∠AED = 180° - ∠ACD. \quad \cdots ②$$
また,
$$∠ADB = 180° - ∠ACD. \quad \cdots ③$$
①, ②, ③ より,
∠AED = ∠ADB, ∠EAD = ∠DAB であるから,
$$△ADB ∽ △AED.$$
（証明終り）

㉘.

(1) 線分 AD は直線 CD の垂線であり, また線分 AB は円の直径であるから,
$$∠ADC = ∠ACB = 90°.$$
また, 接線と弦のなす角の性質より
$$∠ABC = ∠ACD.$$
よって, △ABC ∽ △ACD.
（証明終り）

(2) (1)より △ABC ∽ △ACD より
$$AB : AC = AC : AD.$$
$$6 : 5 = 5 : AD.$$
$$25 = 6AD. \quad \therefore \quad \boldsymbol{AD = \frac{25}{6}}.$$
三角形 ABC に三平方の定理を用いて,
$$BC^2 = AB^2 - AC^2 = 6^2 - 5^2 = 11.$$
$$BC = \sqrt{11}.$$
また,
$$BC : CD = 6 : 5.$$

$$6CD = 5BC.$$

$$\therefore \quad CD = \frac{5}{6}BC = \frac{5\sqrt{11}}{6}.$$

72.

(1) OA が半径だから
直線 AP と円の交点で
点 A と異なるものを点
D とすると，OP $= x$
より PD $= 4 - x$.

方べきの定理より，

$$(4 + x)(4 - x) = 5 \cdot 1.$$

$$\therefore \quad x = \sqrt{11}.$$

(2) 円 O_1 について方べきの定理を用いて，

$$PA \cdot PB = PC^2. \qquad \cdots ①$$

円 O_2 について方べきの定理を用いて，

$$PA \cdot PB = PD^2. \qquad \cdots ②$$

①，② より，

$$PC = PD.$$

（証明終り）

73.

(1)

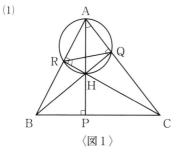

〈図 1〉

点 H は垂心だから，

$$\angle ARH = \angle AQH = 90°$$

だから，4 点 A, R, H, Q は同一円周上の点である．

円周角の定理から，

$$\angle QAH = \angle QRH. \qquad \cdots ①$$

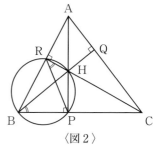

〈図 2〉

図 1 と同様に 4 点 B, P, H, R も同一円周上の点である．

円周角の定理から，

$$\angle PBH = \angle PRH. \qquad \cdots ②$$

（証明終り）

(2) △ACP∽△BCQ を示し，
$\angle QAH = \angle PBH$ を示す．

点 H は垂心なので，

$$\angle APC = \angle BQC = 90°.$$

△ACP，△BCQ において ∠C は共通の角である．よって 2 角が等しいので，

$$△ACP∽△BCQ.$$

これより，

$$\angle CAP = \angle CBQ.$$

よって

$$\angle QAH = \angle PBH.$$

（証明終り）

(3) ①，② と (2) から，

$$\angle PRH = \angle QRH$$

となり，線分 RH は ∠PRQ の二等分線となる．

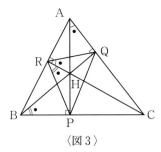

〈図3〉

同様にして,

　線分 PH は ∠RPQ の二等分線,

　線分 QH は ∠PQR の二等分線

となるので, 点 H は三角形 PQR の内心である.

（証明終り）

第9章　テスト対策問題

1

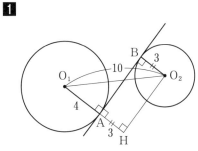

点 O_2 から直線 O_1A に下ろした垂線の足を H とすると, $AH=O_2B=3$ より,

$$O_1H=4+3=7.$$

三角形 O_1O_2H は ∠$O_1HO_2=90°$ の直角三角形なので, 三平方の定理を用いて,

$$AB=O_2H=\sqrt{10^2-7^2}$$
$$=\sqrt{51}.$$

2

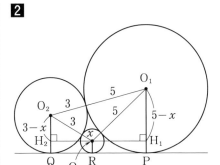

円 O_3 の半径を x とし, 点 O_3 から線分 O_1P, O_2Q に下ろした垂線の足を H_1, H_2 とする.

三角形 $O_3O_1H_1$, 三角形 $O_3O_2H_2$ に三平方の定理を用いて,

$$O_3H_1=\sqrt{(5+x)^2-(5-x)^2}$$
$$=\sqrt{20x}$$
$$=2\sqrt{5x},$$
$$O_3H_2=\sqrt{(3+x)^2-(3-x)^2}$$
$$=\sqrt{12x}$$
$$=2\sqrt{3x}.$$

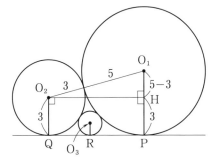

点 O_2 から線分 O_1P に下ろした垂線の足を H とすると, 三角形 O_1O_2H に三平方の定理を用いて,

$$O_2H=\sqrt{(5+3)^2-(5-3)^2}$$
$$=\sqrt{60}$$
$$=2\sqrt{15}.$$

$O_2H=O_3H_1+O_3H_2$ より

$$2\sqrt{15}=2\sqrt{5x}+2\sqrt{3x}.$$
$$\sqrt{15}=\sqrt{5x}+\sqrt{3x}$$
$$=(\sqrt{5}+\sqrt{3})\sqrt{x}.$$

両辺を2乗して,

$$15=(8+2\sqrt{15})x.$$

$$x=\frac{15}{8+2\sqrt{15}}\cdot\frac{8-2\sqrt{15}}{8-2\sqrt{15}}$$

$$=\frac{15(8-2\sqrt{15})}{4}$$

$$=\frac{15(4-\sqrt{15})}{2}.$$

3

(1)

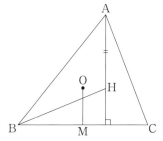

点Oは外心であり,直線OMは辺BCの垂直二等分線なので,

$\angle OMC=90°$ となる.

よって,

$$OM /\!\!/ AH$$

（証明終り）

(2)

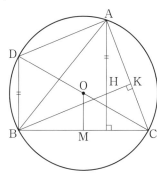

点Dを点Cを含まない弧AB上に点Dを辺CDが三角形ABCの外接円の直径となるようにとる.辺CDが直径なので,$\angle DBC=90°$.これより,

$$AH /\!\!/ DB. \qquad \cdots ①$$

直線BHと辺ACの交点をKとすると,$\angle BKA=90°$.

辺CDが直径なので,$\angle CAD=90°$.

よって,$BH /\!\!/ DA$. $\qquad \cdots ②$

①,②から,四角形ADBHは平行四辺形となり,$AH=BD$.

また,$BD /\!\!/ OM$ なので,

$$\triangle CBD \backsim \triangle CMO.$$

また,点MはBCの中点なので,

$$OM : BD = 1 : 2.$$

$BD=AH$ より,

$$OM : AH = 1 : 2.$$

（証明終り）

(3)

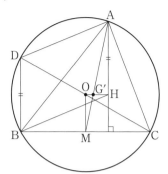

線分 AM と OH の交点を G′ とする.
OM∥AH より,

$$△OMG'∽△HAG'.$$

(2)から, OM：AH＝1：2 なので,

$$AG'：G'M＝2：1$$

となり, 点 G′ は三角形 ABC の重心 G
となる. 3 点 O, G′, H は一直線上の
点なので,

3 点 O, G, H は同一直線上にある.

（証明終り）

4

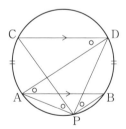

AB∥CD より,

$$∠BAD＝∠CDA.$$

等しい円周角に対する弧の長さは等
しいので,

弧 BD の長さ ＝ 弧 AC の長さ.

長さの等しい弧に対する円周角は等
しいので,

$$∠APC＝∠BPD.$$

（証明終り）

5

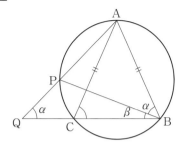

まず,

「$∠ABP＝∠PQB$」　…(*)

を示す.

三角形 PQB に注目して,
$∠AQB＝α$, $∠PBQ＝β$ とすると,
$∠BPQ$ の外角 $∠APB$ は, $α$, $β$ を用
いて,

$$∠APB＝α+β.$$

円周角の定理から,

$$∠ACB＝∠APB＝α+β.$$

これより,

$$∠ABC＝∠ACB＝α+β,$$
$$∠ABP＝α+β-∠PBQ$$
$$＝α$$

となり, (*)が成り立つ. このとき, 接
弦定理の逆より,

3 点 B, P, Q を通る円は直線 AB
に接する.

（証明終り）

第 10 章　数学と人間の活動（整数）

74.

(1) $\dfrac{360}{n}＝\dfrac{2^3・3^2・5^1}{n}$ が整数となると

き, n は 360 の正の約数なので,

$$(n \text{ の個数}) = (360 \text{ の正の約数の個数})$$
$$= (3+1)(2+1)(1+1)$$
$$= 4 \cdot 3 \cdot 2$$
$$= 24 \text{ (個)}.$$

また,

$$(n \text{ の総数})$$
$$= (360 \text{ の約数の総数})$$
$$= (2^0 + 2^1 + 2^2 + 2^3)(3^0 + 3^1 + 3^2)(5^0 + 5^1)$$
$$= (1 + 2 + 4 + 8)(1 + 3 + 9)(1 + 5)$$
$$= 15 \cdot 13 \cdot 6$$
$$= 1170.$$

(2) $N = \sqrt{\dfrac{756}{n}}$ とおくと,

$$N^2 = \frac{756}{n} = \frac{2^2 \cdot 3^3 \cdot 7}{n}.$$

これが整数になるには, n は 756 の正の約数である. さらに平方数（2乗の数）にするには,

$$n = 3 \cdot 7, \ 3^3 \cdot 7, \ 2^2 \cdot 3 \cdot 7, \ 2^2 \cdot 3^3 \cdot 7.$$

このうち, 最小の n は,

$$n = 3 \cdot 7 = 21.$$

 75.

(1) 図のように, 横 84 cm, 縦 90 cm の板を縦横にすき間なく敷き詰めて正方形を作るとき,

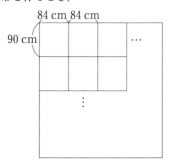

84 cm 84 cm
90 cm ···
⋮

正方形をできるだけ小さくする条件から, 1 辺の長さを 84 と 90 の最小公倍数にすればよい.

$$84 = 2^2 \cdot 3 \cdot 7,$$
$$90 = 2 \cdot 3^2 \cdot 5.$$

よって, 84 と 90 の最小公倍数は,

$$2^2 \cdot 3^2 \cdot 5 \cdot 7 = 1260.$$

したがって, 求める正方形の 1 辺の長さは,

$$1260 \text{ cm}.$$

(2) 板の中に 1 辺が a の正方形のタイルを隙間なく敷き詰めて行くとき,

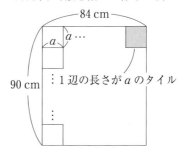

84 cm
a a ···
90 cm ∴1 辺の長さが a のタイル
⋮

a が最大になるのは, a が 84 と 90 の最大公約数のときで,
最大公約数は $2 \cdot 3 = 6$.

よって, タイルの 1 辺の長さは,

$$a = 6 \text{ (cm)}.$$

また, 必要なタイルの枚数は,

$$84 = 6 \cdot 14,$$
$$90 = 6 \cdot 15$$

より,

$$14 \cdot 15 = 210 \text{ (枚)}.$$

76.

$$5n + 34 = (3n + 18) \cdot 1 + 2n + 16,$$
$$3n + 18 = (2n + 16) \cdot 1 + n + 2,$$
$$2n + 16 = (n + 2) \cdot 2 + 12.$$

ユークリッドの互除法から, $5n + 34$ と $3n + 18$ の最大公約数は, $n + 2$ と 12 の最大公約数に等しい.

いま,

$$1 \leqq n \leqq 30 \text{ より, } 3 \leqq n + 2 \leqq 32$$

なので，$n+2$ と 12 の最大公約数が 6
となるのは，
$$n+2=6,\ 18,\ 30,$$
すなわち，
$$\boldsymbol{n=4,\ 16,\ 28.}$$

⑰.

(1) $\qquad 7x+3y=1.\qquad$ …①

①をみたす $(x,\ y)$ の一組は
$(1,\ -2)$ なので，
$$7\cdot1+3\cdot(-2)=1.\qquad …②$$
①－② より，
$$7(x-1)+3(y+2)=0.$$
$$7(x-1)=3(-y-2).$$
7 と 3 は互いに素な整数なので，
$$\begin{cases}x-1=3k,\\ -y-2=7k\end{cases}(k：整数)$$
とおける．よって，
$$\begin{cases}\boldsymbol{x=3k+1,}\\ \boldsymbol{y=-7k-2}\end{cases}(\boldsymbol{k：整数}).$$

(2) $\qquad 3x-5y=1.\qquad$ …①

①をみたす $(x,\ y)$ は $(2,\ 1)$ なので，
$$3\cdot2-5\cdot1=1.\qquad …②$$
ここで，②の両辺を 13 倍すると，
$$3\cdot26-5\cdot13=13.\qquad …②'$$
$$3x-5y=13\qquad …③$$
③－②' より，
$$3(x-26)-5(y-13)=0.$$
$$3(x-26)=5(y-13)$$
3 と 5 は互いに素な整数なので，
$$\begin{cases}x-26=5k,\\ y-13=3k\end{cases}(k：整数)$$
とおける．
よって，
$$\begin{cases}\boldsymbol{x=5k+26,}\\ \boldsymbol{y=3k+13}\end{cases}(\boldsymbol{k：整数}).$$

(3) ユークリッドの互除法を用いて，

$$131=31\cdot4+7.$$
$$31=7\cdot4+3.$$
$$7=3\cdot2+1.$$
これより，
$$\begin{aligned}1&=7-3\cdot2\\&=7-(31-7\cdot4)\cdot2\\&=31\cdot(-2)+7\cdot9\\&=31\cdot(-2)+(131-31\cdot4)\cdot9\\&=131\cdot9+31(-38).\end{aligned}$$
以上から，
$$131x-31y=1.\qquad …①$$
$$131\cdot9+31\cdot(-38)=1.\qquad …②$$
①－② より，
$$131(x-9)-31(y-38)=0.$$
$$131(x-9)=31(y-38).$$
131 と 31 は互いに素な整数なので，
$$\begin{cases}x-9=31k,\\ y-38=131k\end{cases}(k：整数)$$
とおける．よって，
$$\begin{cases}\boldsymbol{x=31k+9,}\\ \boldsymbol{y=131k+38}\end{cases}(\boldsymbol{k：整数}).$$

⑱.

(1) $\qquad xy-2x+3y=0.$
$$(x+3)(y-2)+6=0.$$
$$(x+3)(y-2)=-6.$$
$x,\ y$ が整数なので，$x+3,\ y-2$ も
整数．
$$\begin{pmatrix}x+3\\y-2\end{pmatrix}=\begin{pmatrix}1\\-6\end{pmatrix},\begin{pmatrix}2\\-3\end{pmatrix},$$
$$\begin{pmatrix}3\\-2\end{pmatrix},\begin{pmatrix}6\\-1\end{pmatrix},$$
$$\begin{pmatrix}-1\\6\end{pmatrix},\begin{pmatrix}-2\\3\end{pmatrix},$$
$$\begin{pmatrix}-3\\2\end{pmatrix},\begin{pmatrix}-6\\1\end{pmatrix},$$
$$\begin{pmatrix}x\\y\end{pmatrix}=\begin{pmatrix}-2\\-4\end{pmatrix},\begin{pmatrix}-1\\-1\end{pmatrix},$$

$$\begin{pmatrix} 0 \\ 0 \end{pmatrix}, \begin{pmatrix} 3 \\ 1 \end{pmatrix},$$

$$\begin{pmatrix} -4 \\ 8 \end{pmatrix}, \begin{pmatrix} -5 \\ 5 \end{pmatrix},$$

$$\begin{pmatrix} -6 \\ 4 \end{pmatrix}, \begin{pmatrix} -9 \\ 3 \end{pmatrix}.$$

(2) $x^2 = 25 - y^2 \geqq 0$ より,

$y = 0, \pm 1, \pm 2, \pm 3, \pm 4, \pm 5.$

このとき, x^2 の値は,

$x^2 = 25, 24, 21, 16, 9, 0$

となるので, x が整数になるのは,

$x^2 = 25, 16, 9, 0$ のとき. よって, 求める (x, y) の組は,

$(\boldsymbol{x}, \boldsymbol{y}) = (\pm 5, 0), (\pm 4, \pm 3),$
$\qquad (\pm 3, \pm 4), (0, \pm 5)$
$\qquad\qquad$ (複号任意).

(3) 与式から,

$$\frac{3}{y} = 1 - \frac{2}{x} > 0 \text{ より,}$$

$$1 > \frac{2}{x}.$$

$$2 < x. \qquad \cdots ①$$

$0 < x \leqq y$ より, $\dfrac{1}{x} \geqq \dfrac{1}{y}$. これを条件式より

$$1 = \frac{2}{x} + \frac{3}{y} \leqq \frac{2}{x} + \frac{3}{x} = \frac{5}{x}.$$

$$1 \leqq \frac{5}{x}.$$

$$x \leqq 5. \qquad \cdots ②$$

①, ② から, $x = 3, 4, 5.$

(i) $x = 3$ のとき, 与式から,

$$\frac{3}{y} = \frac{1}{3}, \text{ すなわち, } y = 9.$$

(ii) $x = 4$ のとき, 与式から,

$$\frac{3}{y} = \frac{1}{2}, \text{ すなわち, } y = 6.$$

(iii) $x = 5$ のとき, 与式から,

$$\frac{3}{y} = \frac{3}{5}, \text{ すなわち, } y = 5.$$

これらはすべて $0 < x \leqq y$ をみたすから, 求める (x, y) は,

$(\boldsymbol{x}, \boldsymbol{y}) = (3, 9), (4, 6), (5, 5).$

別解 両辺に xy を掛けて,

$$2y + 3x = xy.$$

これより,

$$xy - 3x - 2y = 0.$$
$$(x-2)(y-3) - 6 = 0.$$
$$(x-2)(y-3) = 6.$$

x, y は 1 以上の整数なので,

$x - 2 \geqq -1, \ y - 3 \geqq -2$ をみたす整数.

よって, 上の式をみたす整数 (x, y) は,

$(x-2, y-3) = (1, 6), (6, 1), (2, 3), (3, 2).$
$(x, y) = (3, 9), (8, 4), (4, 6), (5, 5).$

$0 < x \leqq y$ より,

$(\boldsymbol{x}, \boldsymbol{y}) = (3, 9), (4, 6), (5, 5).$

㊾.

(1) c が偶数のとき,

$$c = 2m \ (m : 自然数)$$

と表されるので,

$$c^2 = 4m^2.$$

よって, $a^2 + b^2 = c^2$ が成り立つとき, $a^2 + b^2$ を 4 で割った余りは 0. $\cdots ①$

また, 自然数 a, b を 2 で割った余りは 0 または 1 なので, k, l を自然数とし,

$$a = \begin{cases} 2k, \\ 2k-1, \end{cases} \qquad b = \begin{cases} 2l, \\ 2l-1 \end{cases}$$

と分類できる.

これより,

$$a^2 = \begin{cases} 4k^2, \\ 4(k^2-k)+1, \end{cases}$$

$$b^2 = \begin{cases} 4l^2, \\ 4(l^2-l)+1. \end{cases}$$

① が成り立つのは,
$$a^2 = 4k^2,$$
$$b^2 = 4l^2.$$
すなわち,
$$a = 2k, \quad b = 2l$$
に限るので, **a, b はともに偶数**.

(2)　k, l, m を自然数とする. a, b がともに 3 の倍数でないとすると,
$$\begin{cases} a = 3k \pm 1, \\ b = 3l \pm 1 \end{cases}$$
と書ける.

これより,
$$\begin{cases} a^2 = 3(3k^2 \pm 2k) + 1, \\ b^2 = 3(3l^2 \pm 2l) + 1. \end{cases}$$

このとき,
$$\begin{aligned} a^2 + b^2 &= 3(3k^2 \pm 2k) + 1 + 3(3l^2 \pm 2l) + 1, \\ &= 3(3k^2 \pm 2k + 3l^2 \pm 2l) + 2 \end{aligned}$$
となり, $a^2 + b^2$ を 3 で割った余りは 2.
$$\cdots ②$$

また, c を 3 で割った余りは 0, 1, 2 なので,
$$c = \begin{cases} 3m, \\ 3m + 1, \\ 3m + 2. \end{cases}$$
$$c^2 = \begin{cases} 3 \cdot 3m^2, \\ 3(3m^2 + 2m) + 1, \\ 3(3m^2 + 4m + 1) + 1. \end{cases}$$

よって, c^2 を 3 で割った余りは 0 または 1 となるので, ② より,
$$a^2 + b^2 = c^2$$
が成り立たない.

よって, **a, b のうち少なくとも 1 つは 3 の倍数**.

⑧⓪**.**
(1)　c が偶数のとき,
$$c \equiv 0 \pmod 2$$

なので,
$$c^2 \equiv 0 \pmod 4.$$
よって, $a^2 + b^2 = c^2$ が成り立つとき,
$$a^2 + b^2 \equiv 0 \pmod 4. \qquad \cdots ①$$
また, 自然数 a, b を 2 で割った余りは 0 または 1 なので,
$$a \equiv \begin{cases} 0 \pmod 2, \\ 1 \pmod 2. \end{cases} \quad b \equiv \begin{cases} 0 \pmod 2, \\ 1 \pmod 2. \end{cases}$$

これより,
$$a^2 \equiv \begin{cases} 0 \pmod 4, \\ 1 \pmod 4. \end{cases} \quad b^2 \equiv \begin{cases} 0 \pmod 4, \\ 1 \pmod 4. \end{cases}$$

これと, ① より,
$$a^2 \equiv 0 \pmod 4,$$
$$b^2 \equiv 0 \pmod 4.$$

すなわち,
$$a \equiv 0 \pmod 2,$$
$$b \equiv 0 \pmod 2.$$

よって, **a, b はともに偶数**.

(2)　a, b がともに 3 の倍数でないとき,
$$\begin{cases} a \equiv \pm 1 \pmod 3, \\ b \equiv \pm 1 \pmod 3. \end{cases}$$

これより,
$$\begin{cases} a^2 \equiv 1 \pmod 3, \\ b^2 \equiv 1 \pmod 3. \end{cases}$$

このとき,
$$a^2 + b^2 \equiv 1 + 1 = 2 \pmod 3$$
となり, $a^2 + b^2$ を 3 で割った余りは 2.
$$\cdots ②$$

また, c を 3 で割った余りは 0, 1, 2 なので,
$$c \equiv \begin{cases} 0 \pmod 3, \\ 1 \pmod 3, \\ 2 \pmod 3. \end{cases}$$
$$c^2 \equiv \begin{cases} 0 \pmod 3, \\ 1 \pmod 3. \end{cases}$$

よって，c^2 を割った余りは 0 または 1 となるので，② より，

$$a^2+b^2=c^2$$

が成り立たない．

よって，**a，b のうち少なくとも 1 つは 3 の倍数．**

81．

(1)

$$\begin{array}{r} 1101_{(2)} \\ +)\ 1011_{(2)}. \\ \hline 11000_{(2)}. \end{array}$$

計算をすると，上のようになるが，これを詳しく考えると，

$1101_{(2)}+1011_{(2)}$

$=1\cdot2^3+1\cdot2^2+0\cdot2^1+1\cdot2^0$

$\quad+1\cdot2^3+0\cdot2^2+1\cdot2^1+1\cdot2^0$

$=(1+1)\cdot2^3+1\cdot2^2+1\cdot2^1+(1+1)\cdot2^0$

$=2^4+1\cdot2^2+(1+1)\cdot2^1$

$=2^4+(1+1)\cdot2^2$

$=2^4+2^3$

$=\mathbf{11000_{(2)}}.$

(2)

$$\begin{array}{r} 1201_{(3)} \\ +)\ 202_{(3)}. \\ \hline 2110_{(3)}. \end{array}$$

計算をすると，上のようになるが，これを詳しく考えると，

$1201_{(3)}+202_{(2)}$

$=1\cdot3^3+2\cdot3^2+0\cdot3^1+1\cdot3^0$

$\quad+2\cdot3^2+0\cdot3^1+2\cdot3^0$

$=1\cdot3^3+(3+1)\cdot3^2+0\cdot3^1+(1+2)\cdot3^0$

$=(1+1)\cdot3^3+1\cdot3^2+1\cdot3^1$

$=\mathbf{2110_{(3)}}.$

第 10 章　テスト対策問題

1

(1) 756 を素因数分解すると，

$$756=2^2\cdot3^3\cdot7.$$

これより，正の約数の個数は，

$$(2+1)(3+1)(1+1)$$
$$=\mathbf{24}\ \textbf{(個)}.$$

(2) 正の約数の総和は

$(2^0+2^1+2^2)(3^0+3^1+3^2+3^3)(7^0+7^1)$

$=7\cdot40\cdot8$

$=\mathbf{2240}.$

2

自然数 a，b の最大公約数を g，A と B を互いに素な自然数として，

$$\begin{cases} a=A\cdot g, \\ b=B\cdot g \end{cases} \quad (A<B)$$

とおく．

(1) 最大公約数が 13，最小公倍数が 156 より，

$$\begin{cases} g=13, \\ A\cdot B\cdot g=156. \end{cases}$$

このとき，

$$A\cdot B=12.$$

A，B は $A<B$ を満たす互いに素な自然数なので，

$$(A,\ B)=(1,\ 12),\ (3,\ 4).$$

よって，

$(a,\ b)=(13\cdot1,\ 13\cdot12),\ (13\cdot3,\ 13\cdot4)$

$\quad=\mathbf{(13,\ 156),\ (39,\ 52)}.$

(2) 最大公約数が 17，a と b の和が 85 より

$$\begin{cases} g=17, \\ A\cdot g+B\cdot g=85. \end{cases}$$

このとき，

$$A+B=5.$$

A，B は $A<B$ を満たす互いに素な自然数なので，

$$(A,\ B)=(1,\ 4),\ (2,\ 3).$$

よって，

$(a, b) = (17 \cdot 1, \ 17 \cdot 4), \ (17 \cdot 2, \ 17 \cdot 3)$
$\qquad = \boldsymbol{(17, \ 68)}, \ \boldsymbol{(34, \ 51)}.$

3

(1) $\qquad 126x - 11y = 1$

を解く．ユークリッドの互除法より，
$\qquad 126 = 11 \cdot 11 + 5.$
$\qquad 11 = 5 \cdot 2 + 1$

より，
$\qquad 1 = 11 - 5 \cdot 2$
$\qquad = 11 - (126 - 11 \cdot 11) \cdot 2$
$\qquad = 126(-2) + 11 \cdot 23.$

これより，
$\qquad 126x - 11y = 1,$
$\qquad 126(-2) + 11 \cdot 23 = 1.$

辺々引いて，
$\qquad 126(x+2) - 11(y+23) = 0.$
$\qquad 126(x+2) = 11(y+23).$

126 と 11 は互いに素なので，
$\begin{cases} x+2 = 11m, \\ y+23 = 126m. \end{cases}$ （m：整数）

これより，
$\begin{cases} \boldsymbol{x = 11m - 2}, \\ \boldsymbol{y = 126m - 23}. \end{cases}$ （$\boldsymbol{m}$：整数）

(2) $x^2 + 3y^2 = 21$ より，
$\qquad x^2 = 21 - 3y^2$
$\qquad = 3(7 - y^2) \geqq 0.$

これをみたす自然数 y は，$y = 1, \ 2$ のみ

(i) $y = 1$ のとき，$x^2 = 18.$

これをみたす自然数 x は存在しない．

(ii) $y = 2$ のとき，$x^2 = 9.$

このとき，$x = \pm 3.$

以上から，求める自然数の組 (x, y) は，
$\qquad \boldsymbol{(x, \ y) = (3, \ 2)}.$

(3) $\dfrac{2}{x} + \dfrac{3}{y} = \dfrac{1}{2}$ の両辺に $2xy$ を掛け

て，
$\qquad 4y + 6x = xy.$
$\qquad xy - 6x - 4y = 0.$
$\qquad (x-4)(y-6) = 24. \qquad \cdots ①$

$x, \ y$ が自然数より，
$\qquad x - 4 \geqq -3, \ y - 6 \geqq -5.$

このとき，① をみたすのは，以下の組となる．

$\begin{pmatrix} x-4 \\ y-6 \end{pmatrix} = \begin{pmatrix} 1 \\ 24 \end{pmatrix}, \ \begin{pmatrix} 2 \\ 12 \end{pmatrix}, \ \begin{pmatrix} 3 \\ 8 \end{pmatrix}, \ \begin{pmatrix} 4 \\ 6 \end{pmatrix},$
$\qquad \begin{pmatrix} 6 \\ 4 \end{pmatrix}, \ \begin{pmatrix} 8 \\ 3 \end{pmatrix}, \ \begin{pmatrix} 12 \\ 2 \end{pmatrix}, \ \begin{pmatrix} 24 \\ 1 \end{pmatrix}.$

$\begin{pmatrix} \boldsymbol{x} \\ \boldsymbol{y} \end{pmatrix} = \begin{pmatrix} \boldsymbol{5} \\ \boldsymbol{30} \end{pmatrix}, \ \begin{pmatrix} \boldsymbol{6} \\ \boldsymbol{18} \end{pmatrix}, \ \begin{pmatrix} \boldsymbol{7} \\ \boldsymbol{14} \end{pmatrix}, \ \begin{pmatrix} \boldsymbol{8} \\ \boldsymbol{12} \end{pmatrix},$
$\qquad \begin{pmatrix} \boldsymbol{10} \\ \boldsymbol{10} \end{pmatrix}, \ \begin{pmatrix} \boldsymbol{12} \\ \boldsymbol{9} \end{pmatrix}, \ \begin{pmatrix} \boldsymbol{16} \\ \boldsymbol{8} \end{pmatrix}, \ \begin{pmatrix} \boldsymbol{28} \\ \boldsymbol{7} \end{pmatrix}.$

4

$N = n^5 - n$ とすると，
$\qquad N = n^5 - n$
$\qquad = n(n^4 - 1)$
$\qquad = n(n^2 - 1)(n^2 + 1)$
$\qquad = (n-1)n(n+1)(n^2 + 1).$

N は $(n-1)n(n+1)$ で表される連続 3 整数の積を因数に持つので N は 2 の倍数でも 3 の倍数でもある．よって，N は 6 の倍数．

次に，
$\qquad$「N が 5 の倍数」 $\qquad (*)$
であることを示す．（以下，k は整数とする）．

(i) $n = 5k$ のとき，
$\qquad n$ が 5 の倍数．
より，$(*)$ は成り立つ．

(ii) $n = 5k - 1$ のとき，
$\qquad n+1$ が 5 の倍数．
より，$(*)$ は成り立つ．

(iii) $n=5k+1$ のとき

$\qquad n-1$ が 5 の倍数.

より, (∗) は成り立つ.

(iv) $n=5k\pm2$ のとき,

$\qquad n^2+1=25k^2\pm20k+5$

$\qquad\qquad =5(5k^2\pm4k+1)$. (複号同順)

n^2+1 が 5 の倍数なので, (∗) は成り立つ. 以上より, N は 5 の倍数といえる. 5 と 6 は互いに素なので,

N は 30 の倍数.

(証明終り)

5

$\qquad 7n^2+9n+3=(7n+4)n+5n+3,$

$\qquad 7n+4=(5n+3)\cdot1+2n+1,$

$\qquad 5n+3=(2n+1)\cdot2+n+1,$

$\qquad 2n+1=(n+1)\cdot1+n,$

$\qquad n+1=n\cdot1+1.$

以上より,

$7n^2+9n+3$ と $7n+4$ の最大公約数は, n と 1 の最大公約数に等しく, 1.

よって,

$7n^2+9n+3$ と $7n+4$ は互いに素.

(証明終り)

6

$163_{(n)}$ より, $n\geqq7$.

$163_{(n)}$ は 3 桁の n 進法の数なので,

$\qquad 1\cdot n^2+6n^1+3=115.$

$\qquad n^2+6n-112=0.$

$\qquad (n-8)(n+14)=0.$

$\qquad\qquad n\geqq7$ より,

$\qquad\qquad\qquad \boldsymbol{n=8}.$

KAWAI PUBLISHING

ベイシス数学 I/A